KB185351

아리스토텔레스와 그의 전복자들

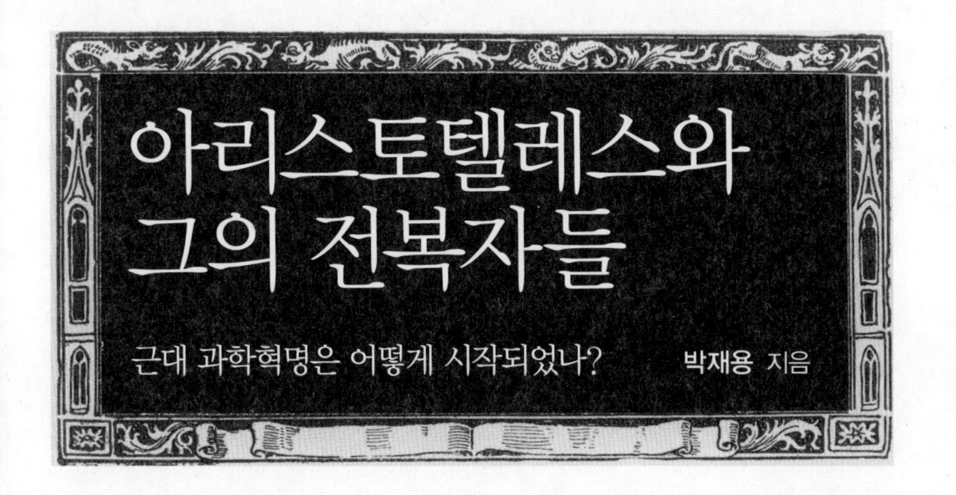

사월의책

아리스토텔레스와 그의 전복자들

1판 1쇄 발행 2025년 1월 10일

지은이 박재용
펴낸이 안희곤
펴낸곳 사월의책

편집 박동수
디자인 김현진

등록번호 2009년 8월 20일 제2012-118호
주소 경기도 고양시 일산서구 중앙로 1388 동관 B113호
전화 (031) 912-9491 | 팩스 (031) 913-9491
이메일 aprilbooks@aprilbooks.net
홈페이지 www.aprilbooks.net
블로그 blog.naver.com/aprilbooks

ISBN 979-11-92092-46-1 03400
* 책값은 뒤표지에 있습니다.

차례

들어가는 글: 과학혁명—아리스토텔레스적 세계관의 전복 | 9

제1부 아리스토텔레스의 세계
고대 그리스의 자연철학자들과 아리스토텔레스의 승리

1장 그리스 자연철학 | 17

1. 탈레스 | 17
2. 아낙시만드로스 | 22
3. 피타고라스 | 28
4. 파르메니데스 | 31
5. 플라톤 | 35
6. 아낙시메네스 | 40
7. 헤라클레이토스 | 43
8. 데모크리토스 | 47
9. 엠페도클레스 | 52

2장 아리스토텔레스가 본 세계 | 57

1. 아낙사고라스—아리스토텔레스를 예비하다 | 57
2. 4원인론, 실체와 연속체 | 62
3. 아리스토텔레스의 우주 | 67
4. 운동은 왜 일어나는가? | 77
5. 아리스토텔레스의 생물학—동식물의 위계 | 81
6. 아리스토텔레스의 화학—혼합과 결합의 원리 | 88
7. 남은 이야기—사변과 실험 | 94

3장 지구중심설 대 태양중심설 | 97

1. 피타고라스의 행성 | 97
2. 아리스타르코스—지구가 돈다 | 101
3. 에우독소스—천체에 대한 수학적 설명 | 107
4. 히파르코스—관측과 수학적 계산 | 110
5. 프톨레마이오스의 등장 | 116

제2부 소멸, 복권, 균열
아리스토텔레스의 부활, 그리고 반란의 전조

4장 헬레니즘 시대 | 121

1. 무세이온과 도서관 | 121
2. 신플라톤주의와 헤르메스주의 | 125
3. 새로운 원자론, 에피쿠로스학파 | 129
4. 최초의 회의주의, 피론주의 | 133

5장 이슬람으로 간 아리스토텔레스 | 137

1. 유럽, 아리스토텔레스를 지우다 | 137
2. '지혜의 집' | 143
3. 이슬람의 수학 | 147
4. 이슬람의 천문학 | 150
5. 이슬람의 역학 | 153
6. 이슬람의 광학 | 157
7. 이슬람의 의학 | 160

6장 아리스토텔레스의 복권에서 균열까지 | 165

1. 유럽의 중세 | 165
2. 번역 르네상스 | 169
3. 대학의 탄생 | 174
4. 대학, 아리스토텔레스를 품다 | 178
5. 15세기, 불온한 조짐 | 182
6. 16세기의 균열 | 186

제3부 과학혁명
아리스토텔레스 세계관의 종언

7장 새로운 철학, 새로운 방법론 | 191

1. 점성술과 연금술—근대 과학의 싹 | 191
2. 유명론자들 | 194
3. 영국 경험론 | 197
4. 프랜시스 베이컨, 경험과 귀납 | 201
5. 데카르트, 사유와 방법 | 210

8장 천문학 혁명 | 219

1. 코페르니쿠스 | 219
2. 튀코 브라헤 | 223
3. 요하네스 케플러 | 228
4. 조르다노 브루노 | 234
5. 갈릴레오 갈릴레이 | 237

9장 역학 혁명 | 241

1. 임페투스 | 241
2. 윌리엄 길버트 | 250
3. 관성의 개념 | 254
4. 낙하 운동의 분해 | 260
5. 상대성 원리 | 266
6. 갈릴레오와 실험물리학의 탄생 | 269

10장 뉴턴 | 273

1. 뉴턴의 우주 | 273
2. 힘과 가속도 | 279
3. 빛은 입자다 | 283
4. 뉴턴의 시공간 | 288

11장 데모크리토스의 후예들 | 295

1. 갈릴레오와 토리첼리—신과 진공 | 295
2. 스코틀랜드의 기체화학자들 | 299
3. 라부아지에 | 306
4. 돌턴 | 310
5. 볼츠만과 마흐 | 313

12장 생물학 혁명 | 317

1. 혁명 이전 | 317
2. 베살리우스와 하비 | 322
3. 현미경과 세포 | 326
4. 린네와 종의 분류 | 330
5. 생물학 혁명과 진화론 | 335

맺는 글: 과학혁명과 근대 과학의 탄생 | 341

참고도서 | 350
찾아보기 | 352

과학혁명—아리스토텔레스적 세계관의 전복

인류사에 어떤 분기점이 되는 것을 들라면 저는 그중 하나로 과학혁명을 꼽습니다. 16세기에서 17세기에 걸쳐 유럽에서 일어난 일련의 사건들로, 자연에 대한 인류의 이해 방식과 태도를 근본적으로 변화시켰다고 생각하기 때문입니다. 그런 의미에서 과학혁명은 르네상스와 근대를 가르는 출발점 중 하나라고 여깁니다.

코페르니쿠스에서 시작해서 뉴턴에서 마침표를 찍는다는 그 시기 구분에 대해서는 큰 이견이 없지만, 과학혁명의 성격과 의의에 대해서는 다양한 의견이 있습니다. 어떤 이들은 과학혁명을 중세와 근대 사이의 급격한 단절, 일종의 지적 '대변혁'으로 보았습니다. 반면 다른 이들은 과학혁명을 중세부터 축적된 점진적 변화의 결과로 해석합니다.

과학사라는 분야를 연 알렉상드르 쿠아레(Alexandre Koyré)는 『갈릴레오 연구』에서 다음과 같이 씁니다. "갈릴레오의 업적은 단순히 새로운 과학적 발견이 아니라, 인간 정신의 근본적인 혁명이었다. 그것은 우주에 대한 새로운 개념, 과학에 대한 새로운 개념의 출현이었다. 요컨대 그것은 근대 과학의 기초를 놓은 형이상학적, 과학적 사고방식의 급진적 변혁이었다." 역사가 허버트 버터필드(Herbert Butterfield)도 『근대 과학의 기원』에서 이렇게 말했습니다. "17세기에 일어난 변화는 인류 지성사에서 가장 중요하고 극적인 사건 중 하나였다. 그것은 르네상스 이후 인간 정신을 사로잡은 최대의 혁명적 전환점이었다. 삶에 대한 우리의 전체적 접근방식을 변화시켰을 뿐만 아니라, 우주에 대한 우리의 상을 완전히 탈바꿈시켰다."

반면 물리학자이자 과학사가인 피에르 뒤엠(Pierre Duhem)은 『중세의 우주체계 기원에 관한 연구』에서 이렇게 주장하죠. "중세의 기독교 사상가들은 오늘날 우리가 근대 과학이라 부르는 것의 기반을 마련했다. 13세기와 14세기의 학자들은 자연현상을 양화(量化)하려고 노력했고, 관찰과 실험을 통해 자연의 법칙을 발견하고자 했다. 중세의 학문적 전통 없이는 갈릴레오와 데카르트, 뉴턴의 업적은 불가능했을 것이다." 과학사학자 앨리스터 크롬비(Alistair Crombie)는 『중세와 초기 근대의 과학』에서 이렇게 주장했습니다. "우리는 흔히 과학혁명을 17세기에 갑자기 발생한 사건으로 생각하지만, 실제로 그것은 중세부터 서서히 진행되어 온 과학적 사고방식의 발전이 절정에 이른 것이었다. 13세기부터 학자들은 자연현상을 이해하기 위해 수학적 방법을 도입하기 시작했고, 실험과 관찰을 통해 가설을 검증하고자 했다. 갈릴레오와 뉴턴의 과학은 이러한 중세의 과학적 전통 위에 서 있는 것이다."

한편 마르크스주의 학자들은 과학혁명을 자본주의의 발달과 같은 사회경제적 변화에 연유한다고 주장합니다. 마르크스주의 과학사학자

보리스 헤센(Boris Hessen)은 논문 「뉴턴 '프린키피아'의 사회경제적 뿌리」에서 이렇게 서술합니다. "뉴턴의 역학은 자본주의 초기 영국의 경제적 필요에 의해 형성되었다. 당시의 기술적 문제들, 즉 항해, 광업, 탄도학 등의 문제들이 뉴턴 역학의 발전을 추동했다. 따라서 우리는 과학 이론의 발전을 사회경제적 요인과 분리하여 생각할 수 없다." 에드거 질젤(Edgar Zilsel)은 1942년에 발표한 논문 「과학적 사고방식의 사회적 기원」에서 과학혁명의 사회경제적 기원을 다음과 같이 설명했습니다. "근대 과학의 출현은 중세 말기부터 시작된 사회적 변화, 특히 도시의 발달과 자본주의의 출현과 밀접히 연관되어 있다. 중세의 대학 지식인들과 르네상스 시기의 인문주의자들, 그리고 도시의 장인들과 기술자들의 지적 전통이 서로 융합되면서 근대적 과학자의 전형이 탄생했다. 실험과 수학적 방법에 기초한 과학은 봉건적 위계질서를 벗어난 도시의 지적 분위기 속에서 발전할 수 있었다."

최근에는 과학혁명에 대한 보다 절충적인 접근도 있습니다. 루퍼트 홀(A. Rupert Hall)은 과학혁명을 "눈에 띄는 방식으로 급작스러운 것도, 완전히 단절적인 것도 아닌" 복잡한 과정으로 파악했습니다. 또한 스티븐 샤핀(Steven Shapin)은 과학이 사회적으로 구성되는 과정에 주목하면서, 과학혁명을 17세기 영국 젠트리 계급의 문화와 연관해서 설명하기도 했습니다. 그는 자신의 책 『과학혁명』에서 과학이 사회적으로 구성되는 과정을 강조하며 이렇게 말했습니다. "우리는 과학 활동이 사회적, 문화적 맥락에서 일어나는 것임을 인식해야 한다. 17세기 영국의 과학자들은 귀족 문화의 가치와 실천을 체화했으며, 이는 그들의 과학 활동에도 반영되었다. 또한 과학적 지식의 생산과 정당화는 신뢰와 증언의 사회적 기반 위에서 이루어졌다."

이처럼 과학혁명을 바라보는 관점은 매우 다양하지만, 이 책에서는 아리스토텔레스적 세계관이 전복되는 과정에 초점을 맞추어 살펴보고자 합니다. 물론 과학혁명은 중세 그리고 르네상스 시기와 완전히 단절된 것은 아니며, 다양한 사회적 요인의 영향을 받은 것 또한 사실입니다. 그러나 근대 과학의 출현이 아리스토텔레스의 세계관에 대한 도전과 극복을 통해 이루어졌다는 점 또한 부인하기 어려울 겁니다.

중세 중기 이후 르네상스 시기까지 유럽 지성계를 지배했던 것은 고대 그리스의 철학자 아리스토텔레스의 사상이었습니다. 아리스토텔레스의 세계관은 자연철학뿐 아니라 형이상학, 논리학, 윤리학 등 철학의 전 분야를 아우르는 것이었고, 신학에도 지대한 영향을 미쳤습니다. 그는 우주를 목적론적이고 위계적인 질서를 지닌 유기체로 파악했습니다. 그에게 자연현상은 만물의 영원불변한 본질에 의해 설명될 수 있었습니다. 그리고 그의 세계관은 헬레니즘 시기까지 테오프라스토스, 히파르코스, 프톨레마이오스, 심플리키오스, 히포크라테스, 갈레노스 등의 자연철학자 혹은 과학자들에 의해 더욱 정교하고 치밀해졌습니다. 르네상스 시기를 거치며 인문주의자들과 스콜라 철학자들은 이러한 아리스토텔레스의 세계관을 다양한 분야에 적용하고 발전시켰습니다. 아리스토텔레스의 권위는 절대적인 도그마로 여겨졌고, 그의 사상은 학문과 교육의 중심이었습니다.

하지만 16세기에 접어들면서 코페르니쿠스, 케플러, 갈릴레오와 같은 과학자들에 의해 아리스토텔레스적 우주관이 도전받기 시작했습니다. 그들은 우주의 중심을 지구에서 태양으로 옮겼고, 망원경을 통해 아리스토텔레스 우주론의 한계를 드러냈으며, 자연현상을 수학적으로 기술하고자 했습니다. 이들에 의해 자연철학, 과학은 아리스토텔레스의 질적 설명에서 수학적 분석으로 전환합니다.

이러한 변화는 뉴턴에서 정점에 달합니다. 뉴턴은 만유인력의 법칙을 발견함으로써 지상과 천상이 같은 법칙 아래 있음을 보여줍니다. 또한 그의 저작 『프린키피아』는 자연현상 전체를 단 몇 개의 수학적 법칙으로 설명할 수 있다는 것을 보여준 역작이었습니다. 이로써 아리스토텔레스의 자연관은 결정적 타격을 받게 되었습니다. 그러나 이러한 변화는 뉴턴에서 끝나지 않았습니다. 18세기를 거치며 아리스토텔레스주의를 대체할 새로운 패러다임은 점차 다른 분야로 확산됩니다. 화학에서는 근대 원자론이 아리스토텔레스의 4원소설을 대체해 나갔고, 생물학에서는 분류학과 비교해부학, 그리고 현미경의 발명과 세포설, 나아가 진화론과 유전학이 등장함으로써 '생명의 사다리'로 대표되는 아리스토텔레스의 위계적이고 목적론적인 생물학이 전복됩니다.

이렇게 과학혁명을 아리스토텔레스적 세계관의 전복으로 보는 것은 한편으로는 아리스토텔레스 체계의 극복이야말로 근대를 여는 가장 중요한 지점 중 하나이기 때문이며, 다른 한편으로는 그만큼 중세 후기에서 르네상스 시기까지 그의 세계관이 가진 영향력이 좋은 의미로든 나쁜 의미로든 컸다는 판단 때문입니다. 로마의 멸망 이후 서구 세계를 지배했던 기독교와 신플라톤주의의 극복이란 의미에서 르네상스 시기 아리스토텔레스의 복권은 신앙에서 이성으로의 커다란 방향 전환이었으며 동시에 신을 배제한 가운데 세계를 해석하는 새로운 시도이기도 했습니다. 그러나 아리스토텔레스적 세계관은 목적론에 기초한 고대 그리스적 합리성이라는 고유의 한계 또한 여전했습니다.

따라서 아리스토텔레스적 세계관의 극복은 자연과학의 영역에 국한된 것이 아니었습니다. 철학과 신학, 정치사상 등 다양한 분야에서 아리스토텔레스주의에 대한 비판과 대안이 제시되었고, 이는 근대 인문학의 발전으로 이어졌습니다. 그러나 이 책에서는 과학사적 관점에서, 특히 자연과학의 발전 과정에 초점을 맞추어 '유럽' 과학혁명의 전개 과정을 살펴봅니다. 이를 통해 유럽이 세계를 해석하는 근본적 시각의 변화가 곧 과학혁명이고, 과학혁명이 자연관과 세계관의 변화를 동반한, 인간 지성사의 한 분기점이었음을 확인하고자 합니다.

마지막으로 사족을 달자면 '근대적 세계관'의 형성이 꼭 발전이라고만 볼 수는 없다는 점입니다. 서양을 중심으로 형성된 '근대'가 가지는 한계가 뚜렷하며, 아리스토텔레스적 세계관이 가지는 가치가 전복과 함께 사라지는 것은 아닙니다. 물론 근대적 과학 방법론의 정립은 대단한 성과이고, 지금껏 많은 과학적 발전을 이루어냈다는 것은 분명한 사실입니다. 하지만 이런 과학적 방법론 역시 다양한 측면에서 한계를 보이고 있으며 오늘날에도 이에 대한 치열한 논쟁이 이어지고 있습니다. 또한 당대의 과학혁명이 미친 영향은 유럽, 그중에서도 흔히 말하는 서유럽에 한정된 것이 사실이고, 과학혁명이 유럽의 근대적 세계관 형성에 미친 영향 역시 일정 부분 과장되었을 수 있다는 점도 염두에 두면 좋겠습니다.

제1부

아리스토텔레스의 세계

고대 그리스의 자연철학자들과 아리스토텔레스의 승리

1장

그리스 자연철학*

1. 탈레스

2000년을 훨씬 거슬러 오르는 고대에 그리스 본토와 에게 해를 마주하며 선 도시 밀레토스에는 고대 그리스의 7현자 중 맏이로 알려진 탈레스(Thales)가 살고 있었습니다. 살아있던 당시부터 이미 가장 지혜로운 사람으로 소문났던 그는 그러나 따로 책을 쓰지 않았는지, 아니면 쓴 책이 소실되었는지 남긴 것이 없습니다. 다만 그를 따르던 이들의 글 속에 자취만 남아있을 뿐이죠. 그 자취마저도 문장 서너 개에

* 이 장의 구성에 대해 먼저 짚어둔다. 그리스 자연철학자들의 사상을 살펴보는 목적은 아리스토텔레스적 세계관이 어떻게 형성되었는지를 구체적으로 더듬기 위해서다. 그래서 흔히 하는 방식대로 그리스 자연철학의 전개과정을 연대순으로 구성하지는 않았다. 탈레스 이후 현상계와 구별되는 본질적 세계가 존재한다고 주장한 아낙시만드로스, 피타고라스, 파르메니데스, 플라톤 등의 생각을 우선 살펴보고, 그 다음으로 우리가 감각하는 현상계가 실재 세계임을 주장하는 아낙시메네스, 헤라클레이토스, 데모크리토스, 엠페도클레스를 살펴보는 순으로 서술했다. 전자의 철학자들은 현상과 본질(또는 물질과 정신)의 세계를 따로 보았다는 점에서 이원론, 후자의 철학자들은 현상을 실재 자체로 보았다는 점에서 일원론으로 부를 수 있다.

불과합니다. 가령 "만물은 물로 이루어져 있다", "지구는 물 위에 떠있다", 그리고 "세상 모든 것에는 영혼이 깃들어 있다" 등이 그것이죠.[1] 훗날 아리스토텔레스는 탈레스와 이어진 밀레토스학파를 세상을 구성하는 질료인에 천착한 이들이라고 평합니다. 그러나 이는 아리스토텔레스의 평일 뿐, 아리스토텔레스가 자신이 구성한 질료인(因), 형상인, 작용인, 목적인을 윗세대에 하나씩 주면서 밀레토스학파에게 질료인을 부여한 것으로 볼 수도 있습니다. 정작 그들은 자신들이 질료인을 고민했다는 걸 부정할 수도 있겠지요.

왜 물이었을까는 중요하지 않다고들 말합니다. 중요한 것은 '만물을 구성하는 것이 무엇인가'라는 질문을 던진 것이고, 그 질문에 대한 답을 '자연' 밖의 '신'이 아닌 자연 안에서 찾으려 했던 그들의 자세라고도 합니다. 맞습니다. 그러나 그가 왜 '물'이라고 답했는지를 살펴볼 필요도 있지 않을까요? 물론 누구도 탈레스의 심중을 알 수는 없습니다. 워낙 오래된 이야기고, 남긴 것이 적어서입니다. 그러나 몇 가지 유추해 볼 근거들은 있습니다.

우선 그가 살았던 시대와 지역을 보시죠. 당시 그리스는 세계의 중심이 아니었습니다. 세계의 중심은 가장 오래된 문명의 장소인 메소포타미아와 이집트, 그 사이 레반트[2] 지역이었지요. 지금의 우리가 그렇

1. '만물은 물이다'는 아리스토텔레스 『형이상학』 1권 3장, '지구는 물 위에 떠있다'는 『천체론』 2권 13장, '세상 모든 것에는 영혼이 깃들어 있다'는 『영혼에 관하여』 1권 2장에 언급되어 있다.

2. 레반트(Levant)는 지중해에서 이라크 타우루스 산맥과 아라비아 사막까지의 지역으로, 현재의 팔레스타인과 이스라엘, 레바논, 요르단, 시리아 부근을 가리키는 말이다.

듯이 당시 그리스의 지식인들도 젊은 시절 대부분 이들 지역을 다니며 오랜 문명의 지식을 습득했습니다. 물론 돈도 좀 있고, 지위도 있는 이들이 주로 그러하긴 했습니다. 그 과정에서 오리엔트 지역의 신화와 세계관도 일부 흡수했던 건 당연지사. 당시 이집트의 신화는 태초에 누(Nu)라고 불리는 원초적인 물이 존재했고 이 물에서 창조신 아툼(Atum)이 스스로를 창조했다고 합니다. 또 바빌로니아 신화에서는 담수의 신 압수(Apsu)와 염수의 여신 티아맛(Tiamat)이 만나 세상을 창조했다고 하죠. 그 영향을 받아서인지 고대 그리스의 신화에서도 물 그리고 바다가 상당히 중요한 부분을 차지합니다. 최초의 신인 '카오스'는 혼돈의 심연을 의미하는데, 이는 이집트의 '누'와 비슷한 역할로 물의 이미지와 연결될 수 있지요. 헤시오도스의 『신통기』로부터 멀지 않은 세대인 탈레스가 만물의 근원을 물이라고 한 이유가 조금은 짐작됩니다. 하지만 이 정도 설명으로는 충분치 않은 듯합니다.

탈레스가 만물의 근원을 물이라고 한 것에는 또 다른 이유가 있을 겁니다. 먼저 세상 모든 곳에서 물을 발견할 수 있다는 거죠. 바다나 강 호수는 당연하고, 메마른 사막에서도 땅속에서 솟아나는 물에 의지해 사는 오아시스 사람들을 봅니다. 거친 황야나 깎아지른 산에서도 지하수를 발견하고 산 중턱 옹달샘에 목을 축입니다. 하늘에서는 비나 눈이 내리고, 나무를 베면 수액이 흘러나오고, 짐승의 몸조차 피와 체액으로 차 있습니다. 물은 어디에서도 발견됩니다. 더구나 그 물로 인해 각자는 삶을 살아갑니다. 짐승은 몸에서 체액이 빠지면 죽고, 식물은 물이 없으면 말라버리죠. 강은 바위를 깎고 대지에 길을 냅니다. 파도는 해안을 휩쓸고, 비는 만물을 살리기도 하고 휩쓸기도 합니다. 물이야말로 이 세상이 살아있게끔 만드는 생명의 원천인 것입니다.

또한 물에서는 세상의 모든 형상을 볼 수 있습니다. 우리는 오늘날 모든 물질이 기체, 액체, 고체 세 가지 상태 중 하나로 존재한다는 것을 알고 있습니다.[3] 고대 그리스에서도 '고체' '기체' '액체'라는 말은 없어도 대략 그런 세 가지 상태가 있다는 것쯤은 알고 있었을 테죠. 그러나 그 세 가지 상태를 일상에서 보여주는 물질은 오로지 물밖에 없습니다. 얼음이 되었다가, 물이 되었다가, 다시 수증기가 되는 상태 변환은 오로지 물밖에는 볼 수 없는 일이었습니다. 탈레스의 심중에는 이러한 변화의 추동력이 당연히 물의 속성이라고 생각했을 수 있습니다. 아직 철학과 과학, 사회학 등이 분화되지 않은 시기, 과학과 철학도 분화되지 않았는데 과학 내 분과학문인 물리, 화학, 생물도 나뉘지 않은 것은 당연합니다. 그런 구분이 없다는 것은 역으로 만물의 변화를 변화의 양태에 따라서 나누지 못했다는 뜻이기도 합니다. 고대 그리스어에서는 '움직인다'와 '변한다'를 가리키는 말이 같은 단어였습니다. 물질의 형태가 변하는 것, 물질의 위치가 변하는 것, 물질의 성질이 변하는 것이 모두 '변한다'는 사실로만 같이 취급받던 때입니다. 물은 얼음이 되면서 나무를 쪼개고, 암석을 가릅니다. 물에 녹아버리는 소금이며, 물에 의해 퉁퉁 붓는 손가락 발가락 등 탈레스로서는 물을 만물의 변화를 이끄는 추동 원인으로 보기에 충분했을 것입니다.

사족으로 당시 그리스인들이 7현인에게 세상 사람에게 할 충고 하나씩을 말해달라고 했을 때 탈레스는 말했습니다. "너 자신을 알라"라

---

3. 물론 플라스마 상태와 같이 고전적인 상태 이외의 경우도 있지만 여기서는 예외로 한다.

고. 하지만 다른 기록에서는 이렇게 말했다고도 한다. "보증을 서지 마라." 과학과 철학의 시조 정도 되면 보증서는 일이야말로 인생을 망칠 수도 있는 일임을 누구보다 잘 알았을 수 있겠지요.

2. 아낙시만드로스

탈레스 이후 그리스의 자연철학자들을 크게(또는 거칠게) 둘로 나눠 보자면, 우리가 보고 느끼는 현상이 실재 세계라는 부류 즉 일원론과, 이 현상계 뒷면에 따로 실체가 있다는 부류 즉 이원론이 있습니다. 그런데 이원론은 우리의 감각이 부정확하므로 실제 세계를 정확히 파악할 수 없다는 생각도 있지만, 완전한 세계에는 변화가 존재할 수 없다는 생각에 기인한 측면이 더 크다고 볼 수 있습니다. 고대 그리스에서 이원론의 시작은 아낙시만드로스(Anaximandros)로 볼 수 있습니다.

탈레스의 제자 아낙시만드로스는 생각합니다. '과연 우리가 본다는 것이 정확한가? 스승은 만물에 숨어있는 본질이 물이라고 했다. 하지만 과연 그것을 물이라고 할 수 있을 것인가? 물이 아닌 불은 왜 되지 못하는가? 또 흙은 왜 아닌가? 아마 본질은 미천한 우리의 감각으로는 닿을 수 없는 것일지도 모른다. 이를 원질 아페이론(apeiron)이라 부르자. 우리 눈에는 보이지 않는 것, 혹은 볼 수 없는 것. 우리의 불완전한 감각으로 알아챌 수 없는 것이 있다. 하지만 나의 논리는 그것이 있다는 확신을 내게 준다.'

아낙시만드로스는 『자연에 관하여』라는 책을 썼다는데 현재 전해지지는 않습니다. 『자연에 관하여』라는 제목의 책을 쓴 이는 아낙시만드로스 말고도 아낙시메네스, 크세노파네스, 헤라클레이토스, 엠페도클레스, 데모크리토스 등 고대 그리스 철학자 중에서도 꽤 많은데, 뭐 당시 자연철학자들의 관심이 자연에 대한 것이었다는 측면에서 이해가 되지 않는 건 아니죠. 어찌되었건 그의 주장은 아리스토텔레스의

『형이상학』이나 『자연학』, 테오프라스토스의 『자연학 견해록』, 심플리키오스의 『아리스토텔레스 자연학 주해』 등에 인용되어 전해집니다. 물론 이들 인용이 실제 아낙시만드로스의 글을 글자 그대로 옮겼는지는 확신할 수 없지만, 그럼에도 이를 통해 아낙시만드로스의 생각을 엿보면 대략 다음과 같습니다.

그는 스승 탈레스가 제시한 '만물의 근원은 물'이라는 주장에 대해, 그렇다면 어떻게 물과 정반대인 불이 생겨날 수 있는지에 대해 설명하지 못한다고 여겼습니다. 반대로 만물의 근원이 불이라면 역시 정반대인 물이 생성될 수 없겠지요. 그는 우리 눈에 보이는 물질이 모두 불완전해서 만물의 근원으로 여길 수 없다고 생각합니다. 그가 생각하는 만물의 근원 '아페이론'은 질적으로 규정되지 않은 무한정자입니다. '아페이론'의 'a-'는 부정 접두사, 'peiron'은 한정되어 있다는 뜻입니다. 아낙시만드로스는 특정한 물질이 아닌 규정되지 않은 어떤 것을 상정한 것이지요. 그는 만물의 근원이 무한할 뿐만 아니라 질적인 규정성을 갖지 않는다고 보았는데, 이는 유한하고 규정된 것들로부터 세계의 다양성을 설명할 수 없다고 여겼기 때문입니다. 아페이론은 세상을 이루는 모든 대립쌍, 가령 뜨거움과 차가움, 습기와 건조함, 밝음과 어두움 같은 것들이 분화되기 이전의 순수하고 근원적인 통일체입니다. 아페이론은 모든 규정성과 한계를 초월한 무한정자로서, 어떤 특정한 성질로 환원될 수 없는 근원적 존재인 것이죠.

또 하나, '아페이론'은 단지 개념적인 것만은 아닙니다. 그로부터 구체적이고 유한한 사물들이 '분리'되어 나오고, 또 그리로 돌아간다는 게 아낙시만드로스의 생각입니다. "만물은 그것이 생성된 곳으로 되돌아가 소멸한다. 이는 필연에 따른 것이다. 서로에 대한 부정의에 대해 사물들은 시간의 질서에 따라 형벌을 치르고 대가를 지불해야 하기 때문이다."[4] 여기서 아낙시만드로스는 사물간의 상호 작용을 '부정의'로 표현하고 있습니다. 세계 내의 모순과 갈등, 부조화가 결국은 '아페이론'의 평형을 어지럽히는 일종의 '죄'와도 같다는 거지요. 그리고 이에 대한 대가로서 존재하는 모든 것은 시간의 질서에 따라 소멸이라는 '형벌'을 감수해야만 합니다.

이 모든 과정 자체가 '아페이론'으로부터 유래했다는 게 아낙시만드로스의 생각입니다. 우리가 경험하는 생성과 소멸의 연쇄, 모순과 갈등의 이치는 결국 그 원초적 일자(一者)에 뿌리내리고 있다는 거죠. 유한한 사물들은 자신들만의 독자적인 존재 근거를 지니지 못하고 그저 '아페이론'이라는 모태에서 잉태되어 잠시 어머니의 탯줄을 떠나 춤추다 다시 어머니의 자궁으로 회귀할 뿐입니다.

이런 의미에서 아페이론은 존재와 생성의 무한한 가능성 자체를 상징하기도 합니다. 그 안에는 모든 것이 이미 내재되어 있되, 아직은 현실화되지 않고 잠재태로 남아있는 것이죠. 물론 아페이론에서 만물이 생성되고 소멸한다고 이야기한 점을 일원론적 경향이라 볼 수는 있지만 아페이론과 현상계를 구분했다는 측면에서는 아낙시만드로스를 이원론의 시작을 알리는 이라 볼 수 있습니다. 이는 그의 '다중우주론'에서도 확인할 수 있습니다. 6세기의 신플라톤주의 철학자 심플리키오

4. DK12 B1. DK(Diels-Kranz)는 독일의 철학자 헤르만 딜스와 발터 크란츠가 편찬한 『소크라테스 이전 철학자들의 단편 모음』(*Die Fragmente der Vorsokratiker*)의 약자다. 이후 각주에는 모두 DK로 표기한다.

스는 『아리스토텔레스 자연학 주해』에서 "아낙시만드로스는 무한한 세계가 있다고 말했다. 그는 이 세계들이 무한한 공허 속에서 서로 떨어져 있다고 생각했다. 각각의 세계는 생성과 소멸을 거듭한다. 세계들의 생성은 아페이론에서 비롯되며, 소멸 또한 아페이론으로 돌아가는 것이다. 이는 필연적인 것이며 세계는 부정의에 대해 서로 형벌과 대가를 치른다"[5]라고 씁니다.

즉 아낙시만드로스는 우리가 사는 세계 외에 수많은 다른 세계가 존재하며 생겼다가 사라진다고 말했다는 겁니다. 이는 아페이론이라는 원질(原質)에 의해 파생되는 수많은 현상계 중 하나가 지금 우리가 사는 세계라는 주장입니다. 어찌 보면 다중우주론의 창시자라고도 볼 수 있겠습니다. 물론 그가 생각했던 세계가 우리가 아는 그 우주일지는 모르겠지만요. 어찌되었건 이런 그의 주장은 아페이론이 무한하고 영원한 실재이며, 우리가 사는 세계는 그로부터 파생된 일시적이고 소멸되어 사라질 대상이라는 점에서 이원론적 세계관임을 부정하기는 힘들지 않을까 생각합니다.

여기서 아낙시만드로스의 우주관에 대해서도 조금 살펴봅시다. 그는 지구를 우주의 중심에 놓고, 다른 천체들이 지구 주위를 돈다고 생각했습니다. 지구를 중심으로 하는 일련의 동심원을 상정했죠. 가장 안쪽의 동심원에는 달이, 다음으로 태양과 행성들이, 가장 바깥쪽 동심원에는 항성들이 자리한다고 보았습니다. 여기까지는 당시 일반적인 생각과 별 차이가 없습니다만, 아낙시만드로스는 이런 우주 모델을

---

5. Simplicius, *Commentary on Aristotle's Physics*, 24.13-21, trans. Daniel W. Graham, *The Texts of Early Greek Philosophy*, Cambridge University Press, 2010, p. 47.

바탕으로 천체들 사이의 거리를 계산합니다. 지구와 달 사이의 거리를 계산한 뒤, 이를 기준으로 다른 천체들의 거리를 추정했다고 하죠. 예를 들어 태양이 달보다 더 높은 곳에 있으며, 그 거리는 지구와 달 사이 거리의 3배라고 주장했다고 합니다.

더 나아가 아낙시만드로스는 각 천체의 크기에 대해서도 나름의 계산을 했지요. 아리스토텔레스의 전언에 따르면, 그는 태양의 크기가 지구의 28배라고 추정했답니다. 물론 아낙시만드로스가 직접 쓴 책을 확인할 수는 없고 아리스토텔레스의 『천체론』 등에서 언급된 것이니 아닐 가능성도 있기는 합니다.

이와 별도로 아낙시만드로스는 최소한 그리스에서는 처음으로 세계지도를 만든 사람이기도 합니다. 아낙시만드로스의 지도는 그리스

그림 1. T-O 지도
(출처: 위키피디아 '아낙시만드로스')

를 중심에 두고 지중해를 T자 형태로 표현하고 있죠. 이런 유형의 지도들을 'T-O 지도'라고 부릅니다. T-O 지도는 중세 유럽에서 널리 사용된 세계지도의 한 형식입니다. T자는 지중해와 흑해, 나일강을 나타내고, O자는 이를 둘러싼 대륙을 표현하죠. T의 왼쪽은 유럽, 오른쪽은 아시아, 아래쪽은 아프리카 대륙을 나타냅니다. 이런 아낙시만드로스의 T-O 지도는 이후 헤카타이오스, 헤로도토스 등에 의해 발전했고, 중세에 이르러 널리 퍼지게 되죠. 물론 중세의 T-O 지도는 종교적 세계관을 반영해 예루살렘을 중심에 두는 등 아낙시만드로스의 원형과는 차이가 있습니다만, 세계를 도식화하는 기본 형식은 아낙시만드로스에서 비롯되었다고 볼 수 있겠죠.

3. 피타고라스

피타고라스(Pythagoras)는 메소포타미아의 현인들과 이집트의 서기로부터 수학을 배웠습니다. 그러나 피타고라스는 그들 자신이 발견한 것이 무엇인지를 모르고 있다고 생각했죠. 단지 땅의 면적을 재기 위해, 세금을 매기기 위해 숫자를 사용할 뿐이라 여겼습니다. 피타고라스는 달리 생각합니다. 그에게 수(數), 수와 수의 관계, 그리고 증명을 통해서 확인된 그것들의 모습은 우주 자체였습니다. 또한 그에게 있어 땅에 그은 금은 직선이 아니었습니다. 컴퍼스로 그린 원도 원이 아니었습니다. 진정한 원, 진정한 직선은 인간이 만들 수 없다고 보았습니다. 왜냐하면 인간은 불완전한 존재이기 때문이지요.

피타고라스는 생각합니다. '탐구는 우리에게 알려준다. 세상은 조화를 지향하고, 조화는 수 안에 있다. 화음이 알려주듯, 하늘의 천체가 그리는 원이 알려주듯, 이 세상을 움직이는 궁극의 진리는 수다. 그러나 우리 불완전한 인간이여. 쓸데없는 살덩이는 우리가 조화 속에 영원히 사는 것을 방해한다. 윤회하고 윤회하리라. 살덩이를 벗어나 수의 조화 속에 살 수 있다면 억만 번의 윤회가 무슨 상관이란 말인가!' 피타고라스와 그의 추종자들은 영혼의 윤회를 믿습니다. 영혼은 불멸하며, 죽음 후에 다른 생명체로 환생한다고 생각했죠. 이러한 믿음은 신앙보다는 먼저 그들의 수학적 세계관과 긴밀히 연결되어 있었습니다. 그들은 영혼이 윤회를 거듭하면서 점차 완벽한 수학적 조화에 도달할 수 있다고 보았던 거죠. 수학 참 좋아하는 사람들이었습니다.

피타고라스는 수를 통해서 우주를 이해할 수 있다고 생각했죠. 그는 만물의 근원을 물이나 무한자와 같은 물질적 실체가 아닌 수학적 관계와 비례로 설명합니다. 먼저 피타고라스는 음악에서 발견되는 수학적 비례에 주목합니다. 현의 길이와 그것이 내는 음 사이의 비례 관계를 발견하고 음계를 정립합니다. 예를 들어 옥타브 간격은 현의 길이 비율이 2:1일 때 발생하고, 완전 5도 간격은 3:2의 비율에서 나옵니다. 피타고라스는 이러한 수학적 비례가 우주의 근본 원리라 생각했습니다. 또한 피타고라스와 그의 추종자들은 기하학적 도형들 사이의 관계에서도 수학적 조화를 발견합니다. 그들은 특히 다섯 가지 정다면체(정사면체, 정육면체, 정팔면체, 정십이면체, 정이십면체)의 존재를 알고 있었는데, 이들 각각을 우주의 근본 요소인 불, 땅, 공기, 물, 그리고 우주 자체와 관련지었습니다. 정다면체가 이 다섯 개만 존재한다는 것도 알았는지는 모르겠지만요.

여기서 더 나아가 그는 만물이 수로 이루어져 있다고 주장하면서, 각각의 수에 특별한 의미를 부여하기도 했습니다. 먼저 홀수와 짝수의 구분이 있죠. 그들은 홀수를 '장황한 수'(perittos)로, 짝수를 '평등한 수'(artios)로 부릅니다. 'perittos'는 '넘치는', '초과의'라는 뜻으로, 홀수는 똑같은 자연수 둘로 딱 나눠지지 않는 것을 말합니다. 반면 'artios'는 '균등한', '똑같은 부분으로 나눌 수 있는'이라는 뜻으로, 짝수는 두 개의 같은 자연수로 나눌 수 있다는 거죠. 피타고라스학파는 홀수를 불가분성, 한정성, 남성성과 관련지었고, 짝수를 가분성, 무한성, 여성성과 관련지었습니다. 이는 그들의 우주관과도 연결되는데, 한정된 것(홀수)에서 무한한 것(짝수)이 생겨난다고 보았죠.

또 피타고라스학파는 완전수와 우정수 개념을 만듭니다. 완전수는 자기 자신을 제외한 약수의 합이 자기 자신과 같은 수죠. 예를 들면 6은 자신의 약수 1, 2, 3의 합이 6이 되니까 완전수입니다. 6 이외에 당시 알려진 건 28, 496, 8128 등이 있습니다. 피타고라스학파는 이런 수가 조화와 균형을 상징한다고 생각했습니다. 한편 우정수(friendly number)란 두 수가 있을 때, 한 수의 진약수의 합이 다른 수가 되고, 다른 그 수의 진약수의 합이 처음의 그 수가 되는 두 수를 말합니다. 진약수란 자신을 제외한 약수를 의미하죠. 예를 들어 220의 진약수는 1, 2, 4, 5, 10, 11, 20, 22, 44, 55, 110인데, 이들의 합은 284입니다. 284의 진약수는 1, 2, 4, 71, 142인데, 이들의 합은 220이죠. 이렇게 서로의 진약수의 합이 상대방의 수가 되는 두 수를 우정수라고 합니다. 이런 아름다운 조화에 큰 의미를 부여했던 것이죠. 이 조화는 하모니아(harmonia)라고 하며, 피타고라스학파에게는 우주의 질서(cosmos)와 아름다움을 나타내는 핵심 개념이었습니다.

수와 수의 조화에 대한 피타고라스학파의 생각은 플라톤 등 당시 자연철학자들에게 큰 영향을 끼칩니다. 플라톤은 수학적 대상이 가장 순수한 형태의 '이데아'에 가깝다고 보았고, 수학을 통해 이데아의 세계를 이해할 수 있다고 믿었습니다. 플라톤이 아카데미 입구에 "기하학을 모르는 자 들어오지 말라"고 쓴 이야기는 꽤 유명하고, 수학 좀 좋아하는 이들이 매번 드는 일화죠. 그리고 코스모스 개념 또한 질서를 좋아하는 이들에게 나름 영향을 발휘합니다.

4. 파르메니데스

파르메니데스(Parmenides)는 고대 그리스 자연철학에서 대단히 중요한 위치를 차지합니다. 그는 감각의 불완전성을 끝까지 밀어붙여 마침내 이 세상은, 그리고 세상의 변화는 단지 우리 감각이 보는 환영일 뿐이며 본질이 아니라고 선언합니다. 그리스적 이원론은 파르메니데스에서 본격적으로 시작했다고 해도 과언이 아닐 것입니다. 물론 아낙시만드로스도 아페이론을 통해 본질에 해당하는 것과 현상을 분리하는 모습을 보이지만 정식화된 것은 아니었지요.

그에게 감각의 길은 오류와 모순에 빠지게 할 뿐입니다. 감각은 불완전하고 변화무쌍하기 때문입니다. 같은 온도의 물에 손을 넣어도 여름인지 겨울인지에 따라 더 차갑게 느껴지거나 더 따뜻하게 느껴지는 것처럼, 감각은 같은 대상에 대해 상황에 따라 다른 인상을 주므로 신뢰할 수 없다는 것이죠. 그래서 오직 이성을 통해서만 참된 존재에 도달할 수 있다고 주장했습니다. 그래서 파르메니데스는 오직 이성의 길만이 진리로 인도하는 반면, 감각의 길은 모순된 의견으로 가득 차 있다고 하죠. 이성은 설득력 있는 진리와 함께하는 길이어서 불변의 진리로 인도합니다. 파르메니데스는 이성을 통해 모순율의 원리를 발견하고, 이를 토대로 존재와 비존재를 구분합니다. "존재하는 것은 존재하고, 존재하지 않는 것은 존재하지 않는다"[6]는 것이 바로 이성이 우리에게 가르쳐주는 모순율입니다.

---

6. DK28 B2.3-5.

모순율은 모순되는 두 명제가 동시에 참일 수는 없다는 논리 규칙입니다. 형식적으로 표현하면 A이면서 동시에 not A일 수는 없는 거죠. 파르메니데스는 이 원리야말로 우리의 사유를 지배하는 가장 기본적인 법칙이라고 보았습니다. 예를 들어 '소크라테스는 죽었다'와 '소크라테스는 죽지 않았다'라는 두 명제를 보죠. 그에 따르면, 이 두 명제는 모순율에 의해 동시에 참일 수 없습니다. 소크라테스가 죽은 상태이면서 동시에 죽지 않은 상태일 수는 없기 때문이죠. (아, 여기서 '슈뢰딩거의 고양이'가 생각나는 건 어쩔 수 없습니다.) 그에 따르면 이성으로 이 두 명제 중 하나만이 참이라는 것을 알 수 있습니다. 너무 맞는 말이지만, 또 너무 당연한 얘기라 여길 수 있습니다. 하지만 파르메니데스는 여기서 한 걸음 더 나갑니다.

그는 모순율을 존재론적 명제에 적용합니다. '존재는 있다'는 명제만이 참이며, '존재는 없다'는 명제는 거짓이라고 주장합니다. '존재가 있다'와 '존재가 없다'는 모순되는 명제이기 때문이지요. 이러한 관점에서 파르메니데스는 '있음'(being)과 '없음'(non-being)의 개념을 제시합니다. 파르메니데스는 존재는 있고, 존재하지 않는 것은 있을 수 없다고 말합니다. 그러면서 오직 '있다'는 말만이 남는다고 강조합니다.[7] 그래서 우리는 있음에 대해서만 말할 수 있다고 이야기합니다. 파르메니데스에 따르면, '있음'만이 존재할 뿐 '없음'은 존재하지 않습니다. 왜냐하면 우리가 '없음'에 대해 말하는 순간, 그것은 이미 어떤 식으로든 '있음'이 되기 때문입니다. 그런데 '없음'이란 말은 왜 있냐고 제게

---

7. 강성훈·강철웅·김대오 외, 『서양고대철학 1』(도서출판 길, 2013) 제5장 엘레아학파 '3. 퓌시스 너머 길과 진리를 찾는 철학자 시인 파르메니데스' 참조.

물으시면 음, 나중에 파르메니데스에게 물어봐야겠죠.

이러한 맥락에서 파르메니데스의 '일자'(一者, the One)를 살펴보죠. 일자란 '있음'의 영역에 속하는 보다 근원적인 실재를 가리킵니다. 그것은 우리의 감각으로는 포착할 수 없는, 오직 이성을 통해서만 파악되는 참된 존재입니다. 파르메니데스에 따르면, 일자는 생성도 소멸도 없으며, 과거, 현재, 미래를 모두 아우르는 영원한 존재입니다. 또한 일자는 가득 차 있고 연속적이며 불가분한 성질을 지닙니다. 이런 의미에서 그것은 우리가 감각을 통해 경험하는 다양하고 변화무쌍한 세계와는 근본적으로 다른 차원의 실재인 셈이죠.

나아가 파르메니데스는 변화 역시 불가능하다고 주장합니다. 그에 따르면, 변화란 존재하지 않는 것이 존재하게 되거나, 존재하는 것이 존재하지 않게 되는 것이죠. 하지만 '없음'은 존재할 수 없기에, 변화 또한 있을 수 없다는 것이죠. 이런 맥락에서 파르메니데스는 우리가 감각을 통해 경험하는 다양한 변화들이 실재가 아닌 환영에 불과하다고 말합니다. 결국 오직 이성을 통해서만 파악할 수 있는 불변하는 영원한 존재, 곧 일자만이 참된 실재라고 주장합니다. 파르메니데스에 따르면, 이 일자는 생성도 소멸도 없이 영원히 존재합니다. 또한 변화하지 않으며 항상 동일합니다. 일자는 끊어지거나 나누어질 수 없는 연속적인 존재이며 완전하고 충만한 존재로, 그 자체로 완결되어 있습니다.

"존재는 있고, 존재하지 않는 것은 없다. … 존재는 생겨날 수도, 소멸할 수도 없다. 존재는 전체적이고, 유일하며, 움직이지 않고, 끝이 없다." 뭐 이런 식입니다. 어찌 보면 동어반복이라 여길 수도 있습니다.

이처럼 파르메니데스의 일자는 가시적이거나 구체적인 대상이 아니라, 모든 경험적 현상의 배후에 있는 형이상학적 실재인 셈이죠. 결국 세상에는 일자 하나만 존재하는 겁니다. 여기서 조금 더 논의를 진전시켜 볼까요? 그럼 이성을 통해 일자를 인식하는 우리는 세상에 존재하지 않는 걸까요? 그에 따르면 우리와 같은 개별적 존재는 실제로는 존재하지 않습니다. 우리의 이성이 일자를 인식하는 것은 결국 일자 자체의 자기 인식 방식으로 볼 수 있다는 거죠. 그렇다면 저는 여기서, 아니 완벽한 일자라며, 그 일자의 일부인 우리가 불완전한 인식을 한다는 건가? 라는 불만이 나오지만 여기서 그치도록 하지요.

파르메니데스의 주장만 들여다보면 뭔가 찜찜합니다. 일자만이 존재하고 일자는 변하지 않는다는 게 말이 되나요? 우리가 매일 경험하는 세계는 다양하고 역동적인데 말이죠. 감각은 진리에 도달할 수 없다는 말도 심하죠. 물론 감각만 믿을 수는 없겠지만, 그렇다고 무시할 수는 없는 것 아닐까요? 게다가 '있다', '없다'와 같은 말장난 같은 논리 너머의 생생한 삶의 풍경을 보지 못하는 것 같죠. 하지만 당시의 시선으로 보면 이들이 존재와 인식의 문제를 날카롭게 파고들었다는 점은 높이 평가할 만합니다. 특히 파르메니데스가 제기한 '존재와 생성', '하나와 많음', '이성과 감각' 사이의 긴장 관계는 이후 플라톤과 아리스토텔레스로 이어지는 서양 형이상학의 중심 주제가 됩니다.

5. 플라톤

플라톤(Platon)은 아낙시만드로스를 거쳐 파르메니데스에 의해 확장된 이원론을 완성합니다. 우리가 보는 세계 곧 현상계의 이면에는 처음보다 먼저 존재하던 이데아가 있다는 겁니다. 그리고 그 이데아의 모사로서 현상계가 있다는 것이죠. 데미우르고스라는 창조주는 그래서 참으로 희한한 존재입니다. 그는 이데아를 설계도로 이 세상을 창조하지만, 세상을 창조하는 재료로는 이미 우주에 존재하는 불완전한 속성인 질료밖에 없었습니다. 실력 없는 목수가 연장을 탓한다고 하지만, 진흙으로 빌딩을 지을 수는 없는 법이지요.

플라톤은 워낙 유명한 인물입니다. 그와 관계된 일화도 많고 남긴 글도 많지요. 그중 하나가 '동굴의 비유'일 것입니다. 동굴의 비유를 풀어서 설명하면 다음과 같습니다.

"여기 지하 동굴이 있다. 동굴 속에는 죄수가 갇혀 있다. 그는 태어나면서부터 지금까지 두 팔과 두 다리가 묶인 채로 동굴 벽만 보고 산다. 목도 결박당하여 머리를 좌우로도 뒤로도 돌릴 수가 없다. 죄수의 등 뒤 위쪽에 횃불이 타오르고 있다. 죄수는 횃불에 비친 자신의 그림자만을 보고 산다. 죄수와 횃불 사이에는 무대 높이의 회랑이 동굴을 가로질러 설치되어 있다. 회랑 뒤에서 누군가가 인형극 놀이를 한다고 상상하자. 돌이나 나무로 만든 동물 모형, 사람 모형을 담장 위로 들고 지나가는 것이다. 죄수는 횃불에 의해 투영되는 모형의 그림자만을 볼 뿐 실재의 모형을 본 적이 없다. 인형극을 연출하는 사람들이 대사를 읽으면 죄수는 모형의 그림자들이 서로 대화를 나누는 것으로 인식할 것이다.

이제 죄수의 몸을 묶고 있는 사슬을 풀어주자. 그리고 모형을 죄수에게 보여주자. 당신이 보아온 동굴 벽의 이미지는 모형의 그림자였음을 설명하자. 죄수는 악을 쓸 것이다. 평생 그림자만 보아온 죄수는 그림자를 실재보다 더 실재인 것으로 고집할 것이다.

이제 죄수의 손목을 이끌어 동굴 밖으로 연결되는 가파른 통로로 안내하자. 햇빛이 찬연히 부서지는 곳으로 그의 몸을 끄집어낸 순간, 죄수의 눈은 너무 밝은 광채 앞에서 아무것도 보지 못할 것이다. 그가 지상의 사물을 분별하려면 상당한 시간이 필요할 것이다.

동굴의 어둠에만 익숙한 죄수가 볼 수 있는 것은 사물의 그림자이다. 한참 후 호수에 비추어진 나무의 영상을 볼 수 있겠지. 다음으로 밤하늘의 달과 별을 보게 될 것이고, 이제 대낮의 태양을 볼 차례지. 태양이란 사계절과 세월을 만들고 모든 사물을 다스리네. 태양은 모든 사물의 원리이지."

플라톤에 의해 하나의 새로운 세계가 만들어집니다. 우리의 불완전한 지각으로는 알 수 없는 세계, 지각 너머에 있는 실재(實在), 이데아가 그것입니다. 플라톤의 실재-이데아는 우리의 감각과 독립적으로 존재한다는 것이 중요합니다. 이에 따라 우리는 실재를 파악하기 위해 현상을 뒷받침하는 보편적 개념과 이치를 밝혀야 하죠. 이때 실험과 관찰은 별 의미가 없고, 논리와 논증 그리고 직관이 참된 이해에 도달하는 유일한 길이 됩니다.

플라톤의 이데아는 물질적인 실체가 아니라 정신적, 추상적 실재입니다. 달리 말하면, 개별 사물들이 공유하는 보편적 속성 또는 본질입니다. 이데아는 개별 사물과는 독립적으로 존재하며, 오히려 개별 사물들이 이데아에 의존합니다.

예를 들어 '책상'이라는 이데아는 모든 개별 책상이 공유하는 '책상 같음'의 보편적 속성을 나타냅니다. 개별 책상들은 모양, 크기, 재질 등에서 차이가 있지만, 그들을 책상이라고 부르는 것은 책상 이데아를 분유(分有, participation)하기 때문입니다. 이 책상 이데아 자체는 비물질적이고 불변하며, 개별 책상들과는 독립적으로 존재합니다. 반대로 개별 책상은 이데아의 완벽한 모사가 되지 못합니다. 불완전하죠.

또 그는 파르메니데스처럼 참된 앎의 대상은 불변해야 한다고 생각했습니다. 끊임없이 변화하는 현상계에서는 그래서 진정한 앎을 얻을 수 없으며 이데아만이 참된 인식의 대상이 될 수 있습니다. 플라톤에게는 '선(善)의 이데아', '아름다움의 이데아' 등이 개인의 주관을 넘어 독립적으로 존재하기 때문에 윤리적, 미학적 가치들 또한 객관적 실재라고 믿습니다. 현상계는 이런 이데아들을 불완전하게 구현하고 있을 뿐입니다. 나아가 이데아론은 가치의 객관성을 주장함으로써 도덕철학과 미학에도 중대한 영향을 미칩니다. 우리가 추구해야 할 궁극적 가치와 목적이 이데아계에 실재한다는 거죠.

물론 이데아론이 제기하는 '두 세계' 문제, 즉 이데아계와 현상계의 관계를 어떻게 설명할 것인가는 그로서도 쉽게 해결되지 않습니다. 플라톤은 『티마이오스』에서 우주의 기원과 구조에 대한 설명을 제시하는데, 여기서 데미우르고스(Demiourgos)라는 신적인 존재가 등장합니다. 데미우르고스는 고대 그리스어로 공공을 위해서 일하는 장인(匠人)이라는 뜻으로, 우주를 만든 창조주를 의미합니다. 데미우르고스는 선하고 지혜로운 존재이기에 가능한 한 이데아를 닮은 완벽한 우주를 만들고자 합니다. 하지만 완전무결한 창조는 불가능했고 변화무쌍하고 불완전한 현상계가 만들어지게 되었죠. 앞서 주어진 이유로 재료 즉 '질료'(코라, khôra)의 한계 때문이라 합니다. 여기서 질료란 아리스토텔레스의 4원소는 아니고, 공간 그 자체 혹은 받아들임(receptacle)이라 볼 수 있습니다. 『티마이오스』에서는 '그릇'(hypdechomene)으로도 표현합니다.

현상계의 창조가 불완전한 또 하나의 이유는 '필연'(anánkê)이 개입하기 때문입니다. 플라톤은 데미우르고스의 이성적이고 목적론적인 활동 외에도 무작위적이고 비이성적인 힘, 즉 필연이 창조 과정에 영향을 미친다고 보았습니다. 여기서 필연은 논리적 필연성과 같은 의미보다는 강제성이나 어찌할 수 없는 숙명에 가깝습니다. 이 필연은 우주의 질서에 저항하는 비합리적인 요소로, 플라톤이 완벽한 질서와 불완전한 현실 사이의 긴장 관계를 설명하려고 도입한 개념이라고 볼 수 있죠. 이 필연이 데미우르고스의 의도와 무관하게 작용하면서 창조의 결과를 왜곡시키고 불완전하게 만드는 요인이 됩니다.

이 두 가지 요인, 즉 질료 코라의 한계와 필연의 개입으로 인해 데미우르고스의 창조는 불가피하게 불완전한 결과로 이어질 수밖에 없었습니다. 현상계가 이데아의 완벽한 모사가 될 수 없었던 근본적인 이유가 바로 여기에 있습니다.

어쨌든 데미우르고스의 창조 행위는 이데아가 현상계에 영향을 주는 일종의 통로로 기능합니다. 현상계의 사물들이 이데아를 분유할 수 있는 것도 결국 데미우르고스 덕분이라고 할 수 있겠죠. 하지만 완벽한 재현이 될 수 없는데, 플라톤이 말한 '분유'는 바로 이런 불완전한 방식의 모사를 의미한다고 볼 수 있습니다.

다만 여전히 구체적인 창조 과정에 대해서는 신화적이고 비유적인 설명에 그치고 있어, '분유'가 어떻게 이루어지는지에 대한 궁금증은 남습니다. 질료에 대한 설명 또한 명확하지 못하고, 거기에다 창조 과정에 끼어든 '필연' 또한 제대로 설명되지 않고요. 저로서는 플라톤이 신화적 설명으로 곤란함을 회피한 것으로 여겨지기도 합니다. 동의하지 않는 분들도 있겠지만요.

6. 아낙시메네스

플라톤까지 내려왔는데 다시 밀레토스학파 시기로 올라가야겠습니다. 지금까지 소개한 철학자들이 모두 이원론 계열이라면 이제 일원론적 사고를 살펴볼 차례입니다. 이데아와 현상계로 세계를 나누는 이원론을 부정하고 우리가 감각하는 세계가 유일한 실재라 주장하는 일원론은 역시 최초의 철학자들인 밀레토스학파에서 시작됩니다. 탈레스와 그의 제자 아낙시메네스(Anaximenes)가 그들이죠. 아낙시메네스는 아낙시만드로스와 비슷한 시기에 활동했던 사람입니다. 그는 아낙시만드로스가 만물의 근원으로 아페이론을 주장한 데 반해 공기야말로 만물의 근원이라 주장합니다. 공기는 무한하고 끊임없이 움직이며, 모두를 포함한다고 보았습니다.

아낙시메네스는 공기가 매우 가볍고 유동적이어서 쉽게 압축되고 팽창할 수 있다는 것에 주목합니다. 공기가 압축과 팽창을 통해 다양한 물질로 변화할 수 있다는 주장이죠. 공기가 압축되면 차가워지면서 구름, 물, 흙, 돌이 되고, 반대로 팽창하면 뜨거워지면서 불이 된다고 합니다. 즉 공기의 밀도와 온도 변화가 만물의 성질을 결정짓는 핵심 원리인 셈이죠. 물론 우리가 아는 상식—압축하면 뜨거워지고, 팽창하면 차가워지는 현상—과는 반대이지만 아낙시메네스는 이렇게 공기의 압축과 팽창이라는 구체적인 메커니즘을 통해 물질의 변화를 체계적으로 설명하고자 했습니다. 심플리키오스는 『아리스토텔레스 자연학 주해』에서 "아낙시메네스는 기본 물질이 하나라고 말하는데, 그는 그것을 공기라고 부르며, 그것은 무한하다고 한다. 그리고 그는 공기가 응축되고 팽창함으로써 사물들의 본성이 생겨난다고 말한다. […] 이렇게 말하면서 그는 공기가 응축될 때는 차가워지고 압축될 때는 뜨거워진다고 여겼다"라고 쓰고 있습니다.

그가 생각하기에 공기는 그 자체로 생명력을 지니고 있어서 우리의 영혼을 이루는 것이기도 합니다. 우리가 숨을 들이쉬고 내쉬는 것이 공기를 통해 생명력을 얻는 과정이라 여겼죠. 공기야말로 생명의 원천이자 근본 원리가 되는 셈이죠. 아낙시메네스는 호흡을 통해 모든 생명체가 공기와 연결되어 있음을 강조하면서, 공기가 우주 만물의 근원이 될 수 있는 중요한 근거라고 주장했습니다. 플루타르코스는 "아낙시메네스는 우리의 영혼이 공기라고 말한다. 영혼이 우리를 붙잡아 주듯이, 숨결(pneuma)과 공기가 전체 우주를 에워싸고 있기 때문이다."[8]라고 쓰고 있죠.

아낙시메네스의 이런 주장은 몇 가지 점에서 주목할 만합니다. 먼저 그는 탈레스처럼 하나의 근원적 물질에서 모두가 만들어진다고 주장합니다. 또 물질을 구성하는 입자의 배열과 운동이 물질의 성질을 결정한다는 생각은 일보 진전된 형태라 볼 수 있습니다. 탈레스의 물이나 아낙시메네스의 공기나 그게 그거 아닌가라고 생각할 수 있지만 꼭 그렇지는 않습니다. 둘 사이에는 나름의 차이가 있습니다.

탈레스 역시 물이 다른 물질로 변화한다고 보았지만, 변화 과정을 체계적으로 설명하지는 않았습니다. 반면 아낙시메네스는 공기의 압축과 팽창이라는 구체적인 메커니즘을 제시하여 물질의 변화 요인을

---

8. 플루타르코스, 『모랄리아』(*Moralia*)의 '냉기의 원리에 관하여'(*On the principle of Cold*) 7, 947F.

좀 더 설득력 있게 설명했습니다. 또 탈레스에게 물은 생명체를 포함한 모든 사물의 구성요소이지만, 그 자체가 생명력의 원천이라고 보지는 않았습니다. 하지만 아낙시메네스는 한 걸음 더 나아가 공기 자체에 생명의 원리가 내재한다고 주장하죠. 이는 생명 현상에 대한 물질적 설명을 시도했다는 점에서 주목할 만합니다.

이처럼 탈레스와 아낙시메네스는 모두 우주의 근원을 물질에서 찾으려 했다는 공통점이 있지만, 그 물질의 성격과 변화 원리에 대한 이해에 있어서는 분명한 차이를 보입니다. 아낙시메네스가 물질 변화와 생명 현상을 설명하는 데 있어 한층 더 정교하고 체계적인 사유를 보여준다고 할 수 있습니다.

7. 헤라클레이토스

헤라클레이토스(Heracleitos)는 변화와 생성을 강조한 자연철학자로 유명합니다. 에페소스 출신으로 기원전 6세기경 파르메니데스보다 약 20년 정도 앞선 시기에 활동했습니다. 이 둘은 매우 다른, 어찌 보면 완전 반대라 여길 만한 입장을 가졌습니다. 파르메니데스는 불변하는 영원한 진리 즉 '일자'를 주장하지만, 헤라클레이토스는 만물은 영원히 변화한다는 '만물유전'(萬物流轉)을 내세우죠. 어찌 보면 파르메니데스의 일자설이 헤라클레이토스의 만물유전설에 대한 반박으로 제기되었을 가능성도 있습니다. 헤라클레이토스와 파르메니데스의 대결은 서양철학사에서 변화와 실재에 대한 상반된 두 진영의 첫 번째 맞섬이라 볼 수도 있겠습니다.

"같은 강물에 두 번 발을 담글 수 없다"는 그의 사상을 상징적으로 보여주는 말이죠. 강물은 끊임없이 흐르기에 우리는 발을 담글 때마다 이미 이전과는 다른 물을 만날 수밖에 없습니다. 이는 우리가 경험하는 세계가 고정된 실체가 아니라 끊임없이 변화하는 과정 속에 있음을 시사합니다.

헤라클레이토스는 "태양은 새로우면서도 매일 새롭다"고도 말하는데, 이 말 역시 같은 맥락에서 이해할 수 있죠. 해석은 두 가지입니다. 첫째는 매일 뜨는 해가 그 전날의 해와는 다른 새로운 해라는 의미입니다. 매일 같은 해가 뜨는 것 같지만 사실 시간이 흘러 변화했기에 엄밀히 말하면 다른 해라는 뜻이죠. 둘째로는 해는 같아도 해가 비추는 세상은 항상 변화한다는 의미로 볼 수 있습니다. 만물은 끊임없이 변화하기에 같은 해라 하더라도 비추는 세상은 늘 달라진다는 뜻입니다. 어떤 해석이 맞는지 혹은 둘 다 맞는지 정확하게 그의 생각을 들어볼 수는 없지만 그는 이런 변화야말로 우주의 본질이며, 만물은 생성과 소멸을 끊임없이 반복한다고 보았던 거죠.

어쨌든 헤라클레이토스에게 세계란 고정된 실체의 집합이 아니라 대립과 변화가 끊임없이 이어지는 역동적 과정 그 자체였던 셈입니다. "서로 반대되는 것들로부터 가장 아름다운 조화가 생겨난다", "전쟁은 만물의 아버지이자 만물의 왕"은 이런 세계관을 극적으로 표현한 것이라 하겠습니다.

또 하나, 헤라클레이토스 사상에서 매우 중요한 개념으로 '로고스'(Logos)가 있습니다. 로고스는 말, 이성, 논리, 법칙 등을 의미하는 그리스어로, 헤라클레이토스는 이를 우주를 지배하는 궁극적 원리로 보았습니다. "로고스는 영원하지만, 사람들은 그것을 듣기 전에도 듣고 난 후에도 깨닫지 못한다"는 말은 로고스의 우주적 속성을 잘 보여줍니다. 로고스는 보편적이고 영원한 진리이지만, 대부분은 그 존재를 알아차리지 못한다는 것입니다. 그는 "깨어 있는 자들에게는 하나이고 공통된 세계가 있지만, 잠자는 자들은 저마다 사적인 세계로 물러난다"고도 말했는데, 이는 로고스를 깨닫는 것이 참된 앎의 조건이라는 의미이기도 합니다.

하지만 변화의 철학자인 헤라클레이토스에게 로고스는 정적인 것이 아니라 대립과 모순을 내포합니다. "신은 낮이고 밤이며, 겨울이고 여름이며, 전쟁이고 평화요, 풍요이자 기근이다"라는 말로 로고스 안에 상반된 힘들이 공존함을 보여줍니다. 하지만 이런 대립도 더 높은 차원에서는 조화를 이루는데, 이를 헤라클레이토스는 '보이지 않는 조화'(harmonia aphanes)라고 표현했습니다. 대립과 갈등이 표면적으로는 부정적으로 보이지만, 사실은 생성과 변화를 가능케 하는 원동력이 된다는 것이죠.

여기서 '전쟁은 만물의 아버지이자 왕'이라는 말의 의미가 분명해집니다. 전쟁은 단순한 파괴가 아니라 상반된 힘들의 대결을 통해 새로운 질서를 낳는 창조적 과정인 셈입니다. 마찬가지로 "병약함이 건강함을 쾌적하게 하고, 악이 선을 그렇게 하며, 굶주림이 풍요를, 피로가 휴식을 쾌적하게 한다"는 말 또한 대립물들이 서로를 전제하고 규정한다는 의미를 담고 있습니다.

이처럼 세계는 끊임없는 변화와 생성의 과정입니다. 헤라클레이토스는 이를 불(火)의 비유를 통해 설명하는데, 마치 불이 끊임없이 타오르며 변화하듯 우주 만물도 영원한 흐름 속에 있다는 것이죠. "이 우주는 모든 것을 포괄하는 불이다. 불의 타오름에 의해 만물은 생겨나고, 불의 꺼짐에 의해 만물은 소멸한다."[9]

헤라클레이토스가 세계를 불에 비유한 것은 단순히 물질적 변화를 지칭하기 위해서만은 아닙니다. 그에게 불은 만물의 근원인 동시에 만물을 지배하는 법칙, 즉 로고스의 상징이기도 합니다. "모든 것은 불의 교환물이고 불은 모든 것의 교환물이다"[10]는 불과 로고스의 형이상학적 동일성을 가리키는 말로 읽힙니다.

이런 맥락에서 볼 때, 헤라클레이토스의 세계관은 모순적이면서도

9. DK22 B30-31. 『서양고대철학 1』, 124-126쪽 참조.
10. DK22 B90.

통일적인 과정의 철학으로 해석될 수 있을 것 같습니다. 즉 로고스에 의해 끊임없이 통일되고 지양되는 과정에 있다는 것이죠. 이는 감각적 현상에 내재한 모순을 인식하고, 그 모순의 상호 전환을 통해 보다 높은 통일성에 도달하려는 변증법적 사유의 싹을 보여준다고도 할 수 있습니다.

물론 헤라클레이토스의 변증법이 헤겔식의 본격적인 변증법은 아닙니다. 어디까지나 대립물들의 모순적 통일에 대한 직관적 통찰에 머물러 있습니다. 하지만 적어도 그의 사상이 이후 변증법 철학의 주요 모티프들, 즉 모순과 부정, 상호 전환과 종합 등에 대한 선구적 구상을 담고 있다고 저는 생각합니다. 그런데 이렇게 불을 좋아하는 그가 '어두운 철학자'로 불렸다니 참 희한하지요?

8. 데모크리토스

지금으로서는 생물학 특히 진화론이야말로 과학과 일부 종교적 독선이 대결하는 지점입니다. 몇 백 년 전 과학혁명 시기에는 천문학의 태양중심설과 지구중심설이 이 대결의 최전선이었지요. 이 전선이 가장 먼저 형성된 곳은 아마도 고대 그리스일 겁니다. 그 전선의 가장 앞에 선 전사는 데모크리토스(Democritos)였습니다. '웃는 철학자'로 알려진 익살맞은 데모크리토스의 모습에서 전사를 느끼기는 좀 힘들지만요.

세상의 모든 신화는 세상이 창조된 목적을, 그리고 인간이 존재하는 이유를 명확히 혹은 넌지시 말해줍니다. 애초에 신화가 만들어진 이유가 그런 것이니까요. 인간이 신이라는 존재를 창조한 이유는 신(들)을 통해 인간 존재의 의미를 묻고 대답하기 위해서지요. 마찬가지로 고대 그리스의 철학 또한 주류는 세상의 존재 이유, 좀 더 좁히면 인간의 존재 이유를 설명하기 위해 만들어졌다고 해도 무리한 주장은 아닐 겁니다. 이를 목적론이라 하겠습니다. 플라톤에게 이 세계-현상계의 존재 이유는 이데아를 닮는 것이고, 인간의 존재는 이 세상에서 이데아를 구현하는 것이지요. 아리스토텔레스에게 이 세계-월하계는 천상의 완벽함을 추구하는 것이고, 인간이야말로 지상계에 태어나 천상계를 지향하고 그를 실현할 수 있는 유일한 존재라는 의미가 있습니다.

그런데 그런 목적 따위는 없다고 코웃음 치는 사람이 있습니다. 세상은 우연히 만들어졌고, 그런 우연이 모여 인간이 만들어졌다는 것이죠. 따라서 인간의 존재 자체가 다른 무엇인가를 위해 예비된 것이 아니라는 주장입니다. 우리는 각자 우연히 생겨난 것에 불과하니 각자가 자기 좋을 대로 자신의 목적을 만들면 된다는 거지요. 바로 데모크리토스입니다. 섹스투스 엠피리쿠스에 따르면 "데모크리토스는 세계가 무한한 원자들의 우연한 결합에 의해 생겨났다고 말한다. 그에 따르면 태양과 달, 별들도 모두 이런 우연의 결과라는 것이다"(『수학자들에 반대하여』, 9권 113)라고 했다는군요. 아리스토텔레스의 『자연학』이나 에피쿠로스의 『자연에 관하여』 등에도 데모크리토스가 세상은 우연의 결과일 뿐이라고 주장했다는 언급들이 줄곧 나옵니다.

이런 우연론적 세계관은 자연스레 신의 존재를 부정하게 됩니다. 우연히 만들어진 세상에 신이 개입할 여지는 없으니까요. 그래서 데모크리토스를 최초의 무신론자라고 이야기하는 사람들도 많지요. 그가 진짜 무신론자였는지는 모르지만요. 무신론적 공산주의자로 유명한 마르크스가 데모크리토스에 관심이 많았던 것도 당연한 일입니다. 그의 박사논문 제목이 「데모크리토스 자연철학과 에피쿠로스 자연철학의 차이」였죠. 사실 주장으로만 보면 그 당시 사형당할 사람은 소크라테스가 아니라 데모크리토스였겠습니다.

이런 데모크리토스는 고대 그리스의 대표적인 원자론자로 일원론적 성격을 보여주고 있습니다. 모든 사물이 원자라는 하나의 실체로 이루어져 있다고 보았기 때문이죠. 데모크리토스에 따르면, 세계는 원자와 빈 공간으로 구성되어 있습니다. 원자는 더 이상 나눌 수 없는 최소 단위로, 질적으로 같고 양적 차이만 있을 뿐입니다. 이런 점에서 원자가 원소마다 고유한 성질을 가진다는 근대 과학의 원자론과는 좀 다르지요. 그는 또 모든 사물의 차이는 이 원자들의 배열, 모양, 위치 등의 차이에서 비롯된다고 보았습니다. 구형, 각형, 원통형, 피라미드형 등을 가질 수 있다는 거죠. 또한 데모크리토스는 모든 변화와 현상이 원자의 결합과 분리로 설명될 수 있다고 보았습니다.

인간의 인식에 대한 생각도 원자론과 밀접한 관련이 있습니다. 아리스토텔레스는 『형이상학』에서 "데모크리토스는 진리를 감각 인식에서 찾을 수 없다고 생각했다. 그는 '감각에 의한 외관은 전적으로 실재가 아니다'라고 말했다. 달콤함과 쓴맛, 따뜻함과 차가움 등 그 어떤 성질도 감각 그대로는 존재하지 않는다고 여겼다. 존재하는 것은 원자와 공허뿐이라는 것이다."(『형이상학』 4권 1009b)라고 합니다. 즉 데모크리토스는 감각을 통해 얻은 지식은 불완전하며, 오직 이성을 통해서만 진리에 도달할 수 있다고 보았습니다. 우리가 감각을 통해 인식하는 것은 사물의 겉모습일 뿐, 그 이면에 있는 원자의 배열과 운동을 파악하기 위해서는 이성의 도움이 필요하다는 것이죠. 이러한 인식론은 플라톤의 이데아론과 유사한 면이 있습니다. 플라톤 역시 감각으로 인식할 수 있는 현상계와 이성으로만 도달할 수 있는 이데아계를 구분하니까요.

데모크리토스의 원자론은 고대 그리스 철학사에서 중요한 획을 그은 사상이었지만, 동시대의 모든 철학자에게 환영받았던 것은 아닙니다. 사실 주류에겐 배척의 대상이었죠. 특히 아리스토텔레스는 데모크리토스의 원자론을 강하게 비판했습니다. 그는 자신의 저서 『자연학』(*Physica*)에서 이렇게 말했습니다.

"데모크리토스와 레우키포스는 모든 것이 원자로 이루어져 있다고 말하면서, 이 원자들이 모양, 배열, 위치에 따라 다른 것들로 나타난다고 했다. […] 그러나 그들은 운동의 근원에 대해서는 아무런 설명도 하지 않았다. […] 게다가 그들은 영혼도 나눠지지 않는 작은 구 모양의 원자라고 했는데, 이는 받아들일 수 없는 주장이다."(『자연학』, 1권 4장)

아리스토텔레스는 데모크리토스의 원자론이 운동의 원인을 제대로 설명하지 못한다고 보았습니다. 데모크리토스는 원자의 운동을 필연적인 것으로 여겼지만, 아리스토텔레스는 우연적인 운동과 목적론적 운동을 구분했기 때문입니다. 아리스토텔레스에 따르면 자연물의 운동은 목적을 향해 나아가는 것인데, 데모크리토스의 원자론은 이를 무시했다는 거죠.

아리스토텔레스의 『영혼론』[11]에 따르면 데모크리토스는 영혼도 원자로 구성되었다고 주장합니다. "데모크리토스는 영혼이 불과 같은 것이라고 말한다. 그에 따르면 무한한 형상의 원자들이 있는데, 그중 구 모양의 것들이 불과 영혼이라는 것이다. […] 호흡을 통해 이러한 원자들이 몸 안에 유지되고, 생명 활동을 일으킨다고 한다."(『영혼론』 404a) 이런 인식이라면 데모크리토스는 그야말로 기계론적 세계관의 선구자라 해도 과언이 아닐 겁니다. 사실 이 정도면 데카르트보다 더 나간 거죠. 물론 이 부분 또한 아리스토텔레스는 엄청나게 비판합니다.

"데모크리토스가 영혼을 구 모양의 불 원자라고 말할 때, 그는 사물의 다양한 운동 방식에 대해서는 아무런 설명도 하지 않는다. 그가 말하는 구 모양의 원자들이 자연적으로 운동한다고 하더라도, 그러한 운

11. 『영혼에 관하여』(*De Anima*)가 원제목이며, 간단히 『영혼론』이라고 부른다.

동이 생물의 운동과 어떻게 관련되는지는 분명하지 않다. 생물의 운동은 단순한 직선운동이 아니라 복잡하고 목적론적인 특징을 가지기 때문이다."(『영혼론』 406b-407a) 여기서 아리스토텔레스는 데모크리토스가 영혼을 운동의 원리로 삼으면서도, 그것이 어떻게 몸의 다양한 운동을 일으키는지에 대해서는 제대로 설명하지 못한다고 비판합니다. 그는 생물의 운동이 목적론적 특성을 가진다고 보았기에, 데모크리토스의 기계론적 설명에 만족할 수 없었던 거죠.

아리스토텔레스는 영혼을 마치 독립적인 실체인 양 몸 안에 거주한다고 보는 관점도 비판합니다. 그는 영혼이 단순히 물리적으로 몸 안에 있는 것이 아니라, 몸의 형상이자 실현태로서 본질적으로 몸과 결합해 있다고 주장합니다. 또 데모크리토스의 영혼론이 영혼의 다양한 능력과 부분들을 설명하지 못하며, 그것들이 몸의 각 부분과 어떤 관계를 맺고 있는지도 해명하지 않는다고 비판합니다. 사실 이는 원자론 자체를 인정하지 못하는 아리스토텔레스의 세계관이나 목적론으로 일관하는 그의 사상으로 볼 때, 영혼이 원자로 이루어졌고 원자의 움직임도 우연에 지나지 않는다는 데모크리토스의 사상은 첫 글자부터 끝 글자까지 다 비판의 대상일 수밖에 없었을 겁니다.

9. 엠페도클레스

시칠리아의 철학자 엠페도클레스(Empedocles)는 만물의 근원으로 불, 물, 공기, 흙이라는 네 가지 원소를 제시했습니다. 그는 이 4원소가 모든 사물을 구성하는 기본 요소라고 보았죠. 그는 왜 굳이 이 네 가지를 기본 요소를 꼽았을까요?

과학에서는 지구를 크게 네 가지 구역으로 나눕니다. 수권, 지권, 대기권, 그리고 우주입니다. 굳이 과학이 아니더라도 옛사람들이 하늘과 땅, 바다, 그리고 별들이 가득한 우주로 나누는 건 당연한 일이었겠죠. 이 네 구역의 상징으로 수권은 물, 지권은 흙, 대기권은 공기, 그리고 우주는 불이라 여긴 건 아닐까요? 물론 수권이 모두 물로만 이루어진 건 아니고 지권도 모두 흙으로만 이루어진 것은 아니죠. 하지만 각 권역이 가진 근본적 속성을 각기 물, 불, 흙, 공기로 여긴 것은 충분히 이해할 수 있습니다. 또 하나, 우리는 물질의 세 가지 상태가 기체, 액체, 고체라고 알고 있습니다. 이를 각각 공기, 물, 흙으로 표현할 수도 있겠습니다. 여기에 불은 물질이 아니지만 우리에게 익숙한 존재 에너지를 뜻한다고 볼 수 있지요. 물론 이건 제 추측일 뿐입니다.

다른 이유는 조금 더 근거가 있습니다. 탈레스는 물, 아낙시메네스는 공기, 헤라클레이토스는 불을 만물의 근원으로 보았죠. 엠페도클레스는 여기에 흙을 추가하여 4원소설을 만들었을 수도 있습니다. 거기에다 당시 그리스인들이 우주는 지상계(흙), 중간계(물, 공기), 천상계(불)의 층위로 이루어졌다고 많이들 생각한 것에서도 영향을 받았을 수 있습니다. 또 4원소설에 대비되는 동양의 오행설이 그렇듯이 신화와 민간 설화에서 이어져오던 이야기를 체계적으로 정리한 것일 수도 있습니다. 실제로 그리스가 크게 영향을 받은 고대 바빌로니아의 경우 바다, 하늘, 바람, 땅의 네 원소를 상징하는 네 개의 신을 가지고 있었죠.

엠페도클레스에 따르면, 이 4원소는 각각 고유한 성질을 지니고 있습니다. 불은 뜨겁고 건조한 성질, 물은 차갑고 습한 성질, 공기는 뜨겁고 습한 성질, 흙은 차갑고 건조한 성질을 지녔다고 보았습니다. 그는 이 4원소가 일정한 비율로 결합하여 다양한 사물을 형성한다고 주장했습니다. 예를 들어 "뼈의 본성은 이렇게 생겨났다고 보아야 한다. 대지가 넓은 도가니 안에서 물의 8부분과 불의 4부분이 서로 잘 섞여 흰색의 뼈들을 만들어냈다." 이처럼 원소들의 비율과 배열에 따라 사물의 성질이 결정된다는 것입니다. 이런 주장은 데모크리토스의 원자론과도 약간 통하는 측면이 있습니다.

엠페도클레스의 4원소설에는 이전의 자연철학자들과는 다른 중요한 점이 하나 있습니다. 탈레스나 헤라클레이토스 같은 자연철학자들은 만물의 근원이 곧 변화의 원인이라 여겼죠. 즉 물이 만물의 근원이면서 동시에 변화의 원인이었습니다. 아낙시메네스의 공기, 헤라클레이토스의 불 또한 마찬가지죠. 하지만 엠페도클레스는 만물의 근원과 만물을 움직이는 변화의 원인은 다르다고 여겼습니다. 아리스토텔레스 식으로 말하자면 질료인과 작용인으로 나눈 거죠. 즉 만물의 근원은 물, 불, 흙, 공기의 4원소이지만 변화의 원인은 사랑과 미움이라고 보았습니다.

엠페도클레스는 말합니다. "모든 것은 4원소로 이루어져 있다. 불,

물, 흙, 그리고 끝없이 높은 공기. 그리고 이들과 떨어져 있지만 동등한 것으로 파괴적인 불화(미움, Neikos)와 모든 것 사이에 있는 우애(사랑, Philia)가 있다." 사랑과 미움이라니, 낭만적이지만 뭔가 합리적이지도 과학적이지도 않다 여길 수 있습니다. 하지만 그때는 적절한 과학적, 철학적 용어가 부족하던 시대라는 점을 생각해야 합니다. 지금은 서로 끌어당기는 힘을 인력, 밀어내는 힘을 척력이라고 하지만 당시는 그런 용어가 없었으니까요. 즉 사랑이란 서로 끌어당기는 힘을, 미움이란 서로 밀어내는 힘을 의미합니다. 이 두 가지 힘의 속성이 만물의 변화를 이끈다고 생각했던 거죠. 하지만 사랑과 미움이 단순히 인력과 척력인 것만은 아닙니다.

엠페도클레스의 '사랑'과 '미움'은 단순한 물리적 힘 이상의 의미를 가집니다. 이들은 우주적 원리이자 도덕적, 정신적 개념을 포함합니다. 또한 이 개념들은 고대 그리스 철학의 맥락에서 이해해야 합니다. 당시의 세계관과 현대 물리학의 세계관은 매우 다르니까요. 또 엠페도클레스의 이론에는 목적론적 요소가 있지만, 현대 물리학의 힘 개념은 그렇지 않다는 점도 지적하지 않을 수 없습니다. 그래서 그의 사랑과 미움에는 윤리적이고 도덕적인 함의도 있지요. 마지막으로 '사랑'과 '미움'은 우주 전체를 주기적으로 지배하는 반면, 물리학에서의 인력과 척력은 그렇지 않습니다.

그가 한 말을 다시 인용해보죠. "모든 것은 오직 혼합과 분리일 뿐, 자연이라고 부르는 것은 인간들 사이에서만 통용된다." "때로는 사랑에 의해 모든 것이 하나가 되고, 때로는 미움에 의해 모든 것이 다시 여러 개로 나뉘어 움직인다." 이는 만물의 본질이 4원소의 결합과 분리에 있으며, 이를 사랑과 미움이라는 힘이 주도한다는 그의 사상을 잘 보여줍니다.

사랑은 서로 다른 원소들을 끌어당겨 결합시키는 힘이고, 미움은 원소들을 분리시키는 힘입니다. 엠페도클레스는 이 두 힘이 번갈아 작용하면서 우주의 변화를 만들어낸다고 보았습니다. 사랑이 지배적일 때는 원소들이 조화롭게 결합하여 통일된 세계를 이루지만, 미움이 우세해지면 원소들이 분리되어 혼돈의 상태가 된다는 얘기죠.

이런 사랑과 미움의 교대는 끊임없이 반복되며, 이것이 만물의 생성과 소멸의 원인이 된다고 보았습니다. 즉 엠페도클레스는 물질적 원소와 더불어 비물질적인 사랑과 미움을 함께 고려함으로써 세계를 설명하려 했던 것입니다. 그의 이론은 이후 사상가들, 특히 아리스토텔레스에게 큰 영향을 미쳤습니다. 물론 아리스토텔레스는 엠페도클레스의 생각에서 가끔씩 엿보이는 우연과 무신론적 토핑은 모두 덜어냈지만요.

전언에 따르면, 엠페도클레스는 자신이 신이 되었다는 것을 증명하기 위해 시칠리아의 에트나 화산에 뛰어들었다고 합니다. 그는 자신의 육체가 사라지고 신적인 존재로 변화할 것이라 믿었던 것이죠. 그러나 화산은 그의 신발 한 짝을 다시 토해냈다고 하더군요. 물론 진위가 확인된 것은 아닙니다. 하지만 이런 이야기가 전해질 정도로 에고가 강하고 자존감이 높았던 것은 사실인 듯합니다.

2장

아리스토텔레스가 본 세계

1. 아낙사고라스–아리스토텔레스를 예비하다

아낙사고라스(Anaxagoras)는 고대 그리스 자연철학자 중에서도 독특한 위치를 차지합니다. 그는 만물의 기원을 '스페르마타'(spermata, 씨앗)라고 하는 무한한 입자라 보았습니다. 이 씨앗들은 각각 고유한 성질을 지니고 있으며, 사물의 모든 특성이 그 안에 내재해 있다고 여겼죠. 예를 들어, 뼈를 이루는 씨앗에는 뼈의 본질이, 피를 이루는 씨앗에는 피의 본질이 담겨 있다는 식입니다. 이 씨앗들은 영원하고 불변하는 존재로서, 결코 창조되거나 소멸하지 않습니다. 그것들은 다만 서로 결합하고 분리하면서 다양한 사물의 모습을 만들어낼 뿐이죠. 아낙사고라스는 "아무것도 생겨나지 않고, 아무것도 소멸하지 않는다. 다만 있는 것들이 섞이고 다시 분리될 뿐이다"라고 말합니다. 씨앗들은 영원하고 불변하며 결코 창조되거나 소멸하지 않는다는 것이죠.

아낙사고라스에 따르면, 태초에 이 씨앗들은 혼돈 속에서 뒤섞여 있었습니다. 이때 '누스'(Nous)라는 우주적 지성이 개입하여 혼돈에 질서를 부여합니다. 아낙사고라스는 누스가 "가장 미세하고 가장 순수한 것"이라 표현했습니다. 누스는 씨앗 사이를 순환하며 그것들을 분리하고 결합시켜, 우리가 알고 있는 세계를 형성합니다. 아낙사고라스는 누스가 "모든 것을 알고" "모든 것을 배열한다"고 했죠. 여기서 주목할 점은 아낙사고라스가 누스를 물질과 구분되는 독립적 실체로 파악했다는 것입니다. 누스는 순수하고 초월적인 존재로서, 물질세계를 초월해 있으면서도 물질에 작용을 가하는 근원적 힘인 셈이죠. 일종의 신이라고나 할까요?

따라서 아낙사고라스 사상에서 만물의 변화와 다양성은 궁극적으로 씨앗들과 누스의 상호작용으로 만들어집니다. 씨앗들이 물질적 기반을 제공한다면, 누스는 그것들에 운동과 질서를 부여하는 정신적 원리로 작용하는 것이죠. 이처럼 아낙사고라스는 물질과 정신을 통합하는 독특한 우주론을 제시했습니다. 그의 사상은 한편으로는 만물을 질적으로 다른 입자들로 환원시키면서도, 다른 한편으로는 정신적 실체인 누스를 도입함으로써 목적론적 세계관을 보여주었다고 할 수 있습니다.

아낙사고라스의 인식론도 이러한 구도와 밀접하게 연관되어 있습니다. 그는 인간의 감각이 사물의 표면적 혼합 상태를 지각할 뿐, 그 이면의 본질을 파악하기는 어렵다고 보았습니다. 왜냐하면 우리의 감각기관 자체가 특정한 비율의 씨앗으로 이루어져 있기 때문이죠. 예컨대 시각은 불의 씨앗이 지배적인 눈을 통해 이루어지는데, 이는 외부 사물 중 불의 씨앗과 유사한 부분만을 포착하게 됩니다.

아낙사고라스는 '누스'야말로 만물의 참모습을 꿰뚫어 볼 수 있는

'이성'의 원천이라고 여겼습니다. 인간이 누스를 통해 감각의 혼란을 넘어설 때 비로소 진리에 도달할 수 있다는 것이죠. "오직 누스만이 그 자체로, 그리고 다른 그 어떤 것과 섞이지 않은 채로 존재한다"[12]는 구절은 누스의 초월성과 독립성을 강조하는 동시에, 그것이 인간 인식의 근원이 됨을 뜻합니다.

아낙사고라스 이전의 자연철학자들은 주로 물질의 근원과 변화의 원리를 탐구하는 데 초점을 맞추었습니다. 탈레스, 아낙시메네스, 헤라클레이토스 등은 각각 물, 공기, 불 등을 만물의 근원으로 보고, 이들의 변화와 상호작용으로 세계를 설명하고자 했죠. 이들의 사상에는 세계의 변화를 목적론적으로 해석하려는 경향이 두드러지지는 않았습니다.

반면, 아낙사고라스의 사상은 '누스'의 개념을 도입함으로써 목적론적 성격을 띠게 됩니다. 그는 누스를 단순한 물질적 힘이 아니라 지성을 가진 존재로 묘사합니다. 그는 누스가 "모든 것을 알고 있다"고 말했죠. 이는 누스가 단순한 기계적 원인이 아니라 지적인 원리임을 보여줍니다. 아낙사고라스에 따르면, 누스는 우주에 질서와 조화를 가져다줍니다. 거기에다 그에 따르면 누스는 만물을 최선의 방식으로 배치하고 구성하죠. 이는 누스의 활동이 단순한 우연이 아니라 일종의 의도와 방향성을 가진 것으로 볼 수 있는 근거가 됩니다.

물론 아낙사고라스의 사상이 완전히 체계화된 목적론은 아닙니다. 그의 누스 개념은 여전히 불명확한 부분이 있고, 물질과의 관계도 모

---

12. DK59 B12.

호한 측면이 있죠. 하지만 그가 순수한 물질 운동 이면에 작동하는 정신적 원리를 상정했다는 점에서, 그의 사상은 목적론적 경향을 띤다고 평가할 수 있습니다.

이런 아낙사고라스의 사상은 후대 사상가들에게 적지 않은 영향을 끼쳤습니다. 먼저 그의 '씨앗' 개념은 고대 원자론의 선구로 여겨집니다. 비록 그가 말한 씨앗이 질적으로 다양한 속성을 지녔다는 점에서 원자론자들의 원자 개념과는 차이가 있지만, 만물을 미세한 입자들의 결합과 분리로 설명하려 했다는 점에서 원자론의 틀을 마련했다고 볼 수 있습니다. 실제로 아낙사고라스의 제자 중 하나였던 아르켈라오스는 스승의 씨앗설을 계승하면서도, 그것을 질적으로 동일한 입자들로 재해석함으로써 원자론에 한층 더 다가갔다고 전해집니다.

하지만 아낙사고라스의 씨앗과 데모크리토스의 원자 사이에는 몇 가지 중요한 차이점이 있습니다. 아낙사고라스의 씨앗은 질적으로 다양한 속성을 지닌 반면, 데모크리토스의 원자는 모양과 크기만 다를 뿐 본질적으로 같은 속성을 지닙니다. 또한 아낙사고라스는 '누스'라는 정신적 실체를 상정한 데 비해, 데모크리토스는 오직 물질만이 실재한다고 보았죠. 그럼에도 불구하고 이들은 만물을 미시적 입자들의 운동과 결합으로 설명하려 했다는 공통점을 갖습니다.

아낙사고라스의 '누스' 개념은 플라톤과 아리스토텔레스의 형이상학에 중요한 영향을 주었습니다. 플라톤은 『파이돈』에서 아낙사고라스를 언급하면서, 그가 만물의 원인으로 누스를 제시한 것을 높이 평가합니다. 다만 플라톤이 보기에 아낙사고라스는 누스의 역할을 제대로 설명하지 못했는데, 이는 플라톤으로 하여금 이데아론을 통해 보다 체계적인 형이상학을 구축하게 만든 동기가 되었습니다.

앞서 살펴본 플라톤의 데미우르고스 개념은 그래서 아낙사고라스의 누스 개념과 유사한 점이 많습니다. 아낙사고라스에게 누스는 우주를 지배하는 이성적이고 목적론적인 원리였죠. 마찬가지로 플라톤에게 데미우르고스는 이데아를 모델로 삼아 합목적적으로 우주를 창조한 신적 존재입니다. 이런 점에서 데미우르고스는 누스와 같은 역할을 한다고 볼 수 있습니다.

데미우르고스는 선하고 지혜로운 존재이기에, 가능한 한 이데아를 닮은 완벽한 우주를 만들고자 했습니다. 이는 우주의 창조에 분명한 목적이 있음을 암시하죠. 단순히 우연이나 필연에 의해 생겨난 것이 아니라, 이성적이고 합목적적인 설계에 의해 만들어진 것입니다. 비록 질료의 한계와 필연의 개입으로 불완전할 수밖에 없지만, 현상계 역시 이데아를 향한 목적을 지니고 있다고 할 수 있습니다. 이런 관점에서 플라톤의 우주론 또한 분명 목적론적 성격을 띠고 있습니다.

한편 아리스토텔레스는 누스 개념을 자신의 '부동(不動)의 동자(動者)' 곧 원동자(原動者)와 관련지어 발전시킵니다. 그는 우주의 궁극적 원인이자 목적으로서의 신을 '생각하는 생각'(noesis noeseos)으로 규정하는데, 이는 아낙사고라스의 누스를 더 정교한 형태로 계승한 것으로 볼 수 있습니다. 누스는 또 신플라톤주의에서 다시 등장하는데 이 부분에 대해서는 뒤의 신플라톤주의에서 다시 이야기하도록 하겠습니다. 다만 아낙사고라스가 신플라톤주의의 누스에 대해 선뜻 동감을 표할 것 같지는 않군요.

2. 4원인론, 실체와 연속체

아리스토텔레스는 사물의 존재와 변화를 설명하기 위해 네 가지 원인을 제시합니다. 질료인, 형상인, 작용인, 목적인이죠. 질료인은 사물을 구성하는 재료이고, 형상인은 그 재료에 부여된 형태나 속성입니다. 가령 청동상의 경우, 청동이 질료인이고 상의 모양이 형상인이 되는 것이죠. 작용인은 변화를 일으키는 직접적 원인으로, 청동상을 만드는 조각가의 행위가 이에 해당합니다. 그런데 아리스토텔레스는 여기에 목적인이라는 개념을 추가합니다. 목적인은 사물의 존재와 변화가 지향하는 궁극적인 목표와 관련 있습니다. 청동상의 목적인은 신전에 봉헌되는 것일 테고, 나무의 목적인은 열매를 맺는 것이겠죠.

특히 자연물에 있어서는 목적인과 형상인이 중요한 역할을 합니다. 아리스토텔레스는 모든 자연물이 고유한 본질 즉 형상을 갖추고 있으며, 그 형상의 완전한 실현을 목적으로 한다고 봅니다. 이를테면 도토리의 형상은 참나무이며, 도토리는 참나무로 성장하는 것을 목적으로 합니다. 이처럼 형상인과 목적인은 사물 안에 내재된 본질적 속성과 지향점을 나타내는 것이죠.

4원인설은 이렇듯 상호 연관되어 사물의 존재와 변화를 입체적으로 설명해 줍니다. 질료인은 사물의 가변적 측면을, 형상인은 사물의 동일성과 필연성을 보여줍니다. 작용인은 현상계에서의 인과 관계를 나타내며, 목적인은 사물의 존재 이유와 변화의 방향을 규정합니다. 요컨대 4원인설은 사물을 다층적 관점에서 파악하고, 그 존재와 변화를 체계적으로 이해할 수 있는 틀을 제공해 준다고 할 수 있습니다.

이러한 4원인설의 기본 구도 위에서 아리스토텔레스는 '실체'와 '연속체'라는 개념을 통해 존재의 본성을 더욱 심도 있게 탐구합니다. 아리스토텔레스에게 있어 실체는 그 자체로 존재하며 다른 것의 기체(基體, substance)가 되는 독립적 존재를 의미합니다. 실체는 속성의 담지자이면서, 동시에 개별자들이 공유하는 보편적 본질이기도 합니다. 이를테면 개별적인 인간들은 실체인 '인간 본질'을 공유하면서, 동시에 각자 독립적인 실체로서 존재한다는 것이죠. 아리스토텔레스는 이러한 실체야말로 존재의 근본 단위이자 학문의 궁극적 대상이라고 봅니다. 스승 플라톤의 이데아를 살짝 비튼 느낌이죠. 이 부분을 좀 자세히 살펴보죠.

우선 유사점은 둘 다 개별자들 너머에 존재하는 보편적 본질을 상정한다는 것입니다. 플라톤에게 이데아는 가시적 세계를 초월해 존재하는 완전하고 불변하는 형상이며, 개별자들은 이 이데아를 모방함으로써 존재와 속성을 얻게 됩니다. 마찬가지로 아리스토텔레스도 개별자들이 공유하는 보편적 실체, 즉 본질이 있다고 봅니다. 이를테면 개별적인 인간들은 '인간의 본질'이라는 실체를 공유한다는 것이죠.

그러나 이 지점에서 중요한 차이가 드러납니다. 플라톤에게 이데아는 가시적 세계와 분리되어 현상계와는 다른 차원에 독립적으로 존재하는 초월적 실재이지만, 아리스토텔레스의 실체는 개별자 안에 내재해 있습니다. 또 플라톤의 이데아는 지성의 대상이지만 감각의 대상은 아닙니다. 우리는 오직 이성을 통해서만 이데아에 도달할 수 있죠. 반면 아리스토텔레스의 실체는 개별자들 안에 실현되는 것으로서, 우리는 감각과 경험을 통해 실체를 파악할 수 있습니다. 따라서 그에게 실체는 경험적 세계 내에서 작동하는 원리인 셈이죠.

한편, 플라톤의 이데아는 그 자체로 완전하고 불변하지만, 아리스토텔레스의 실체는 잠재태와 현실태의 구분을 포함합니다. 도토리 안에는 참나무의 형상이 잠재적으로 내재해 있고, 이것이 실현되는 과정에서 운동과 변화가 일어난다는 것입니다. 이런 점에서 아리스토텔레스의 실체 개념은 변화와 생성을 설명하기에 더 적합하다고 할 수 있습니다. 요컨대 플라톤과 아리스토텔레스는 모두 개별자들의 배후에 보편적 본질이 있다고 보았지만, 그 본질의 존재 방식과 인식 방법이 다릅니다.

한편, 아리스토텔레스는 실체 개념과 함께 연속체 개념도 중시했는데, 이는 그의 운동론과 우주론을 이해하는 데 핵심적인 요소가 됩니다. 그는 『범주론』, 『자연학』 등의 저작에서 연속체의 특성과 역할에 대해 상세히 논의하고 있는데, 특히 '제논의 역설'에 대한 해법으로서 연속체 이론을 제시했다는 점이 주목할 만합니다. 아리스토텔레스에 따르면, 연속체는 무한히 분할 가능한 양적 속성을 지닌 존재입니다. 가령 하나의 선분은 무한히 많은 점으로 나눌 수 있고, 하나의 시간은 무한히 많은 순간으로 나눌 수 있습니다. 마찬가지로 운동 또한 무한히 작은 단위들로 분할될 수 있는 연속적인 과정입니다.

하지만 아리스토텔레스는 이러한 무한 분할이 실제로 일어나지는 않는다고 봅니다. 그는 연속체가 무한 분할의 잠재성은 있으나, 실제로는 유한한 부분들로 구성되어 있다고 주장합니다. 이를테면 어떤 거리를 이동하는 운동은 무한히 많은 중간 지점들을 통과할 수 있지만, 실제 운동에서는 유한한 시간 내에 유한한 구간들을 차례로 통과하게 된다는 것입니다. 아리스토텔레스는 이를 "연속체는 무한히 분할 가능하지만, 실제로 분할되는 것은 아니다"라고 표현했습니다.

이런 관점은 제논의 역설을 해결하는 데 중요한 단서가 됩니다. 제논은 아킬레우스와 거북이의 경주를 예로 들면서, 아킬레우스가 거북이를 영원히 따라잡을 수 없다고 주장했습니다. 그 근거는 아킬레우스가 거북이의 위치에 도달하려면 무한히 많은 중간 지점을 거쳐야 하는데, 그때마다 거북이는 앞서 있다는 것이었죠. 그러나 아리스토텔레스의 연속체 개념에 따르면, 경주의 구간들은 무한히 분할 가능할 뿐, 실제로 무한히 분할되는 것이 아닙니다. 따라서 아킬레우스는 유한한 시간 내에 거북이를 따라잡을 수 있게 되는 것입니다. 아리스토텔레스는 이처럼 연속체의 무한 분할 가능성과 실제적 유한성을 구분함으로써, 운동과 변화의 연속성을 설명하면서도 무한 분할의 역설을 피할 수 있었습니다. 그의 연속체 이론은 수학적 추상화와 물리적 실재 사이의 긴장을 해소하려는 시도였다고 할 수 있습니다.

또한 아리스토텔레스는 연속체를 질료와 형상의 결합으로 파악하기도 했습니다. 가령 시간은 '지금'이라는 순간들이 연속적으로 이어진 것인데, 여기서 '지금'은 시간의 질료이고 시간적 순서는 시간의 형상에 해당한다는 것이죠. 이런 관점에서 보자면, 연속체는 근원적 질료가 특정한 형식을 취함으로써 성립하는 일종의 형상적 존재라고 할 수 있습니다. 이는 아리스토텔레스가 연속체를 단순한 양적 실재로 보지 않고, 그 안에서 질적인 규정성을 찾으려 했음을 보여줍니다.

아리스토텔레스는 이처럼 연속체와 실체 개념을 바탕으로 보편과 개별, 잠재성과 현실성, 질료와 형상 사이의 역동적 관계를 탐구했습니다. 이어지는 장에서는 이러한 토대 위에 구축된 아리스토텔레스의 세계관을 살펴보겠습니다. 근대의 과학혁명이 아리스토텔레스적 세계관을 전복하는 과정이라면 그 세계관을 먼저 살펴보는 것이 순서일 테니까요.

3. 아리스토텔레스의 우주

아리스토텔레스에게 우주는 하나이자 둘이었습니다. 달보다 위쪽에 있는 천상계(celestial world)와 그 아래쪽의 지상계-월하계(terrestrial world)로 나뉘었지요. 물론 이런 구분이 아리스토텔레스만의 고유한 것은 아니었습니다. 예전부터 내려오던 구분이었지요. 우주를 위계적으로 구분하고 천상의 존재를 우월하게 여기는 건 신화에서부터 자주 나타나니까요. 아리스토텔레스의 천상계/지상계 구분은 이러한 전통의 연장선상이라 볼 수 있겠습니다.

그러나 아리스토텔레스는 이런 구분의 이유를 구체적으로 제시했다고 할 수 있습니다. 그에 따르면 지상계는 물, 불, 흙, 공기라는 네 원소로 이루어진 곳입니다. 그런데 이렇게 기본이 되는 원소가 네 가지나 된다는 것은 각각의 원소가 어딘가 부족한 불완전한 요소라는 이야기이기도 합니다. 앞서 고대 그리스의 자연철학자들이 했던 말들 속에 이미 드러나지요. 파르메니데스는 존재하는 것은 완전한 것이며, 완전한 것은 대립이 있을 수 없는 일자라고 했지요. 플라톤도 마찬가지고요. 이렇듯 완전하다는 것은 그 자체로 대립항을 만들지 않는다고 생각했습니다. 대립항이 있다는 것은 그 자체로 완전하지 않음의 상징이지요. 낮과 밤, 남과 여와 같은 대립은 서로가 서로에게 부족한 부분을 가지고 있다는 뜻이고, 각자가 불완전하다는 뜻이기도 합니다. 마찬가지로 물, 불, 흙, 공기라는 네 원소는 각각 따뜻하거나 차갑고, 습하거나 건조하고, 무겁거나 가볍습니다. 따라서 이렇게 불완전한 속성을 가진 원소로 구성된 지상계는 불완전할 수밖에 없지요.

반대로 천상계는 완전한 원소인 에테르로 구성되어 있다고 보았습니다. 에테르는 지상의 4원소가 가진 모든 속성을 스스로 가진 존재로 완전한 질료입니다. 따라서 이런 질료에 의해 구성된 천상계는 완전한 모습을 가집니다. 에테르(Aither)는 아리스토텔레스 우주론의 핵심 개념으로, 그의 자연학 체계에서 중요한 역할을 합니다. 아리스토텔레스는 에테르를 '제5원소' 또는 '첫 번째 물질'(Prime Matter)이라고 불렀는데, 이는 에테르가 지상계를 구성하는 4원소와는 전혀 다른 속성을 지닌 별개의 실체임을 의미합니다.

아리스토텔레스에 따르면, 에테르는 생성되거나 소멸되지 않으며, 질적 변화도 겪지 않습니다. 그것은 시간의 흐름에도 불구하고 항상 같은 상태로 존재합니다. 또한 에테르는 무게나 크기 등 물질적 속성을 지니지 않습니다. 그것은 오직 천상계에만 존재하는 비물질적 실체입니다. 에테르가 비물질적 실체여야 하는 이유 중 하나는 그 자체로 완전하며 어떠한 결함도 없는 존재이기 때문입니다. 그것은 천상계의 완전한 질서와 조화를 구현하는 매개체이기도 합니다. 그래서 에테르로 이루어진 천체들은 완전한 원운동을 합니다. 직선운동이 지상계 물체의 운동이라면, 원운동은 천상계 물체인 에테르의 고유한 운동방식입니다. 그리하여 신들의 세계인 천상계를 구성하는 요소로서 신성한 속성을 지닙니다. 지상의 4원소보다 월등히 고귀한 존재입니다. 이처럼 아리스토텔레스는 에테르 개념을 통해 천상계의 존재론적 우월성과 질서정연함을 설명하고자 했습니다. 그에게 에테르는 변화와 소멸이 지배하는 지상계와 불변하는 진리가 존재하는 천상계를 구분하는 결정적 기준이었던 것이죠.

이 두 상반된 세계가 아리스토텔레스가 구성한 우주입니다. 이 상반된 모습이 가장 극적으로 드러나는 것은 각각에 속하는 물질들의 운동에서입니다. 천상계의 천체는 모두 완전함의 상징인 원운동을 합니다. 시작도 끝도 없는 원이야말로 도형 중에서도 완전함을 상징하지요. 자신의 꼬리를 물고 있는 우로보로스의 뱀처럼 말이지요. 『천체에 관하여』(*De Caelo*) 제1권에서 그는 이렇게 말하고 있습니다. "첫 번째 천체의 운동은 균일하고 끊임없는 원운동이다. 그 이유는 첫 번째 물질(에테르)의 본성이 완전무결하기 때문이다."

여기서 '첫 번째 천체'란 항성천구, 즉 우주의 가장 바깥 경계를 이루는 천구를 가리킵니다. 아리스토텔레스는 이 항성천구의 원운동이 다른 모든 천체의 운동을 규정한다고 봅니다. 왜냐하면 천체들은 모두 항성천구에 고정되어 함께 움직이기 때문입니다. 따라서 그는 천체의 일차적 운동은 모두 완전한 원의 형태를 띨 수밖에 없다고 주장합니다. 다만 아리스토텔레스는 행성들의 운동에서 나타나는 불규칙성(역행운동 등 행성들의 겉보기운동)을 설명하기 위해 제한적으로 '부차적 운동'을 도입하기도 합니다. 이는 기본적인 원운동에 추가되는 보조적인 운동으로, 행성마다 고유한 속도와 방향을 가질 수 있습니다. 그러나 이러한 부차적 운동 역시 근본적으로는 원운동의 속성을 벗어나지 않는 것으로 간주합니다.

『천체론』[13]에서 그는 이렇게 말합니다. "원운동은 완전하다. 왜냐하면 직선은 언제나 시작과 끝, 그리고 경계를 가지지만, 원은 그렇지 않

13. 『천체에 관하여』(*De Caelo*)가 원제목이며, 간단히 『천체론』이라고 부른다.

기 때문이다. 즉 원운동에는 시작도, 끝도, 중간도 없다."(『천체론』, 제1권, 제9장) 원운동은 시작과 끝이 없이 영원히 반복될 수 있기에, 영원하고 연속적인 운동으로 여겨졌습니다. 이는 천상계의 불변성, 영원성과도 잘 부합하는 특성이었죠.

또한 그는 "가장 단순한 운동은 가장 단순한 물체인 (천상계의) 물체에 속한다"(『천체론』, 제2권, 제3장)라고 말합니다. 원운동은 방향이나 속도의 변화 없이 일정하게 반복되는 운동이므로, 그 단순성과 균일성이 천상계의 단순하고 불변적인 본성과 잘 어울린다고 본 것입니다. 원은 기하학적으로 가장 완전한 도형으로 여겨졌고, 원운동 역시 완전한 운동으로 간주되었습니다. 원은 그 자체로 완결되어 있어 외부의 어떤 것도 필요로 하지 않습니다. 아리스토텔레스는 이렇게 말합니다. "원운동하는 사물은 자기 자신 안에서 시작과 끝, 중간을 가진다."(『자연학』, 제8권, 제9장) 원운동은 스스로 완결된, 자족적인 운동인 셈이죠. 이는 천상계가 갖는 완전성, 자족성과 상응하는 특징이라 할 수 있습니다. 이처럼 원운동은 영원성, 연속성, 단순성, 균일성, 완전성, 자족성 등의 특성을 지니기에 가장 완전한 운동 형태라 여긴 것이죠.

하지만 사실 아리스토텔레스만 이렇게 생각한 건 아닙니다. 원이 완전함의 상징으로 여겨진 것은 고대 신화에서도 흔히 찾아볼 수 있습니다. 예를 들어 그리스 신화에서 우라노스(Ouranos, 천공의 신)는 종종 둥근 천장이나 반원통형의 볼트(vault)로 묘사되었는데, 이는 하늘의 완전성과 신성함을 상징했습니다. 또한 그리스인들은 세상을 둥근 원반 모양으로 상상하기도 했죠. 이집트 신화에서도 태양신 라(Ra)는 태양 원반으로 표현되었고, 이는 태양의 완전함과 영원함을 나타내는 상징이었습니다.

자기 꼬리를 물고 있는 뱀 즉 우로보로스(Ouroboros)도 고대 신화에서 중요한 상징 중 하나입니다. 우로보로스는 고대 이집트, 그리스, 북유럽 등 여러 문명에서 발견되는데, 주로 순환성, 영원성, 완전성 등을 상징했습니다. 고대 이집트에서 우로보로스는 세상을 둘러싸고 있는 대양을 상징하기도 했고, 끝없는 시간의 흐름과 순환을 나타내기도 했습니다. 그리스에서는 우로보로스가 영원회귀, 즉 모든 것이 되풀이되고 순환한다는 개념과 연결되었죠. 이처럼 우로보로스는 고대인들의 순환적 시간관, 우주관을 반영하는 상징이었다고 할 수 있습니다. 그리고 이는 아리스토텔레스가 생각한 천체의 원운동, 즉 시작도 끝도 없이 완전하게 반복되는 순환 운동과도 상통하는 면이 있습니다.

하지만 불완전한 원소로 이루어진 지상계에서는 원운동이 불가합니다. 물과 흙의 속성을 많이 가진 물질은 아래로 내려가는 낙하 운동을 하고, 불과 공기의 속성을 가진 물질은 위로 올라가는 상승운동을 합니다. 이런 수직운동은 시작이 있고 끝이 있습니다. 그리고 시작과 끝이 있는 것은 불완전한 것이죠. 파르메니데스의 말을 빌리자면, 존재하는 것은 이미 존재하고 있는 것이며 앞으로도 영원히 존재하는 것이니 시작도 끝도 없어야 합니다. 아리스토텔레스는 파르메니데스의 '일자'에 대해서는 부정적이었지만, 파르메니데스로부터 플라톤을 거쳐 이어진 존재 자체의 완전함이란 생각에는 영향을 받지 않을 수 없었습니다.

지상계의 네 가지 원소와 그 운동에 대해서는 『천체론』 제4권에서 자세히 다룹니다. "땅은 언제나 중심으로 움직이고, 불은 위쪽의 극단

(extremity)으로 움직인다. 나머지 두 원소인 물과 공기도 이와 같은 방식으로 중간 영역으로 움직이는데, 공기는 불 다음으로, 물은 땅 다음으로 위치한다."(『천체론』, 제4권, 제4장)[14] 각 원소는 자신의 고유한 '자연적 장소'를 향해 직선운동을 한다는 것이죠. 여기서 극단이라는 것은 조금 특별한 의미를 가집니다. 아리스토텔레스는 지상계를 구성하는 네 가지 원소들이 각각 고유의 '자연적 장소'를 향해 운동한다고 보았는데, 이 때 '극단'은 각 원소의 운동이 도달하는 궁극적인 목적지, 즉 원소가 가장 안정된 상태로 존재할 수 있는 위치를 가리킵니다. 불의 경우 지상계의 가장 바깥쪽 경계, 즉 달 궤도 바로 아래쪽이 극단이고 반대로 땅(흙)은 우주의 중심, 즉 지구의 중심입니다. 땅은 무거운 원소이기에 아래쪽을 향해 운동하려 하고, 그 운동의 종착점은 우주의 가장 중심부가 됩니다.

우주의 구조에 대해서는 지구가 중심에 위치하고, 그 주위를 여러 천체가 감싸고 있다고 설명합니다. "중심에서 정지해 있는 것이 바로 지구이기 때문이다. (중략) 지구는 물로 둘러싸여 있고, 물은 공기로, 공기는 불로, 그리고 이들은 같은 방식으로 천체들에 둘러싸여 있다."(『천체론』, 제2권, 제4장)[15] 이는 지구중심적 우주관을 잘 보여주는 대목입니다. 우주의 중심에 있는 지구를 구성하는 것은 무거운 원소인 땅(흙)입니다. 지구 주위에는 물, 공기, 불이 층을 이루며 둘러싸고 있습니다. 물은 땅 바로 위에, 공기는 물 위에, 불은 공기 위에 위치합니다. 지상계를 넘어서면 천상계가 시작됩니다. 천상계에는 달, 태양, 행

14. 원문 출처는 https://classics.mit.edu/Aristotle/heavens.4.iv.html
15. 원문 출처는 https://classics.mit.edu/Aristotle/heavens.2.ii.html

성들, 항성들이 차례대로 자리하고 있으며, 이들은 지구를 중심으로 완전한 원운동을 합니다.

그런데 이런 우주관에 사소한 문제가 두 가지 있습니다. 하나는 혜성이고, 다른 하나는 행성입니다. 둘 다 지구에서 봤을 때 제대로 된 원운동을 하지 않는 천체들이지요. 그중 혜성은 궤도가 무지막지해서 포물선이나 긴 타원 궤도를 그리는 녀석입니다. 더구나 시간이 지나면 밝아졌다가 다시 어두워지는 등 밝기도 변하고 꼬리가 길어졌다가 짧아지기도 합니다. 아리스토텔레스는 이런 변화무쌍한 혜성에 대해서는 천상계의 존재가 아니라 월하계의 존재라고 선언합니다. 워낙 달에 가까이 떠서 우리 눈에 천상계에 있는 것처럼 보이지만 달보다 낮은, 실제로는 불완전한 지상계에 속한다고 판단한 것이지요. 사실 혜성은 자주 만나는 존재가 아닙니다. 평생 몇 번 볼 수 없고 그마저도 항상 하늘을 보던 사람이나 발견하는 대상이지요. 그러니 아리스토텔레스에게도 혜성은 옛 문헌에 가끔 등장하고, 살아생전에 실제 봤더라도 한두 번이 고작이었을 겁니다. 그러니 지상계에 속한다고 해도 별 문제가 없지 않았을까요? 더구나 당시 혜성은 불길하다고들 이야기하니까 그런 것을 천상계에 놓지 않겠다는 결기였을지도 모른다는 제 나름의 추측도 더해봅니다.

그러나 행성은 다릅니다. 매일 밤 볼 수 있고, 그 궤도도 메소포타미아에서부터 수백 년간 관찰해왔던 존재니까요. 원 궤도는 아니지만 일정한 주기로 하늘을 돈다는 건 분명한 사실이었습니다. 물론 당시 행성이라는 존재는 지금 우리가 생각하는 형태는 아니었습니다. 생각해보세요. 당시는 망원경도 없던 시대죠. 밤하늘을 바라보면 수천 개의 별이 있습니다. 맨눈으로 보기에 행성과 다른 별들은 그 밝기에서나 크기에서나 별 다를 바 없는 존재들이었습니다. 지금처럼 행성과 항성으로 구분할 계제도 아니었지요. 다만 그 궤도로만 구분이 되었을 뿐입니다. 항성은 매일 조금씩 뜨는 위치가 변하지만 그 방향과 정도가 일정한 별이었고, 행성은 그 변하는 방향과 정도가 불규칙하다는 것이 당시 사람들이 보기에 유일한 차이였습니다. 따라서 수천 개의 별 중 단 일곱 개의 이상한 천체들이라는 생각 정도였을 것입니다.

이 대목에서 천문학의 역사를 아는 분들은 '일곱'이라는 숫자에 의문을 가질 수 있습니다. 당시 맨눈으로 관찰이 가능한 행성은 수성, 금성, 화성, 목성, 토성 다섯 개밖에 없지 않느냐고요. 맞습니다. 하지만 고대 그리스에서는 달과 태양도 일종의 행성으로 보았습니다. 다른 천체들과는 달리 그 운행이 완전한 원운동이 아니었기 때문이죠. 고대인들은 맨눈으로 하늘을 관찰하면서 일부 천체들이 다른 별들에 비해 상대적인 위치가 변한다는 사실을 알아냈습니다. 이렇게 위치가 변하는 천체들을 '유성'(遊星, planētes) 곧 행성으로 분류했는데, 달과 태양도 이에 포함되었습니다. 달은 매일 위치가 크게 변했고, 태양 역시 계절에 따라 천구상의 위치가 달라졌기 때문입니다. 또 크기나 밝기로 볼 때 다른 행성과 같이 항성천구에 있는 것이 아니라 다른 행성 사이 궤도에서 움직인다고 본 것도 이유 중 하나입니다. 다만 아리스토텔레스는 태양이 다른 천체들과는 조금 다른 특별한 지위를 가진다고 생각했던 것으로 보입니다. 그는 『천체에 관하여』에서 "태양은 다른 천체들의 운동을 이끄는 존재"라고 언급한 바 있기 때문입니다. 이는 아마도 태양이 행성들 중 가장 밝고 크게 보이는 점, 그리고 계절 변화와 밀접한 연관이 있는 점 등에서 비롯된 생각이었을 것입니다. 아리스토텔레스는 이런 행성에 대해 기본적으로는 원운동을 하는데 속도가 다르다고 했지요. 사실 당시로서는 이들 행성의 운동을 설명할 방법이 없었으니 어떻게든 얼버무린 거라 할 수 있습니다. 아리스토텔레스 식으로 해도 행성의 기괴한 운동은 도저히 맞아떨어지지 않거든요. 마치 술에 취해 비틀거리는 친구의 걸음을 원운동의 변형이라고 우기는 거랑 비슷하다고나 할까요? "쟤는 완벽한 원을 그리며 걸어. 다만 속도가 불규칙할 뿐이야"라고 말이죠. 어찌되었건 아리스토텔레스의 여러 개의 동심원 형태의 천구라는 개념은 이후 헬레니즘 시대까지 천문학자들의 기본 개념이 되었습니다.

이런 아리스토텔레스의 우주관을 이전 자연철학자들, 특히 밀레토스학파나 아리스토텔레스의 스승인 플라톤의 우주관과 비교해보는 것도 의미가 있을 겁니다. 탈레스, 아낙시만드로스, 아낙시메네스 등으로 대표되는 밀레토스학파는 우주의 근원을 하나의 원질(原質, arche)로 설명하려 했습니다. 이들은 만물의 근원을 각각 물(탈레스), 무한정자(아낙시만드로스), 공기(아낙시메네스) 등으로 보았지만, 공통적으로 우주를 하나의 통일된 실체에서 출발한다고 생각했습니다. 밀레토스학파는 지상계와 천상계를 엄격히 구분하지 않았으며, 우주를 구성하는 원질이 모든 영역에 공통적으로 적용된다고 보았습니다.

플라톤은 이데아론을 바탕으로 우주를 설명했습니다. 그는 감각적 세계와 이데아의 세계를 구분했는데, 전자는 후자의 불완전한 모사(模寫)에 불과하다고 보았죠. 플라톤의 『티마이오스』에서는 우주의 창조를 설명하는데, 창조신인 데미우르고스가 이데아를 모델로 삼아 우주를 만들었다고 서술합니다. 플라톤 우주론의 특징 중 하나는 우주를 살아있는 생명체로 보았다는 점입니다. 그는 우주를 이성을 가진 신적 존재로 여겼습니다.

아리스토텔레스는 밀레토스학파와 달리 지상계와 천상계를 명확히 구분했습니다. 그는 두 영역이 서로 다른 물질과 운동 법칙을 가지고 있다고 보았죠. 플라톤과 비교할 때, 아리스토텔레스는 이데아론을 비판하고 '실체'의 중요성을 강조했습니다. 그는 감각적 세계야말로 진정한 실재라고 주장했습니다. 또한 아리스토텔레스는 우주의 창조나 시작을 상정하지 않았다는 점에서 플라톤과 차이를 보입니다. 그는 우주를 영원불변한 것으로 보았죠.

이처럼 아리스토텔레스의 우주관은 밀레토스학파의 일원론과 플라톤의 이원론을 비판적으로 종합하면서 독자적인 체계를 수립했다고 볼 수 있습니다. 그는 경험적 관찰과 형이상학적 사유를 결합하여, 지상계와 천상계의 구분, 네 가지 원인설, 목적론적 자연관 등을 핵심으로 하는 우주론을 전개했던 것이죠.

4. 운동은 왜 일어나는가?

처음 고대 그리스의 자연철학이 등장한 이유 중 하나가 자연의 변화를 이성적으로 설명하고자 하는 욕구였습니다. 그러나 답을 알려면 질문이 정확해야 합니다. 처음 시작한 질문이 정확할 리가 없지요. 무엇이 변화를 이끄느냐는 질문에는 '변화란 무엇인가?'가 빠져 있습니다. 우리가 사는 세계에는 많은 변화가 있지요. 사람은 나이가 듦에 따라 키가 커지고, 얼굴과 몸과 팔다리의 비율이 달라지고, 피부가 변하고, 목소리도 바뀝니다. 성격이 바뀌고 가진 바 지식도 바뀌며 가치관도 바뀌지요. 사람뿐 아니라 다른 동물도 시간에 따라 감각 능력도 운동 능력도 변합니다. 식물도 싹이 트고 자라고 잎을 틔우고 꽃을 열고 열매를 맺지요. 낙엽이 지고 마르고 죽습니다. 암석은 부서져 바위가 되고 돌멩이가 되고 모래가 됩니다. 구리와 철은 녹슬고, 웅덩이는 마르고, 예쁘게 염색했던 천은 색이 바래지요. 이 모든 변화를 하나의 원리로 설명하는 것은 애초에 불가능합니다. '변화'라는 한 마디로 이 모두를 하나로 묶기가 불가능한 것과 마찬가지입니다. 시간에 따라 원래의 모습과 형상, 위치, 성질 등이 변하는 것을 '변화'라 정의할 수는 있지만, 각기 다른 이유와 원인이 있고 다른 원리가 있습니다.

아리스토텔레스는 처음으로 변화를 그 층위에 따라 나눈 사람이기도 합니다. 시간에 따른 위치의 변화와 물질의 위상이 변하는 것, 물질의 성질이 변하는 것, 생명이 나고 성숙하고 죽는 것을 다른 종류의 변화라 구분합니다. 그리고 앞서 말씀드린 것처럼 물질 변화에 대한 네 가지 원인을 말합니다. 질료인, 형상인, 작용인(동력인), 목적인이지요. 그중 시간에 따른 물체의 위치 변화는 물질 자체의 변화는 없고 물질이 존재하는 위치만 변한 것이니 네 가지 원인 중 작용인과 목적인만이 관계하겠지요. 앞서 이야기한 연속체입니다. 그는 작용인이 외부에 있느냐 내부에 있느냐에 따라 '운동'을 자연스러운 운동과 부자연스러운 운동으로 나눕니다. 자연스러운 운동이란 물질에 내재한 속성에 의해서 일어나는, 즉 작용인이 물질 내부에 있고 그래서 외부의 힘이 작용할 필요가 없는 운동입니다.

천상계에 존재하는 천체들은 완전한 원소인 에테르로 구성되어 있습니다. 따라서 외부의 힘이 필요할 이유가 없습니다. 부자연스러운 운동은 일어나지 않습니다. 그리고 천체를 구성하는 원소가 완전한 속성을 가지고 있기에 기하학적으로 완전한 운동, 원운동이 그들의 자연스러운 운동이 됩니다. 반면 지상계에는 자연스러운 운동과 부자연스러운 운동 두 가지가 있습니다. 물과 흙처럼 무거운 속성을 가진 원소의 비중이 큰 물질은 원래의 자리, 지구 중심으로 향하는 운동을 합니다. 이는 작용인이 물질의 내부에서 아래로 향하게 하기 때문입니다. 누군가가 막지 않는다면 말이지요. 반대로 공기와 불처럼 가벼운 속성을 가진 원소의 비중이 큰 물질은 자신의 자리인 하늘을 향하지요. 그들의 원소에 내재한 작용인이 위로 끌어올리기 때문입니다. 그들을 위해 마련된 자리는 천상계 바로 아래의 하늘이었습니다.

하지만 지상계에는 천상계와 달리 모든 물체가 불완전하기 때문에 외부의 작용인에 의해 생기는 운동도 존재할 수 있습니다. 그는 이렇게 외부의 요인이 원인이 되는 운동을 부자연스러운 운동이라고 생각했습니다. 돌을 던지거나 화살을 날리거나 돛으로 바람을 받아 움직이는 것들에 해당하는 운동입니다. 이런 경우 외부의 물체는 일종의 작용인이 되지요. 이들의 힘은 접촉을 통해서만 전달될 수 있습니다. 그래서 발로 돌을 차면 돌은 날아가지만, 발에서 떨어지는 순간 그 힘을 잃고 낙하합니다. 다만 돌이 날아가면서 자신을 둘러싼 공기에 힘을 전달하고 공기도 돌에 힘을 전달하기 때문에 바로 떨어지지는 않고 포물선을 그리게 된다고 생각했습니다.

아리스토텔레스는 『자연학』에서 이렇게 썼습니다. "투사체는 투사하는 것에 의해 두 가지 방식으로 운동하게 된다. 투사체가 투사하는 것에 접촉해 있을 때에는 그것에 의해 운동하고, 투사하는 것과 접촉하지 않을 때에는 공기에 의해 운동하게 된다. 투사하는 것이 공기를 밀어내면 공기는 계속해서 앞으로 밀고 나가는데, 이는 공기가 뒤에서 밀려오기 때문이다."(『자연학』, 제4권, 제8장) 이것은 후대의 아리스토텔레스주의자들이 정리한 '안티페리스타시스'(antiperistasis) 개념입니다. 어떤 물체가 다른 물체에 영향을 끼치는 반대 방향으로 영향을 끼치는 현상입니다. 가령 뜨거운 물체를 차가운 곳에 놓으면 주변의 공기는 물체를 식히고 반대로 물체는 주변 공기의 온도를 올리죠. 마찬가지로 날아가는 동안 돌은 계속 주변 공기와 상호작용을 합니다. 이는 아리스토텔레스가 진공은 존재하지 않는다고 주장한 이유이기도 하죠.

그리고 그가 힘이 '접촉'을 통해서만 전달될 수 있다고 한 것도 대단히 중요한 지점입니다. 훗날 뉴턴이 중력을 원격으로 작용하는 힘으로 선언할 때까지 2000년을 이어온 역학의 기본 가정 중 하나이지요. 그가 '접촉'에 집착한 이유가 뭘까요? 저는 두 가지라고 생각합니다. 하나는 그의 학문하는 태도입니다. 그는 사물과 현상에 대한 관찰을 통해 그 이면의 원리를 파악하는 방식으로 사유했던 사람입니다. 그가 본 대부분의 부자연스러운 운동은 접촉을 통해서 이루어졌습니다. 말이 땅을 박차고 앞으로 달리고, 돛은 바람을 맞아 배를 이끕니다. 손을 떠난 돌은 결국 낙하할 수밖에 없고, 구르던 돌을 멈추는 것은 앞에서 가로막은 벽입니다. 접촉하지 않고 일어나는 운동은 낙하와 상승, 그리고 천체의 원운동뿐이었습니다. 이들은 운동의 동인이 내부에 있으니 가능합니다.

또 다른 하나는 '기적'의 배제라고 저는 생각합니다. 고대 그리스 자연철학자들 대부분이 그러하듯이 그에게도 창조주는 관조의 신이었습니다. 올림포스의 신들은 그저 미신에 지나지 않았지요. 그의 창조주는 '부동의 동자'(unmoved mover)입니다. 아리스토텔레스는 『형이상학』에서, 전 우주의 운동의 제1원인이자 스스로는 움직이지 않는 부동의 동자는 완벽히 아름답고 불가분하며 완벽한 '관조'만을 '관조'하는 자라고 하지요. 즉 이 세상이 자신이 창조한 원리대로 움직이도록 하되, 개입하지는 않는 자입니다. 어찌 보면 자신이 만든 영화를 팝콘 먹으며 관람하는 감독이라고나 할까요? '내가 만들었지만 정말 잘 만들었네.' 이렇게 감탄하면서요. 그러니 '기적'은 당치도 않는 행위지요. 창조자가 스스로 정한 원칙을 깨는 행위입니다. 그리고 기적은 원격으로 작용합니다. 제우스가 올림포스 산에서 벼락을 내리치듯이 말이지요. 그로서는 이런 원리를 벗어난 일이 실제 세상에서 절대로 일어나지 않는다고 주장합니다. 아리스토텔레스의 이런 주장은 훗날 중세에서 르네상스로 넘어가는 시기 유럽에서 대학과 수도원 사이의 격렬한 논쟁을 일으키기도 합니다만 그 이야기는 나중에 하겠습니다.

5. 아리스토텔레스의 생물학—동식물의 위계

아리스토텔레스가 초기에 가장 몰두했던 분야는 동물학입니다. 그의 저작 중 절반 이상을 차지하지요. 아리스토텔레스는 원래 그리스 북쪽의 마케도니아 출신으로 아버지가 당시 왕의 시의였지요. 어려서 아버지를 여읜 그는 아버지의 동료 의사들 사이에서 자랍니다. 어릴 때부터 의학이라든가 신체라든가 하는 것에 익숙했겠지요. 그는 18살 무렵에 플라톤의 아카데메이아에 옵니다. 그곳에서 플라톤의 가장 명민한 제자로 평가받으며 20년을 지내지요. 하지만 플라톤 사후 아카데미아의 수장 자리는 그가 아니라 플라톤의 조카 스페우시포스에게 넘어갑니다. 물론 대물림이라고 생각할 수도 있지만 사실 아리스토텔레스의 사상이 자신과 무척 다르다는 것을 안 플라톤으로서는 당연한 일이었을 수도 있습니다. 그에 실망해서일까요? 혹은 그 이전부터 플라톤과는 다른 사상을 가지고 있었기 때문일까요? 그는 후배 테오프라스토스(Theophrastos)와 함께 테오프라스토스의 출신지인 레스보스 섬으로 갑니다. 그곳에서 그는 동물을 연구하고 테오프라스토스는 식물을 연구하지요. 테오프라스토스에 대해 어떤 책에서는 아리스토텔레스의 제자라 소개를 하기도 합니다만 나이차도 10살 조금 넘는 정도이고, 같이 플라톤의 아카데메이아에서 수학하였으니 제자라 하기에는 무리가 있을 듯합니다. 따르는 후배 혹은 계승자 정도가 아니었을까 짐작해봅니다.

생물에 대한 그의 여러 생각 중 가장 중요한 것은 아마 '생명의 사다리'(scala naturae) 혹은 '존재의 사슬'이 아닐까 생각합니다. 그는 사다리 가장 아래쪽에 영혼이 없는 무생물을 배치하고 그 바로 위에 식물을 놓습니다. 식물은 '식물의 영혼'을 가지고 있는데, 이는 영양을 섭취하고 성장을 할 수 있게 해주는 생명의 기운이라 볼 수 있습니다. 동물은 식물의 위에 존재합니다. 이들은 식물의 영혼과 함께 '동물의 영혼'도 가지고 있습니다. 동물의 영혼은 이들에게 외부 물질을 감각하고, 그에 따른 반응을 할 수 있게 해줍니다. 그 위에 인간이 있지요. 인간은 식물의 영혼, 동물의 영혼과 함께 '인간의 영혼'을 가지고 있습니다. 인간의 영혼은 인간이 이성적 사고를 할 수 있게 해주고 이를 통해 우주를 아우르는 진리에 이르게끔 해주지요. 물론 이렇게 단순하게만 사다리가 만들어지지는 않습니다. 사다리 칸이 네 개면 얼마 올라가지 못해 끝이겠지요.

동물을 예로 들면, 아리스토텔레스는 이들 동물을 크게 붉은 피가 흐르는 동물과 흐르지 않는 동물로 나눕니다. 붉은 피가 흐르는 동물은 다시 번식 방법으로 나눕니다. 가장 고등한 동물은 태반으로 새끼를 낳습니다. 인간이 새끼를 낳으니 인간과 비슷한 번식 방법을 택한 동물이 가장 고등하다고 여긴 거죠. 말, 소, 사자 등의 포유류와 바다의 고래도 이에 해당합니다. 고래를 다른 물고기(어류)와 다른 동물로 분류한 최초의 인물이지요. 그 바로 아래는 알을 낳지만 어미의 몸속에서 부화하는 난태생입니다. 상어와 같은 연골어류와 살모사 등 일부 뱀이 이에 해당합니다. 알을 낳는 동물들이 그 아래 위치하는데 그중에서도 '완전한' 알을 낳는 녀석들만 따로 묶습니다. 새들과 파충류가 이에 해당하지요. 여러분도 달걀과 명란을 둘 다 '알'이라 부르지만 크기나 겉모양은 전혀 다른 것을 알 겁니다. 조류와 파충류의 알은 지상의 환경에 완전히 적응한 상태로 '양막'이라는 막과 탄산칼슘으로 된 겉껍질을 가지고 있는데 아리스토텔레스는 이런 알을 '완전한 알'이라 불렀습니다.

그 아래에는 물고기나 개구리처럼 작고 불완전한 알을 낳는 이들이 놓입니다. 붉은 피가 흐르지 않는 동물의 경우도 번식 방법으로 나누는데, 오징어나 문어처럼 알을 낳는 이들이 가장 위쪽 자리를 차지하고 그 아래로 자연발생을 하는 녀석들이 자리를 얻습니다. 좀 더 구체적으로 살펴보면 연체동물(Malakia)에 대해서 다른 무척추동물보다 더 완벽한 본성을 가지고 있다고 봅니다. 감각기관이 더 분명하고 운동성도 더 크다고 판단했기 때문입니다. 그 다음은 갑각류(Malakostraka)인데 연체동물보다 못하지만 곤충보다는 낫다고 봅니다. 더 오래 살고 더 복잡한 행동을 한다고 보았죠. 세 번째는 곤충류(Entoma)인데 크기도 작고, 수명도 짧고, 감각기관도 덜 분명하다고 봤기 때문이죠. 마지막은 껍질을 가진 동물(Ostrakoderma) 곧 조개, 굴, 달팽이 등인데 이들은 거의 식물과 유사하다고 봅니다. 감각이 거의 없고 움직임도 거의 없다고 판단하죠. 여기서 끝나면 분명히 그럼 지렁이처럼 껍질도 없는 동물은? 이라고 의문을 느끼는 분들이 있겠죠. 아리스토텔레스의 『동물의 역사』에 보면 "어떤 동물은 온몸이 부드러운 살로 되어 있는데, 예를 들어 소위 '흙의 내장'이라 불리는 것들이 그렇다"라고 지렁이를 묘사한 듯한 구절이 있습니다. 이렇듯 지렁이 같은 동물을 연체동물과 구분한 듯한 부분은 있는데 동물의 분류에서도 따로 언급은 없습니다.

식물도 이런 식으로 분류하지요. 가장 아래에는 잎, 줄기, 뿌리의 구분이 없는 이끼류가 차지하고, 그 위로 잎, 줄기, 뿌리의 구분은 있지만 꽃이 피지 않는 양치류, 그리고 더 위쪽에는 꽃이 피는 식물들이 차지합니다. 물론 풀과 나무도 따로 구분하지요. 크게 풀과 관목, 나무로 나눕니다. 여기에도 위계가 있지요. 나무는 식물 중 가장 완벽한데 이는 가장 오래 살고 가장 크기 때문입니다. 반면 풀은 가장 불완전한데 이는 금방 자라지만 금방 시들기 때문이죠.

이런 분류 방법은 당시의 세계에서 그리고 과학사의 입장에서도 큰 의의를 지닙니다. 그저 먹을 수 있는 것과 없는 것, 기르는 것과 야생의 것, 독이 있는 것과 없는 것 등 인간의 활용도를 중심으로 나누던 방식을 탈피해 객관적 기준을 가지고 생물을 나눈 첫 시도였고, 당시 수준에서는 최선의 관찰을 통해 구분한 것이지요. 실제로 고래를 다른 어류와 구분하여 포유류와 같이 묶은 것은 대단한 관찰력과 통찰력이라 볼 수 있습니다.

아리스토텔레스의 이 분류법은 중세로 넘어가면서 위쪽에 몇몇을 덧붙이게 됩니다. 천사들과 신이지요. 천사들도 계급을 나누고요. 그리고 중세 봉건사회 특유의 계급구조를 덧댑니다. 왕과 영주, 기사, 농노, 그리고 수도사와 같은 계급이 그렇습니다. 나름 중세의 봉건사회가 우주적 질서에 의해 주어진 것이라는 이데올로기의 역할을 한 것이지요. 뭐 이런 것까지 아리스토텔레스에게 책임을 묻는 것은 과하다 볼 수 있습니다. 그러나 아리스토텔레스의 이런 체계 자체가 자연 그리고 인간에는 이미 주어진 위계가 있다는 걸 전제한다는 측면에서 중세의 주장이 아리스토텔레스의 개념을 자기들 입맛에 맞게 뜯어고친 건 아니라는 것도 지적하고 넘어가야 할 듯합니다. 아리스토텔레스의 다른 저작 중에는 현대의 관점으로 보면 인종차별주의라는 혐의를 받을 만한 말들도 꽤 있으니까요. 어찌되었건 아리스토텔레스 때만 해도 인간은 사다리의 제일 위였는데 중세가 되면서 두어 단계 밑으로 내려가 버렸습니다. 뭐 꼭대기야 불안하기만 하죠.

아리스토텔레스의 생명의 사다리에서 조금 더 주목할 부분이 있습니다. 먼저 영혼 곧 '아니마'입니다. 아니마(Anima)는 그리스어 프시케(psyche)의 라틴어 번역으로 숨이나 호흡, 생명력을 의미합니다. 따라서 여기서 말하는 영혼은 종교에서 말하는 그런 영혼과는 좀 다릅니다. 아리스토텔레스에게 영혼이란 물질과 독립된 어떤 실체가 아니라 생물이 가진 특유의 기능이나 속성으로 보는 것이 맞겠지요. 이를 앞서 살펴본 4원인론과 연관지어 생각한다면 형상인으로 볼 수 있을 겁니다. 아리스토텔레스는 『영혼에 관하여』(*De Anima*)에서 영혼을 잠재적으로 생명을 가진 자연적 물체의 제1의 현실태라고 정의하죠. 현실태는 그 물체가 목적한 바를 실현한 상태이니, 사물을 그 사물이게끔 하는 본질적 원리인 형상인이 가장 합당하겠습니다.

다음은 목적론입니다. 세상의 모든 변화와 사물에는 목적과 방향성이 있다는 겁니다. 아리스토텔레스는 이를 '목적인'이라고 불렀는데 생물학에도 이를 그대로 적용하지요. 생물의 부분이나 기관들은 우연히 생겨난 것이 아니에요. 그것들이 수행할 기능과 목적에 따라 특유의 형태와 구조를 갖추게 되었다는 것이지요. 눈은 보려고, 날개는 날기 위해 존재한다는 겁니다. "자연은 무익한 것을 만들지 않는다"는 그의 말을 보면 그 관점이 명확히 드러납니다.

아리스토텔레스의 생물학에서 또 하나 주목할 점은 자연발생설입니다. 아리스토텔레스는 모든 생물이 자연 발생한다고 주장하지는 않습니다. 새끼를 낳거나 알을 낳는 동물은 모두 자기 방식대로 새로운 개체를 만든다고 하지요. 하지만 알을 낳지 않는 하등동물은 자연 발생할 수 있다고 주장합니다. 이 경우에도 자연발생 방식만 존재하는 것이 아니라 어떤 경우에는 무성생식을 하고, 다른 경우에는 자연발생을 한다고도 합니다. 사실 이 주장은 아리스토텔레스만의 주장은 아니지요. 옛사람들은 알이나 새끼처럼 눈에 확연히 보이는 경우가 아닌 작은 생물들이 어떻게 번식하는지 잘 몰랐습니다. 이제야 우리는 현미경을 통한 관찰로 세포가 분열되는 것 자체가 번식인 분열법이나 출아법 등 다양한 무성생식 방법이 있다는 것도 알고, 유성생식을 하더라도 새끼가 워낙 작아서 보이지 않는 것일 뿐임을 알게 되었습니다. 하지만 현미경도 없던 시절에 그런 생각을 한다는 건 꽤나 어려운 일이었지요. 그저 땀에 젖은 옷가지를 빨지 않고 놓아두었더니 굼벵이가 생긴다든가 습한 벽에서는 곰팡이가 자연히 생긴다고 생각했을 뿐입니다. 아리스토텔레스의 자연발생설도 당시 사람들의 이런 통념과 별 차이가 없었습니다.

그는 자연발생 생물을 오히려 엄격하게 제한합니다. 생명의 사다리 아래쪽의 하등 생물로만 말이지요. 즉 나름대로 체계를 갖춘 생명들은 오로지 어미를 통해서만 생겨난다고 주장합니다. 그의 자연발생설은 생명의 배(胚, germ)라는 개념과 연관되어 있습니다. 물질이 아닌 일종의 생명의 기운이지요. 이 기운이 상황이 맞는 환경에서 주변의 원소(element)들을 끌어 모아 새로운 생명이 탄생한다는 주장입니다. 이런 그의 자연발생설은 당시로선 오히려 급진적인 면도 있습니다. 옛사람들의 생각 속에서 생명은 다분히 신의 창조물인 경우가 대부분입니다. 그리고 신의 이적 혹은 기적이 현실에서 실재한다고도 믿었지요. 그러나 그리스의 자연철학자들 대부분은 이러한 신의 이적에 대해 회의적이었습니다. 그리고 대부분 신은 원리를 만든 자이지 아무 때고 자기 마음에 안 든다고 끼어드는 이는 아니었지요. 아리스토텔레스도 마찬가지였습니다. 그래서 생명의 발생에서도 신의 배제를 원했지요. 그가 '생명의 배'라는 개념을 도입하여 자연발생을 일종의 원리로 만든 데는 그런 이유도 있다고 여겨집니다.

그의 자연발생설은 르네상스 후기와 과학혁명 시기를 통해 또 한 번 큰 영향을 발휘합니다. 데카르트의 기계론적 세계관에 따르면 동물은 일종의 기계에 다르지 않고 영혼도 없지요. 따라서 이런 생물들이 생명의 배를 통해 자연 발생한다는 개념은 일종의 오류라 생각합니다. 이런 이들이 생명속생설을 주장합니다. 생명은 오로지 생명을 통해서만 생길 수 있다는 것이지요. 이에 반해 생명의 배를 통한 자연발생설을 계속 주장하는 이들도 있었습니다. 보통 생기론자라고 합니다. 현대의 시각으로 보면 생명속생설이 맞고 자연발생설을 주장하는 생기론자들은 아리스토텔레스의 구태의연한 천 년 전 이야기를 고집하는 이들이라 여길 수도 있습니다만, 당시 사정으로 보면 꼭 그런 것만은 아닙니다. 생명속생설은 분명 새로운 관점이고 진보적이기는 하지만, 그런 주장을 하는 이들 일부는 '신의 개입'이 있다는 사실을 증명해 보이려는 이들도 있었지요. 이 부분은 뒤에서 다시 말씀드리겠습니다.

6. 아리스토텔레스의 화학—혼합과 결합의 원리

아리스토텔레스 자신은 '화학'이라고 전혀 생각하지 않았겠지만 그의 화학은 4원소설을 기반으로 합니다. 앞서 밝혔듯 4원소설이 아리스토텔레스의 독창적 이론은 아니지요. 4원소설의 대표 격은 엠페도클레스입니다. 그는 이 세상 만물이 물, 불, 흙, 공기라는 네 개의 원소로 이루어져 있다고 주장하지요. 이 네 원소가 '사랑'과 '미움'이라는 두 힘에 의해 합쳐지고 분리되는 과정에서 만물이 생성하고 소멸한다고 주장합니다. 아리스토텔레스의 스승이었던 플라톤도 창조주 데미우르고스가 모든 물질들을 4원소로 만들었다고 주장하지요. 플라톤은 이들 4원소가 이상적인 기하학적 모양을 가진다고 주장합니다. 불은 정사면체, 흙은 정육면체, 공기는 정팔면체이며 물은 정이십면체이라 합니다. 그런데 이들 중 정육면체만이 정사각형을 각각의 면으로 하고 나머지는 모두 정삼각형입니다. 그래서 흙은 고정되어 있고 나머지 세 원소는 서로 바뀔 수가 있다고 이야기합니다. 그리고 정십이면체는 신이 우주 전체의 모양을 그릴 때 사용했다고 합니다.

아리스토텔레스는 이 4원소설을 더 확장합니다. 물, 불, 흙, 공기는 다시 습함과 건조함, 따뜻함과 차가움이라는 서로 대비되는 네 가지 성질을 가지고 있다고 생각했습니다. 그래서 물은 습하고 차갑고, 불은 건조하고 뜨거우며, 공기는 습하고 뜨겁고, 흙은 건조하고 차갑다고 생각했지요. 그리고 이런 성질 중 하나를 바꾸면 원소 자체가 바뀔 수 있다는 것을 간접적으로 표현합니다. 그리고 원소들은 무게에 따른 계급이 있어서 가장 무거운 흙은 지구의 중심에 자리 잡으려 하고, 물은 그 위에, 공기는 다시 지상의 대기에, 그리고 불은 천상계에 가장 가까운 달 가까이 자리 잡으려 하는 성질을 가진다고 생각했습니다. 그리고 이는 은연중 이 네 원소의 계급을 나누는 것이기도 했습니다. 완전함을 그 성질로 가진 천상계와 가까운 불이 가장 높은 계급이며, 가장 무거운, 그래서 천상계와 가장 먼 곳에 자리한 흙은 가장 낮은 계급에 속한 것이지요.

어찌되었건 아리스토텔레스에 의하면 사물들은 이런 원소들이 어떠한 비율로 섞였는지에 따라 고유한 성질을 가집니다. 따라서 비율이 달라지면 성질 또한 달라지지요. 그는 화학적 변화를 이런 방식으로 설명합니다. 나무가 불에 타는 것은 나무에 있던 불의 성질이 빠져나오는 것이고, 철이 녹스는 것은 건조한 속성이 사라지는 것이지요. 지금의 우리야 얼토당토않은 이야기라 생각하지만 그때 당시에는 꽤나 합리적인 설명이었습니다.

여기서 4원소설과 질료-형상론의 관계를 좀 더 깊이 있게 살펴보죠. 아리스토텔레스는 그의 저서 『형이상학』에서 질료와 형상의 개념을 설명하면서, 이것이 4원소설과 어떻게 연결되는지 언급하고 있습니다. 그는 이렇게 말합니다. "여기서 말하는 질료란 그 자체로 보아서는 어떤 종류의 것도 아니고 양적인 것도 아니며 (중략) 이런 이유로 말미암아 형상과 둘로 이루어진 것이 질료보다 더 높은 수준의 실체로 생각될 것이다."(『형이상학』 제7권, 1029a)[16]

아리스토텔레스는 이렇게 4원소야말로 모든 사물의 질료적 토대가

---

16. 아리스토텔레스, 『아리스토텔레스 선집』, 김재홍 외 옮김 (도서출판 길, 2013)에서 재인용.

된다고 주장합니다. 그리고 이 4원소가 어떻게 결합하고 변화하는지에 따라 개별 사물들의 고유한 속성 즉 형상이 결정된다고 하죠. "만물은 모든 것 안에 있는 것이 아니라, 4원소 안에 있거나 4원소로 이루어진 것들 안에 있다. 가령 색은 표면 안에 있고, 표면은 물체 안에 있으며, 물체는 4원소 안에 있다."(「감각론」 제3장, 440b 10-14)[17] 이처럼 아리스토텔레스의 4원소설은 그의 질료-형상론과 밀접하게 연관되어 있습니다. 4원소는 만물의 질료적 토대로서, 그것들의 조합과 운동을 통해 개별 사물들의 형상이 규정됩니다. 이런 관점에서 4원소설은 아리스토텔레스 자연학의 중요한 토대가 된다고 할 수 있겠습니다.

그럼 만약 물에서 습한 성질을 빼고 건조한 성질을 넣어주면 어찌 될까요? 흙이 됩니다. 불에서 따뜻함을 빼고 차가움을 넣으면 역시 흙이 됩니다. 그는 이런 점에서 화학의 시작이기도 합니다. 4원소설과 질료-형상론을 바탕으로 그가 물질의 화학적 변화를 어떻게 설명했는지 좀 더 알아보겠습니다.

아리스토텔레스는 물질의 변화를 4원소의 결합과 분리로 설명했습니다. 그는 각 원소가 두 가지 성질을 가지고 있다고 보았는데, 이는 앞서 언급한 대로 건조함/습함, 차가움/뜨거움입니다. 그는 이런 성질들의 조합에 따라 4원소가 서로 전환될 수 있다고 주장했습니다. "물로부터 불이 생기려면 반드시 차가움과 습함이 소멸해야 하기 때문이고, 흙으로부터 공기가 생기려면 반드시 차가움과 건조함이 소멸

17. 아리스토텔레스의 원문을 해설을 겸하여 의역했다. 원문은 https://web.archive.org/web/20040803141557/http://etext.library.adelaide.edu.au/a/a8/sense.html 참조.

해야 한다."(「생성소멸론」 제2권 4장, 331b 12-15)[18] 이런 관점에서 아리스토텔레스는 물질의 변화를 설명합니다. 가령 물이 수증기로 변하는 것은 물의 차가운 성질이 사라지고 뜨거운 성질이 더해지면서 공기로 전환되는 것으로 해석됩니다. 반대로 수증기가 다시 물로 응축되는 것은 공기에서 뜨거운 성질이 사라지고 차가운 성질이 더해지면서 일어나는 변화인 셈이죠.

또한 아리스토텔레스는 '혼합'(mixis)의 개념을 통해 더 복잡한 물질의 변화를 설명하기도 했습니다. 그는 서로 다른 종류의 물체가 혼합될 때, 각각의 성질이 보존되는 것이 아니라 새로운 중간적 성질이 생겨난다고 보았습니다. "그들의 '작용력' 사이에 일정한 균형이 있을 때, 각각은 자신의 본성에서 벗어나 우세한 쪽을 향해 변화한다. 하지만 어느 것도 다른 것이 되지는 않으며, 둘 다 양쪽의 공통된 성질을 가진 중간적인 것이 된다."(「생성소멸론」 제1권 10장)[19]

이러한 혼합의 과정을 통해 4원소의 다양한 조합으로부터 각기 다른 성질을 지닌 물체들이 생겨난다는 것이 아리스토텔레스의 생각이었습니다. 그는 물질의 변화를 4원소의 결합과 분리로 설명하면서도, 단순히 원소들이 기계적으로 뒤섞이는 것 이상의 현상이 일어난다고 보았습니다. 4원소설만 가지고는 이 세상에 존재하는 다양한 물질 모두를 설명할 수 없다고 여긴 거죠. 이를 설명하기 위해 그는 '혼합'과 '결합'의 개념을 구분했습니다. '결합'(synthesis)은 성분들이 단순히 병치되거나 접해있는 상태를 말합니다. 이때 성분들은 여전히 자신의 고

18. 『아리스토텔레스 선집』 242쪽에서 재인용.

19. 원문 출처는 https://classics.mit.edu/Aristotle/gener_corr.mb.txt

유한 속성을 유지하고 있죠. 반면 '혼합'은 성분들이 완전히 하나로 융합되어 더 이상 각각의 성질이 구분되지 않는 상태를 의미합니다.

아리스토텔레스는 진정한 의미의 혼합이 일어나기 위해서는 네 가지 조건이 충족되어야 한다고 보았습니다. "(1) 혼합되는 것들은 서로 반대되는 성질을 가져야 하며, (2) 그것들은 종적으로 같은 것이어야 한다. (3) 혼합의 결과 그것들의 본성이 변화되며, (4) 혼합물 내에서 그것들은 동등한 비율로 존재해야 한다."(「생성소멸론」 제1권 10장)[20]

이러한 조건 아래에서 혼합이 일어나면, 성분들은 더 이상 현실태로 구분되지 않고 잠재태로만 존재하게 됩니다. 대신 혼합물은 성분들과는 다른 새로운 속성을 지니게 되는 것이죠. 가령 아리스토텔레스는 뼈의 형성을 혼합의 사례로 들고 있습니다. 뼈는 흙(건조함)과 공기(뜨거움)의 혼합으로 생겨나는데, 일단 뼈가 형성되고 나면 더 이상 흙과 공기의 성질은 구분되지 않습니다. 대신 뼈 고유의 단단함과 밀도 등의 성질이 나타나게 되죠. 이처럼 아리스토텔레스는 물질 변화의 다양성과 복잡성을 '혼합'이라는 개념을 통해 설명하고자 했습니다. 비록 4원소라는 단순한 도식에서 출발하지만, 혼합의 원리를 통해 각기 다른 성질을 지닌 무수한 사물들이 생겨날 수 있다는 것이 그의 생각이었던 것이죠.

—

4원인론에서부터 우주, 역학, 생물학, 화학에 이르기까지 아리스토텔레스는 이렇게 우주의 전 질서를 하나의 체계로 설명해냅니다. 그야

20. 원문 출처는 https://classics.mit.edu/Aristotle/gener_corr.mb.txt

말로 '모든 것의 이론'(Theory of Everything)이라 할 만합니다. 아리스토텔레스의 세계는 우아합니다. 돌 하나 굴러가는 것, 해가 비추는 것, 불이 타오르고, 사람이 나고 죽는 모든 사건이 그의 세계 안에서 하나로 설명이 됩니다. 그의 이론은 이후 헬레니즘 시기까지의 자연철학자(과학자)들에게 하나의 금과옥조가 됩니다. 플라톤의 아카데메이아는 유명무실하게 사라지고, 아리스토텔레스가 세운 리케이온도 소멸하지만 그의 사상과 이론은 알렉산드리아의 도서관과 그곳의 아카데미인 무세이온으로 이어지지요. 알렉산드리아의 도서관이 광기에 사로잡힌 기독교도에 의해서 불타고 최후의 일인이었던 히파티아가 죽은 뒤에도 네스토리우스파에 의해 시리아로, 또 바그다드로 이어집니다. 이슬람교가 아브라함을 받아들이듯 이슬람 사회는 과학으로서의 아리스토텔레스를 받아들입니다.

그러나 플라톤의 이원론적 세계관 또한 여전히 많은 후계에게 전해지고 특히나 신플라톤주의는 기독교와 만나면서 더욱 강성해집니다. 신플라톤주의와 신비주의 그리고 당시 그리스와 이집트의 여러 사상이 혼합되어 만들어진 헤르메스주의 또한 여전히 자신의 존재를 신비주의자와 연금술사, 점성술사 사이에 온존합니다. 다만 종교의 시대, 데모크리토스만이 1000년이 넘는 침묵 속에 잠들어 있죠. 그러나 시대를 격하고 16세기에서 18세기에 이르는 시기에 이들 세 자연철학자 데모크리토스, 플라톤, 아리스토텔레스의 세계관은 과학혁명의 전장에서 다시 승부를 겨루게 됩니다.

7. 남은 이야기—사변과 실험

아리스토텔레스 이전의 자연철학자들은 관찰과 경험에 큰 비중을 두지 않았습니다. 특히 밀레토스학파와 같은 초기 자연철학자들은 주로 자연현상의 근원과 원리를 탐구하는 데 관심을 가졌습니다. 이들은 관찰과 경험보다는 논리적 추론과 사변에 의존하여 자연을 설명하려 했습니다.

예를 들어, 탈레스는 만물의 근원을 물로, 아낙시메네스는 공기로 보았는데, 이러한 주장은 경험적 증거보다는 논리적 추론에 기초한 것이었습니다. 파르메니데스와 같은 엘레아학파의 철학자들은 감각적 경험보다 이성적 사유를 더 중시했으며, 경험 세계의 다양성과 변화를 부정하기도 했습니다.

초기 자연철학자들은 감각을 통해 얻은 지식이 불완전하고 주관적일 수 있다는 점을 인식했습니다. 이들은 감각적 경험보다는 이성적 사유를 통해 보편적이고 확실한 진리에 도달할 수 있다고 생각했습니다. 또한 이들 자연철학자는 자연현상 이면의 추상적 원리와 법칙을 찾는 데 주력했습니다. 개별적인 경험보다는 보편적인 원리를 파악하는 것이 중요하다고 여겼던 것이죠. 그리스 자연철학자들에게 큰 영향을 끼친 피타고라스학파의 경우 수학과 기하학에 매료되었으며, 자연현상을 수학적으로 설명하려 했습니다. 이러한 경향도 경험적 관찰보다는 추상적 사유를 중시하게 만들었습니다.

이런 상황에서 아리스토텔레스가 관찰과 경험을 중시한 것은 당시 그리스에서는 상당히 독특한 경우였습니다. 앞서 이야기했던 것처럼 동물을 직접 관찰하면서 구조와 기능을 관찰 비교하고 동물 분류체계를 만들었습니다. 또한 닭의 알을 관찰하면서 배아의 발달 과정을 연구했습니다. 그는 수정란을 시간에 따라 관찰하고 기록하면서, 생명체의 발생 과정에 대한 나름의 결론을 얻습니다. 그런 해석에 한계는 있었지만, 발생 과정에 대한 관찰 자체는 매우 선구적이었습니다.

그러나 다른 한편으로, 아리스토텔레스를 포함해서 고대 그리스 자연철학자들은 실험에 대해 부정적 인식을 가지기도 했습니다. 이들 철학자는 자연이 목적론적으로 움직이며, 만물에는 내재된 본성(physis)이 있다고 보았죠. 그들은 자연의 본성을 관찰과 논리적 분석을 통해 파악할 수 있다고 생각했고, 실험을 통해 자연을 인위적으로 조작하는 것은 자연의 본성을 왜곡할 수 있다고 여겼습니다. 그래서 아리스토텔레스도 관찰과 경험을 중시하면서도 자신의 주장을 증명하기 위한 실험에 굳이 나서지는 않았죠.

아리스토텔레스 이후 헬레니즘 시대의 과학은 그의 경험주의적 접근을 더욱 발전시킵니다. 관찰과 측정, 그리고 수학적 모델링이 더욱 중요해졌습니다. 알렉산드리아를 중심으로 한 헬레니즘 과학자들은 아리스토텔레스의 관찰 중심 접근법을 계승하면서도, 더 정밀한 측정과 수학적 분석을 도입했습니다. 에라토스테네스는 지구의 둘레를 놀라울 정도로 정확하게 측정했는데, 이는 단순한 관찰을 넘어 정밀한 측정과 기하학적 계산을 결합한 결과였습니다.

아르키메데스는 부력의 원리를 발견했는데, 이는 체계적인 관찰과 논리적 추론을 결합한 좋은 예입니다. 그는 또한 수학적 증명을 물리 현상에 적용하는 데 탁월했죠. 이는 아리스토텔레스의 질적인 접근에서 한 걸음 더 나아간 것이었습니다.

헬레니즘 시대의 의학도 큰 발전을 이뤘습니다. 알렉산드리아의 헤로필로스와 에라시스트라토스는 인체 해부를 통해 많은 새로운 발견을 했습니다. 이들의 연구는 아리스토텔레스의 생물학적 관찰을 더욱 정교화하고 체계화한 것이었습니다.

천문학 분야에서는 히파르코스가 별들의 위치를 정밀하게 측정하고 기록했습니다. 그의 작업은 나중에 프톨레마이오스의 천문학 체계의 기초가 되었죠. 이는 아리스토텔레스의 우주론을 수학적으로 정교화한 시도였습니다.

그러나 헬레니즘 과학자들도 여전히 실험보다는 관찰과 논리적 추론에 더 의존했습니다. 현대적 의미의 조작적 실험은 여전히 드물었죠. 또한 아리스토텔레스의 목적론적 자연관은 여전히 강한 영향력을 유지했습니다. 관찰과 경험에는 한 발짝 다가갔지만, 실험과 재현이라는 과학 고유의 방법까지 가기에는 아직 갈 길이 멀었던 것입니다.

3장

지구중심설 대 태양중심설

1. 피타고라스의 행성

인류가 처음 하늘을 바라보기 시작한 이래로 우주의 중심은 언제나 지구였습니다. 고대인들은 지구를 둘러싼 다양한 이야기들을 만들었죠. 어떤 이들은 지구가 거대한 원통 모양이라 했고, 또 어떤 이들은 지구가 끝없이 펼쳐진 평평한 원반이라고 주장했습니다. 뭐, 지금도 지구가 평평하다고 주장하는 이들이 없는 건 아니지만요. 물론 더러는 지구가 둥근 공처럼 생겼다는 의견을 내놓기도 했지요. 이처럼 지구의 모습을 두고 의견이 분분했지만, 거의 모든 이들이 한 가지에 대해서는 이구동성으로 동의했습니다. 바로 지구가 우주의 중심이라는 점이지요.

이는 다양한 신화와 종교에서도 항상 볼 수 있는 보편적 생각입니다. 그리스 신화에서 올림포스 산은 신들의 세계인 천상과, 인간의 세계인 지상을 잇는 축으로 그려집니다. 북유럽 신화에 등장하는 세계수 이그드라실 역시 하늘과 땅을 연결하는 우주의 중심으로 묘사되지요.

이 모든 신화에서 지구, 그중에서도 인간이 살고 있는 세계는 당연히 우주의 한가운데에 자리 잡고 있습니다. 우주의 변방 한구석에 처박혀 있는 것이 아니라 만물의 근원이자 중심인 셈이죠. 이는 마치 아이가 자신이 세상의 중심이라 믿는 것처럼, 인류가 지니고 있던 소박한 우주관을 반영하는 것이기도 합니다. 이러한 지구 중심적 세계관은 너무나 당연해서 굳이 글로 남길 필요조차 없었습니다.

그러나 그리스에서 문명세계 최초로 지구중심설(geocentrism)을 부정하는 이들이 등장합니다. 현재 남아 있는 문헌으로는 그렇죠. 바로 피타고라스학파입니다. 이들은 거의 태양중심설(heliocentrism)로 볼 만한 생각을 가진 최초의 사람들이었습니다. 당시 그리스에서는 메소포타미아나 이집트 천문학의 영향으로 지구가 둥근 구형이라는 사실이 최소한 지식인들 사이에서는 당연한 상식이었습니다. 중학교 과학 교과서에 나오는 지구가 둥근 증거 중 인공위성에서 본 지구 모습 외의 증거들은 사실 이때 다들 알고 있던 사실이었죠. 즉 고대 그리스 사람들 대부분은 동그란 공 같은 지구가 중심에 있는 아주 커다란 구(球)의 형태를 지닌 것이 우주라고 생각했습니다. 그런데 피타고라스는 그게 아니라고 주장하지요. 좀 더 정확히 말하자면 피타고라스가 그리 생각했는지는 정확하지 않습니다. 피타고라스 자신은 저술을 남기지 않았고, 초기 학파의 활동도 비밀스러웠기 때문입니다. 후기 피타고라스학파의 사상이었다는 건 아리스토텔레스나 신플라톤주의자들의 기록으로 보아 분명하지만요.

어찌되었건 피타고라스학파는 우주의 중심에 거대한 불타는 구, 이른바 '헤스티아의 불'이 자리 잡고 있다고 생각했습니다. 헤스티아는 그리스 신화에서 가정과 화덕의 불을 관장하는 여신으로, 불의 수호자이자 가정의 평화를 상징하는 존재였죠. 그들이 우주의 중심에 자리한 불에 헤스티아의 이름을 붙였다는 것은, 그들이 이 불을 단순한 물리적 실체 이상의 것, 즉 우주 만물을 품고 길러내는 근원이자 신성한 존재로 여겼음을 시사합니다.

아리스토텔레스의 『천체론』에 따르면, 피타고라스학파는 이 불을 우주의 중심이자 만물의 근원으로 여겼고, 나머지 천체들은 이 불타는 구를 중심으로 주위를 돈다고 주장했다고 합니다. 이들이 생각한 천체의 배치 순서는 중심에서부터 태양, 수성, 금성, 달, 지구, 화성, 목성, 토성이었습니다. 하지만 이렇게 배열하고 보니 뭔가 찜찜한 구석이 있습니다. 불타는 구를 포함해 천체의 수가 고작 아홉 개에 불과했기 때문이지요.

피타고라스학파에는 수비학[21] 경향이 있었습니다. 그들에게 숫자는 만물의 근원이자 우주를 지배하는 원리였죠. 특히 그들은 '테트락티스'(tetraktys)라는 개념을 중시했는데, 이는 아래 그림처럼 1, 2, 3, 4를 점으로 나타내어 삼각형 모양으로 배열한 것을 말합니다. 테트락티스

ㅇ

ㅇ ㅇ

ㅇ ㅇ ㅇ

ㅇ ㅇ ㅇ ㅇ

---

21. 수비학(數祕學, Numerology)은 숫자에 특별한 의미가 있다고 믿는 점술이나 믿음 체계이다. 수비학에서는 각 숫자가 고유한 진동과 에너지를 가지고 있다고 보며, 이 숫자들의 조합과 배열이 우주의 원리와 인간의 운명을 반영한다고 믿는다.

를 이루는 점의 합은 10이 되는데, 피타고라스학파는 이 숫자를 신성한 수로 여겼죠. 1에서 10까지의 수를 모두 더하면 55가 되고, 이 수를 신성한 결혼수로 생각했습니다. 피타고라스학파는 이처럼 완전한 조화를 상징하는 수 10이 천체에도 반영되어 있어야 한다고 주장했습니다.

이러한 관점에서 그들은 천체가 아홉 개라는 사실을 받아들이기 어려웠습니다. 그래서 피타고라스학파는 '안티크톤'이라는 가상의 행성을 추가했습니다. 안티크톤은 '맞은편 땅'이라는 뜻인데, 이들은 불타는 구를 중심으로 지구 정반대편에 위치하기에 우리 눈에는 보이지 않는다는 설명을 덧붙였습니다. 궁여지책이기는 하지만 기발하다고 하지 않을 수 없습니다.

사실 피타고라스학파에게 지구가 우주의 중심이어야 한다는 당위성은 별로 중요하지 않았던 것 같습니다. 천체들의 역행운동처럼 당대의 천문학으로는 설명하기 어려웠던 문제를 해결하고, 그들이 맹신했던 기하학적 원리와 수의 조화를 우주에 투영하는 것이 무엇보다 중요했으리라 짐작합니다. 피타고라스의 뒤를 이어 헤라클레이토스도 우주의 중심에는 불타는 구가 있다고 했다는 주장도 있습니다. 비록 그가 우주의 구조에 대해 직접적으로 언급한 글은 남아 있지 않지만, 그는 분명 불을 만물의 근원이자 우주를 지배하는 원리로 여겼죠. 헤라클레이토스는 "이 우주, 모든 것에 있어 동일한 이것은, 누구도 만들지 않았다. 그것은 언제나 있었고, 지금도 있으며, 영원히 살아있는 불이다"라고 말했습니다. 이처럼 그에게 불은 우주의 본질이자 만물을 생성하고 운행하는 원동력이었던 것으로 보입니다.

2. 아리스타르코스—지구가 돈다

그리고 사모스의 아리스타르코스[22]가 등장합니다. 이 사람은 말 그대로 천문학자로서, 피타고라스학파의 신비주의적 경향과는 다른 과학적 견지에서 지구중심설 대신 태양중심설을 주장합니다. 제가 알기로는 최초의 인물입니다.

그는 일단 달과 태양의 크기와 거리의 비를 측정합니다. 그로서는 다행스럽게도 태양과 달의 크기가 지구에서는 같습니다. 즉 태양이 더 크지만 더 멀리 있어서 우리 눈에는 달과 같은 크기로 보이는 거죠. 이를 겉보기지름 곧 시직경(視直徑)이 같다고 합니다. 그러니 거리가 얼마나 떨어져 있는지만 알면 태양의 크기를 알 수 있지요. 그는 달의 대략적 크기를 부분월식 때 달에 떨어지는 지구 그림자를 이용해서 알아냅니다. 달에 비친 지구 그림자는 둥근 원호를 그립니다. 지구가 구형이니까요. 이 원호의 크기를 통해 달에 대한 지구의 크기의 비를 알아내지요. 그리고 달까지의 거리를 지구와 달의 크기차를 이용해서 구합니다. 그가 계산한 달까지의 거리는 지구 지름의 약 30배였습니다.

태양까지의 거리는 삼각법을 이용합니다. 달이 반달이 되면 태양과 달 사이가 직각이라는 사실을 이용한 것이죠. 달과 태양 지구가 삼각형을 이루게 되는데 직각 삼각형에서는 직각이 아닌 다른 각 하나의

---

22. 고대 그리스인은 성이 따로 없었다. 그래서 아버지의 이름이나 출신지의 이름을 앞에 붙이곤 했는데, 이 책에서 언급한 그리스인들도 대개 출신지의 이름을 따서 칭한다. 천문학자 아리스타르코스는 사모스 섬 출신이어서 '사모스의 아리스타르코스'라 부른다. 물론 플라톤이나 아리스토텔레스처럼 유명한 이들은 그런 출신지로 구분할 필요가 없으므로 그냥 이름만 쓴다.

크기만 구하면 변끼리의 비를 알 수 있습니다. 사실 말이 쉬워서 그렇지, 당시로는 꽤 힘든 일이었을 겁니다. 달과 태양, 지구를 잇는 사잇각이 워낙 작았거든요. 거의 0도에 가까웠습니다. 어쨌든 아리스타르코스는 태양까지의 거리가 달보다 훨씬 멀다는 것을 확인했습니다. 그 비율로 계산하니 태양의 크기는 지구의 100배 정도 되는 것으로 나타납니다.

이제 아리스타르코스는 생각합니다. '달이 지구 주위를 도는 것은 지구가 달보다 크기 때문이다. 크기가 작은 천체가 크기가 큰 천체 주위를 도는 것은 너무나 당연하다. 그렇다면 지구가 자신보다 100배나 더 큰 태양 주위를 도는 것이, 태양이 지구 주위를 도는 것보다 훨씬 더 자연스러운 일이다.'

아리스타르코스의 이런 주장에는 또 다른 이유가 있습니다. 앞서 잠시 언급했던 행성들의 역행운동[23]이 그것입니다. 지금 우리는 행성들이 태양을 중심으로 돈다는 사실을 압니다. 그리고 도는 속도도 제각

---

23. 행성의 역행운동은 천문학 초창기부터 학자들에게 고민을 안겨준 문제였다. 행성들이 실제로는 태양을 중심으로 공전하므로 지구를 중심에 놓고 보면 이상한 궤도를 그리는 것으로 보였기 때문이다. 더구나 지구보다 바깥 궤도에서 도는 화성, 목성, 토성의 경우 궤도 반지름이 긴 관계로 공전속도가 느리다. 따라서 몇 개월에 한 번 정도 지구가 이들 행성을 따라잡는 일이 생기는데, 이때 지구에서 외행성들을 보면 서에서 동으로 가다가 갑자기 멈춰 서서는 다시 뒷걸음질 치는 모습이 며칠 동안 목격이 된다. 이를 '외행성의 역행운동'이라고 한다. 내행성의 경우도 이런 일이 일어나지 않는 것은 아니지만, 지구에서 이들을 관측하기가 외행성보다 어려워서 그런 현상이 명확히 드러나지는 않는다. 내행성의 경우 지구에서 보면 태양과 비슷한 시간에 떴다가 지므로 관측할 수 있는 시간 자체가 일몰 전과 일출 후 몇 십 분 정도밖에 되지 않기 때문이다.

각이지요. 따라서 지구에서 다른 행성들을 보면 도는 방향과 속도가 도저히 원운동이라고 볼 수 없습니다. 고대 그리스가 천문학에 눈뜨기 수백 년 전부터 하늘의 천체들을 관측했던 메소포타미아나 이집트의 관측 자료는 이들이 밤하늘에서 밟는 궤적들을 세세하게 기록해 놓았고, 당연히 그리스인들도 그 사실을 알고 있었습니다. 피타고라스에서 플라톤, 아리스토텔레스로 이어지는 당대의 스승들이 모두 하늘의 천체는 모두 원운동을 한다고 했는데, 수천 개의 별 중 수성, 금성, 화성, 목성, 토성 등 딱 다섯 개의 별이 그 주장에 어긋나는 것이죠. 원래 이론이라는 것이 수천 개가 맞아도 하나가 다르면 틀린 게 되는데, 그런 것이 다섯 개나 되니 아무리 전체 별 중 아주 적은 수에 불과하지만 찜찜했던 것도 사실이죠. 플라톤도 이 행성 문제 때문에 얼마나 힘들었든지 "원으로 현상을 구제하라"라는, 명령일 수도 있고 제안일 수도 있는 말을 합니다. 고대 그리스에서 헬레니즘 시기에 이르기까지 모든 천문학자의 모토가 된 말이죠. 어찌되었건 아리스타르코스 또한 이를 간절히 원했습니다. 그런데 우주의 중심을 지구에서 태양으로 옮기기만 하면 모든 행성의 운동이 아주 자연스럽게 원이 됩니다. 아무래도 과학자들은 가장 간단한 방법이 정답이라 생각하는 경향이 크지요. 아리스타르코스에게 이 점은 태양의 크기만큼이나 태양중심설을 주장하는 중요한 이유가 됩니다.

아리스타르코스의 주장에 대해 당시 다른 천문학자들과 자연철학자들 대다수는 반대합니다. 반대의 근거는 두 가지입니다. 하나는 지구가 태양 주위를 돈다면 지구 위에 있는 우리는 왜 그 힘(원심력)을 느낄 수 없는가라는 점입니다. 우리는 등속운동을 할 때는 힘이 작용하지 않기 때문에 운동하고 있다는 사실을 자각할 수 없는 경우가 종종 있습니다. 왜 버스를 타고 가다 잠시 졸다 눈을 떴을 때 옆 버스가 뒤로 가는 느낌을 가질 때가 있잖아요. 사실은 내가 탄 버스가 움직이는 건데, 속도가 변하지 않아 힘을 느끼지 않으니 가만히 있는 것 같고, 그래서 멈춰있는 옆 버스가 뒤로 가는 것 같지요. 하지만 방향이 바뀌거나 속도가 변하는 운동은 당연히 힘이 작용하고, 우리가 그 힘을 느낄 수 있습니다. 차를 타고 가다 커브를 돌면 몸이 바깥쪽으로 밀리는 느낌을 받는 경우가 바로 그런 경우죠. 차가 출발할 때 뒤로 밀리는 느낌이나 차가 멈출 때 몸이 앞으로 쏠리는 것도 마찬가지입니다. 지구가 태양 주위를 돈다면 당연히 지구 위의 우리도 원운동을 하는 셈이니 바깥쪽으로 쏠려야 하는 법이죠. 그런데 그런 쏠림을 느낄 수 없으니 지구가 돈다는 걸 인정할 수 없다는 겁니다. 아리스타르코스 역시 이 질문에는 대응하기가 힘들었을 겁니다. 지구도, 지구 위의 사람이나 물체도 모두 다 같은 속도로 도니 상대속도를 느낄 수 없다고 이야기하지만 사실 정확한 설명이 아닙니다. 지구 공전을 우리가 느끼지 못하는 것은 지구가 공전하거나 자전하는 과정에서 생기는 원심력이 중력에 비해 워낙 작아서 느낄 수 없기 때문입니다. 당시에야 이런 원리를 알지 못했지만요.

다른 하나는 별의 연주시차가 나타나지 않는다는 것이었습니다. 지구가 태양 주위를 돈다면 태양을 중심에 두고 반년마다 반대쪽 끝에 도달하게 됩니다. 그 동안 별을 보면 우리 눈에는 별이 천구를 반 바퀴 도는 모양으로 보이겠지요. 별이 천구의 정반대 위치로 갔을 때 우리 눈에 보이는 각도의 차이를 연주시차(年周視差)라고 합니다. 1년에 한 번 생기는 시야각의 차이란 뜻이죠. 그런데 어떤 별을 관측해도 이 연주시차가 나타나지 않더란 겁니다.

연주시차가 나타나지 않는다면 이유는 둘 중 하나입니다. 별이 너무 멀어서 시차 자체가 너무 작아 볼 수 없다는 것이 하나이고, 지구가 움직이지 않는다는 것이 다른 하나입니다. 아리스타르코스를 제외한 다른 이들은 모두 지구가 움직이지 않기 때문이라고 생각했지요. 별이 연주시차를 확인할 수 없을 정도로 멀다는 것을 인정할 수 없었기 때문입니다. 관찰할 수 없을 정도로 연주시차가 작다면 별은 지구와 태양 사이 거리의 만 배, 십만 배 이상 더 멀어야 합니다. 그보다 가깝다면 맨눈으로도 연주시차를 확인할 수 있지요. 만약 모든 별이 그리 멀리 있다면 지구와 태양 그리고 행성들 너머의 별까지 아무것도 없는 텅 빈 공간—에테르만 제외하고요—이 있다는 말인데 이게 납득이 되지 않았던 거죠. 무엇 때문에 그 공간이 필요한 건지 설명할 수 없다는 말입니다. 창조주가 그런 쓸모없는 공간을 만들지는 않았으리라는 생각이었죠.

사실 당시 사람들의 공간 관념에서는 태양이 아리스타르코스가 말한 것처럼 멀리 있는 것도 납득이 되지 않는데, 별들이 그렇게나 멀리 있다는 건 더 납득이 되지 않는 일이었습니다. 그리고 나중에 르네상스 때 문제가 되는 중요한 이유가 하나 더 있습니다. 만약에 별이 그렇게 멀리 있는데 저 정도 밝기이면 별이 태양 정도의 거리에 있다면 태양만큼이나 밝아야 합니다. 그렇다면 태양과 별이 동격이라는 이야기가 되지요. 이 또한 납득하기 어려운 일이었을 겁니다. 지구가 우주의 중심이라고 굳게 믿고 있던 사람들입니다. 태양이 우주의 중심이 되는 것도 이해하기 어려운데, 하물며 수천 개의 태양이 있는 우주라니요!

한편 아리스타르코스가 신성모독죄로 기소될 뻔했다는 일화는 그의 태양중심설이 당시 그리스 사회에 얼마나 충격적이었는지를 잘 보여줍니다. 플루타르코스의 저서 『피타고라스학파에 대하여』에는 이렇게 쓰여 있습니다. "클레안테스는 사모스의 아리스타르코스가 그리스인들의 제단을 움직이고 우주의 중심인 헤스티아를 움직이게 함으로써 신을 모독했다고 생각했다." 여기서 제단과 헤스티아는 모두 지구를 상징적으로 나타낸 표현이죠. 당시 그리스인들은 태양신 헬리오스가 하늘을 가로질러 마차를 몰고 다닌다고 믿었습니다. 매일 동쪽에서 떠올라 서쪽으로 지는 태양의 운행을 신의 거대한 역사로 여겼던 거죠. 따라서 태양은 신성한 존재이지만 어디까지나 지구를 중심으로 공전하는 천체 중 하나일 뿐이었습니다.

그런데 아리스타르코스는 태양이 우주의 중심에 있고, 지구를 비롯한 다른 행성들이 태양 주위를 공전한다고 주장했습니다. 이는 곧 지구가 우주의 중심이 아니라는 뜻이었죠. 더 나아가 태양을 신성시하던 전통적 관념도 위배하는 것이었습니다. 만약 태양이 우주의 중심이라면 태양신의 위상은 오히려 높아지는 게 아닌가 하는 의문이 들 수도 있겠지만, 당시 사람들의 눈에는 그렇게 비치지 않았던 것 같아요. 아마도 불변하던 우주관에 균열을 내는 것 자체가 신성모독으로 여겨졌기 때문이겠죠. 실제 신성모독죄로 고발이 되었는지, 고발되었으면 처벌이 있었는지 등은 확인할 수 없습니다만.

3. 에우독소스–천체에 대한 수학적 설명

아리스타르코스의 태양중심설에 대해서는 격렬히 반대했지만, 다른 천문학자들도 행성의 역행운동 문제를 풀기는 해야 했습니다. 아리스타르코스보다 한 세대 먼저 한 가지 해결책을 제안한 이가 크니도스의 에우독소스(Eudoxos)입니다. 그는 수학자로도 꽤 유명한 사람입니다. 실진법(悉盡法)이라고 하는 적분의 초기 형태를 개발한 것으로도 잘 알려져 있고, 비례식 등에도 업적이 있습니다. 플라톤의 제자이기도 했던 에우독소스는 완전한 천체 중 유독 문제가 되는 행성의 역행운동에 대한 해결이 중요한 도전과제였을 겁니다.

에우독소스는 동심천구론을 주장합니다. 일단 우주는 지구를 둘러싼 고정된 구가 중심입니다. 그리고 우주의 끝에는 별들이 박혀 있는 천구가 있지요. 이 천구가 일정한 속도로 원운동을 하기에 모든 별이 같은 방향으로 원운동을 한다고 여겼습니다. 그리고 지구를 중심으로 한 월하계의 구와 제일 바깥의 천구 사이에 다섯 개의 구가 있어서 각각의 구마다 박힌 행성들이 구와 함께 움직인다고 봤습니다. 각각의 구는 지구를 중심으로 적도를 따라 원운동을 합니다. 즉 공전을 하는 거지요. 여기까지는 이전의 천문학과 그리 다른 점이 없습니다. 그런데 에우독소스는 여기서 기발한 생각을 합니다. 행성이 위치한 천구들이 지구를 중심으로 공전하는 것 외에, 또 다른 축을 중심으로 회전운동을 한다는 것이죠. 이렇게 되면 천구에 박힌 행성들도 그에 따라 움직이게 되는데 서로 다른 두 축으로 천구가 회전하게 되니 행성들의 움직임이 우리가 보기에 제멋대로인 것처럼 보인다는 이야기입니다.

에우독소스의 행성 운동 모델을 이해하는 데 도움이 될 만한 예시는 회전목마입니다. 회전목마는 크게 두 가지 운동을 합니다. 하나는 회전목마 전체가 중심축을 기준으로 도는 운동이고, 다른 하나는 회전목마에 매달린 각각의 목마가 제자리에서 앞뒤로 오가는 운동입니다. 이때 회전목마 전체의 운동을 에우독소스의 이론에서 행성 천구의 지구 중심 공전운동에 비유할 수 있습니다. 그리고 각각의 목마가 제자리에서 앞뒤로 오가는 운동은 행성 천구의 또 다른 축을 중심으로 한 회전운동에 비유할 수 있지요. 이제 회전목마에 탄 아이의 움직임을 상상해 봅시다. 아이는 회전목마를 타고 전체적으로 원을 그리며 움직이면서, 동시에 목마를 타고 앞뒤로도 움직이게 됩니다. 이 두 가지 운동이 합쳐지면서 아이의 움직임은 꽤 복잡한 궤적을 그리게 되죠. 이와 마찬가지로 에우독소스는 행성이 천구의 공전과 회전을 동시에 하면서, 마치 회전목마를 탄 아이처럼 복잡한 운동을 하는 것으로 보인다고 설명한 것입니다.

아주 기발한 아이디어였습니다. 에우독소스의 동심천구 이론에서는 태양, 달, 그리고 각 행성의 운동을 설명하기 위해 모두 동일하게 3개의 구를 사용했다고 전해집니다. 다만 이후 에우독소스의 이론을 수정한 칼리포스(Callippos) 등은 행성에 따라 구의 수를 늘리기도 했습니다. 예를 들어 칼리포스는 금성의 운동을 설명하기 위해 5개의 구를 사용했다고 합니다. 하지만 에우독소스의 이론은 행성의 운동을 대략적으로 설명할 수 있었을 뿐, 세부적인 부분에서는 여전히 한계가 있었습니다. 특히 행성의 역행운동을 설명하기에는 부족함이 많았지요. 에우독소스의 이론이든 이를 수정한 칼리포스의 이론이든 행성의 역행운동이 일어나는 정확한 시기나 지속 시간 등을 정확히 예측하기 어려웠습니다. 어찌되었건 동심천구설은 행성의 운동, 특히 역행운동을 체계적으로 설명하려 했던 최초의 시도라는 점에서 의의를 가집니다. 에우독소스 이후 칼리포스 등에 의해 구의 수가 더욱 늘어나게 되고 점차 천구 이론도 복잡해졌지만, 기본 아이디어는 여전히 에우독소스의 것입니다.

에우독소스는 제가 아는 한 천문 현상을 수학적, 기하학적 모델로 설명하려 했던 최초의 인물입니다. 오스트리아 출신의 수학자이자 역사학자인 오토 노이게바우어는 그의 책 『고대 수학천문학사』에서 "에우독소스는 기하학적인 방법으로 천체의 운동을 설명하려고 시도한 최초의 인물이었다"고 평가하죠. 그 말대로 에우독소스는 행성의 운동을 설명하기 위해 구(sphere)라는 기하학적 개념을 도입했습니다. 또한 에우독소스는 행성의 운동을 설명하기 위해 수학적 계산을 활용했습니다. 그는 각 구의 회전 속도와 축의 방향을 수학적으로 계산하여 행성의 위치를 예측하고자 했습니다. 이는 천문학에서 수학의 역할을 크게 증대시킨 시도였습니다. 천문학을 수학적으로 설명하려고 한 최초의 사람이라는 점에서도 그는 피타고라스의 영향을 받은 플라톤의 제자이지요.

4. 히파르코스—관측과 수학적 계산

제게 고대 그리스와 헬레니즘 시대 천문학자 중 단 세 사람만 꼽으라면 항상 들어갈 사람은 아리스타르코스와 그의 제자였다고 여겨지는 히파르코스(Hipparchos)입니다. 히파르코스는 기원전 2세기경에 로도스 섬에 천문대를 세우고 그곳에서 주로 활동한 그리스 천문학자로, 천체 관측과 수학적 계산을 통해 천문학 발전에 큰 기여를 했습니다. 그는 특히 별의 위치와 밝기를 체계적으로 기록하고, 삼각법과 구면삼각법을 활용하여 천체의 운동을 정밀하게 계산하는 등 고대 천문학을 한 단계 높은 수준으로 끌어올린 인물로 평가받고 있습니다.

히파르코스는 새로운 별을 관측했다는 기록을 남겼습니다. 현대의 천문학 상식에 따르자면 새로운 별은 신성 혹은 초신성입니다만, 당시 그가 관측한 것이 초신성이었는지는 확실하지 않습니다. 어쨌든 플라톤과 아리스토텔레스적 우주관에 따르면 천상계는 완벽한 존재여서 새로운 별이 생겨날 수도, 있던 별이 사라질 수도 없을 터인데 새로운 별이 나타났다니 보통일이 아닌 거죠.[24] 히파르코스는 자신이 원래 있던 별을 착각한 것일 수도 있다고 여겼을지 모르죠. 그래서일까요? 만약 변화가 있다면 그 변화를 놓치지 않도록, 또 변화가 있다고 착각하지 않도록 하늘의 별을 모두 파악하기로 결심합니다. 그래서 로도스

---

24. 이런 반응은 파르메니데스로부터 이어진 전통이라 볼 수 있다. 존재하는 것은 이미 존재하므로 사라질 수 없고, 존재하지 않는 것은 애초에 존재하지 않으니 새로 만들어질 수도 없다는, 존재의 항상성과 영속성 관념은 파르메니데스로부터 이어진 생각이었다.

섬에 천문대를 세우고 제자와 함께 평생토록 별을 관찰하지요. 그는 당시 관찰할 수 있었던 1,080개의 별 위치와 밝기를 모두 기록합니다. 그때 가장 밝은 별들은 1등성으로, 가장 희미한 별은 6등성으로 하고 나머지 밝기의 별들을 그 사이로 배치합니다. 우리가 중학교 때 배웠던 별의 등급은 이때 히파르코스가 만든 것이지요. 물론 당시 히파르코스의 등급은 정성적인 수준이었고 정량적으로 밝기 등급을 체계화한 것은 19세기가 되어서입니다.

히파르코스가 한 일은 이것뿐이 아닙니다. 메소포타미아와 이집트의 옛 관측 기록을 보다가 춘분점과 추분점의 위치가 미묘하게 바뀌고 있다는 사실을 확인했습니다. 예전 기록에 따르면 처녀자리의 별 스피카가 추분점에서 8도 정도 떨어져 있었는데, 히파르코스가 관측한 결과로는 6도밖에 차이가 나지 않았죠. 보통 사람들이야 대충 넘어갈 일이지만 그로서는 천지가 개벽할 일이었을 겁니다. 물론 우리는 이제 알고 있습니다. 지구의 자전축이 조금씩 움직여서 2만 6천년에 한 번씩 도는 세차운동을 하고 있기 때문이라는 것을요. 하지만 당시에는 지구가 자전한다고는 생각도 못할 때이니 그는 편심 모델을 이용해서 해결합니다. 간단히 말해서 천체들이 원운동하는 중심이 지구 중심에서 살짝 떨어져 있다는 방법을 쓴 거죠.

히파르코스는 또한 아리스타르코스처럼 삼각법을 활용하여 지구와 태양, 달의 거리를 계산하려 했습니다. 그는 기존의 삼각법을 보다 체계화하고 정교화하는 한편, 구면 삼각법을 천문학에 도입했습니다. 구면 삼각법이란 구면 즉 천구 상에서 천체들 사이의 위치 관계를 삼각형으로 나타내어 계산하는 방법입니다. 히파르코스는 이를 통해 천체의 위치를 더욱 정밀하게 측정하고 계산할 수 있게 되었죠. 예를 들어, 태양이 지나는 궤도인 황도와 천구의 정중앙을 가르는 적도 사이의 각도인 황도 경사각을 구면 삼각법으로 계산했습니다. 이는 태양의 연주 운동을 이해하는 데 큰 도움이 되었습니다. 또한 별들의 위치를 측정할 때도 구면 삼각법을 활용하여 훨씬 정확한 결과를 얻을 수 있었죠.

그뿐만 아니라 히파르코스는 황도 좌표계를 확립하여 천체의 위치를 보다 체계적으로 기록할 수 있게 되었습니다. 황도 좌표계는 천구상에서 황도를 기준으로 천체의 위치를 나타내는 방식입니다. 이를 통해 천체의 위치를 일관된 기준으로 측정하고 기록할 수 있게 되었죠. 특히 히파르코스는 황도와 적도 사이의 각도 즉 황도 경사각을 23° 51′ 20″로 계산해냈습니다. 이는 현대에 측정한 값인 23° 26′ 21″와 비교하면 1도의 4분의 1 차이일 뿐이니 어마어마하게 가깝지요. 당시의 기술 수준을 생각하면 엄청난 성과가 아닐 수 없습니다. 황도 경사각의 정확한 측정은 태양의 연주 운동을 이해하고, 계절의 변화를 설명하는 데 결정적인 역할을 했습니다.

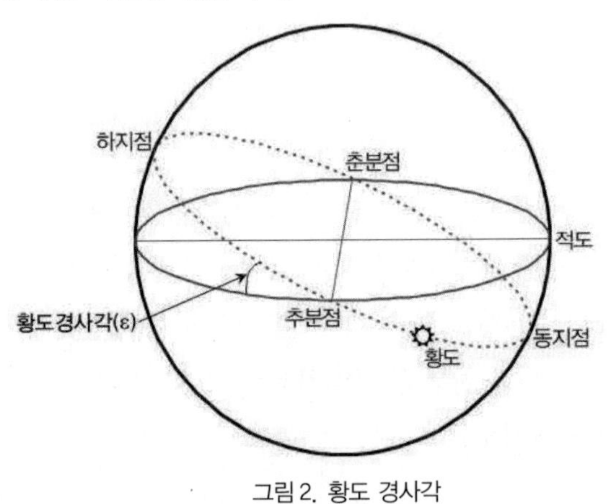

그림 2. 황도 경사각

히파르코스는 이렇게 구면 삼각법과 황도 좌표계를 바탕으로 황도와 달이 지나는 궤도인 백도를 이전보다 훨씬 정확하게 그려낼 수 있었습니다. 또한 이러한 지식을 바탕으로 월식과 일식을 체계적으로 예측할 수 있게 되었습니다. 그 이전의 일식과 월식 예측은 탈레스가 그런 것처럼 '대충 내년 6월 정도에 있을 것 같아'였는데 이제 몇 월 며칠에 일어날 것인지 알 수 있게 됩니다.

그의 여러 업적은 당시 지중해 사람들에게 대단히 인상적이었지요. 후에 프톨레마이오스(Ptolemaeos)가 쓴 『알마게스트』('천문학 집대성') 내용의 거의 삼분의 일 정도가 히파르코스가 발견하고 정리한 내용들로 채워질 정도였으니까요. 그런데 우주의 중심에 대한 히파르코스의 입장이 대단히 아리송합니다. 아리스타르코스의 제자로 알려졌지만 딱히 태양중심설을 주장하지는 않았습니다. 그렇다고 지구중심설을 확고하게 주장한 것도 아닙니다. 왜 그랬을까요? 플라톤의 명제 이래 행성의 운동을 원으로 구현하는 것은 당시 천문학자 누구나 꿈꾸는 것이었고, 실력과 명성으로 보아 당연히 뭔가 입장을 제시했어야 했을 터인데 말이죠.

일단 저로서는 짐작 가는 바가 있습니다. 물론 이 부분은 저의 추측일 뿐이고, 확인되지 않은 사항입니다. 정말인지는 모르지만 기록에 따르면 히파르코스는 별의 연주시차를 처음으로 확인했다고 합니다. 앞서 지구의 세차운동(자전축이 흔들리는 현상)도 발견했다고 했습니다. 세차운동은 그야말로 지구의 자전을 전제로 했을 때 가장 설명이 쉽습니다. 그럼 자전도 하는 지구가 공전한다는 사실을 받아들이기 어려웠을까요? 더구나 아리스타르코스의 제자인데 말이지요. 그리고 그는 당시 가장 치밀한 관측 천문학자이기도 했습니다. 밤하늘의 별마다 이름과 위치와 밝기를 다 기록했을 정도니까요. 거기다 삼각측량법의 대가이기도 했죠. 그가 로도스 섬에 천문대를 세우고 관측만 하며 나오지 않은 것도 의문입니다. 당시 지중해 학문의 중심은 알렉산드리아의 학당이자 도서관인 무세이온(Museion)[25]이었습니다. 히파르코스도 거기서 업적을 쌓았지요. 그런데 별안간 은퇴하다시피 무세이온을 떠나 로도스 섬에 스스로 갇혀 살았던 것이죠.

아마 그는 실제로 연주시차를 관측했을지도 모릅니다. 로도스 섬에 서였겠지요. 만약 그렇다면 그 연주시차를 통해 별까지의 거리를 계산할 수 있었겠지요. 계산해보고는 놀랐을 겁니다. 엄청나게 먼 거리에 있다는 걸 알았을 테니까요. 현재 우리 태양계에 가장 가까운 별은 알파 센타우리입니다. 아마 히파르코스가 연주시차를 재었다면 가장 유력한 후보입니다. 가까울수록 연주시차가 커서 재기가 쉬웠을 터이니까요. 더구나 밝기도 합니다. 거리는 4.37광년 정도입니다. 태양에서 지구 거리의 28만 배 정도 되지요. 당시 히파르코스가 잰 밝기로는 1등급 별입니다. 밝습니다. 만약 히파르코스가 그 별의 밝기와 거리를 대략이라도 지금과 비슷하게 계산했다면 그 별의 실제 밝기가 태양과 비슷하다는 걸 알았을 겁니다. 그리고 무슨 생각이 들었을까요? 밤하늘의 별이 그렇게나 멀리 떨어져 있고 또 태양만큼 밝고 크다면, 그 별마다 지구나 화성 같은 행성들이 있을지 모른다는 생각을 하지 않았을까요? 하지만 그런 주장이 당시의 지식인층에 먹혀들지 않을 거라는

---

25. 예술과 학문의 신인 무사(뮤즈) 여신을 위한 신전이 학당으로 발전한 것으로, 영어 '뮤지엄'의 어원이기도 하다.

점 또한 알았겠지요. 지구중심설도 태양중심설도 아닌, 태양과 지구를 우주의 한 변방으로 몰아내는 주장이니까요.

그 또한 스승처럼 태양중심설을 주장하고 싶었을 거라 생각합니다. 하지만 당시의 알렉산드리아 무세이온에는 온통 플라톤과 아리스토텔레스의 후예들로 넘쳐났습니다. 외로운 싸움이었겠지요. 속으로는 반대하는 지구중심설을 주장할 만큼 노회하지는 않았지만 무턱대고 태양중심설을 주장하지도 않았습니다. 무엇보다 그는 관측천문학자였습니다. 아무리 계산을 해보고 여러 방법을 써도 지구중심설로는 행성의 원운동을 설명할 방법이 없다는 것을 알고 있었을 겁니다.

그래서 제자와 함께 알렉산드리아를 떠나 로도스로 갔겠지요. 거기서 천문대를 세우고 관측을 했을 겁니다. 그리고 별들의 목록을 만들면서 가장 가까운 별의 연주시차를 발견했겠지요. 하지만 그는 그 증거를 가지고 다시 알렉산드리아로 돌아오지는 않았습니다. 스승의 주장이 모든 지식인들에게 외면당하는 걸 이미 봤으니까요. 연주시차라는 무기 하나만으로 그들을 설득하기는 힘들었을 터입니다. 어쩌면 그는 다른 행성들의 운동이 태양을 중심으로 두어도 완전한 원이 되지 못한다는 걸 발견했는지도 모르겠습니다. 그렇다면 더욱 태양중심설을 힘 있게 밀어붙이기 힘들었겠지요. 그의 속사정이야 어찌되었건 그리스 천문학은 그를 통해서 한 단계 도약합니다. 이제 관측 결과로도, 수학적 계산으로도 메소포타미아나 이집트와 견주어도 될 정도의 엄밀함을 얻게 됩니다. 물론 그가 태양중심설을 지지했을 수도 있다는 건 제 상상입니다. 실제로는 전혀 그렇지 않았을 수도 있습니다.

5. 프톨레마이오스의 등장

그리스와 헬레니즘 문명이 낳은 가장 위대한 천문학 책의 이름은 『알마게스트』입니다. 원래 제목은 『수학의 집대성』입니다만 이리저리 흘러 이슬람 세계로 넘어간 뒤 번역자들에 의해 붙은 이름이 『가장 위대한 책, 알 키타브 알 마지스티』였고 이것을 라틴어로 번역하면서 『알마게스트』(Al-magest)로 굳어졌습니다.

『알마게스트』의 저자 프톨레마이오스는 고대 그리스와 헬레니즘 시대를 통틀어 가장 위대한 천문학자 중 한 사람으로 꼽힙니다. 그는 2세기 경 알렉산드리아에서 활동했던 것으로 알려져 있습니다. 그의 저서 『알마게스트』는 고대 천문학의 집대성이라 할 만한 방대한 내용을 담고 있지요. 하지만 알마게스트의 상당 부분은 사실 프톨레마이오스 이전의 천문학자, 특히 히파르코스의 업적에 기반하고 있습니다. 프톨레마이오스는 히파르코스의 관측 결과와 계산을 바탕으로 자신의 우주 모델을 만들어냈던 것이죠.

프톨레마이오스의 우주 모델은 지구중심설에 기반하고 있습니다. 그는 태양, 달, 행성들이 지구를 중심으로 완벽한 원운동을 한다고 생각했습니다. 하지만 행성들의 실제 운동은 그렇게 단순하지 않았지요. 역행운동과 같은 현상을 설명하기 위해 프톨레마이오스는 주전원(周轉圓, epicycle), 이심(離心, eccentric point) 등의 개념을 도입했습니다. 주전원은 기원전 3세기경의 그리스 수학자 아폴로니우스가 제안했고 이심 개념은 히파르코스가 제시했던 개념인데, 프톨레마이오스는 이 둘을 합쳐서 하나의 체계를 만든 것이죠. 금성과 화성과 같은 행성들이 보이는 역행 현상을 해결하기 위해서죠.

그의 설명에 따르면, 각 행성은 지구를 중심으로 한 큰 원(주원)을 따라 공전하는 것이 아니라, 주원 위의 한 점을 중심으로 하는 작은 원(주전원)을 따라 공전한다는 것입니다. 그리고 이 주전원의 중심이 주원을 따라 움직이는 거죠. 이렇게 함으로써 행성이 주원 위에서 주전원 운동을 하기에 지구에서 볼 때 때로는 역행하는 것처럼 보인다고 설명했습니다. 이심 개념은 조금 다릅니다. 이것은 행성 궤도(주원)의 중심이 지구에서 약간 벗어나 있다는 개념입니다. 이는 행성의 속도가 일정하지 않은 걸 설명하기 위한 것이었지요.

문제는 이렇게 주전원과 이심을 도입해도 행성 궤도의 실제 관측결과와 잘 맞지 않았다는 거죠. 그래서 그는 다시 대심(對心, Equant)이라는 개념을 도입합니다. 대심은 이심을 중심으로 놓았을 때 지구 반대편에 있는 장소인데, 행성의 주전원이 이 점을 중심으로 놓았을 때 일정한 속도로 원운동을 한다고 가정한 거죠. 이제 행성 운동은 무지막지하게 복잡해집니다. 주원은 이심을 중심으로 돌고 주전원은 주원 위의 한 점을 중심으로 돌지만, 그 점은 다시 대심을 중심으로 일정한 속도를 유지하며 돈다는 거니까요.

이렇게 주전원, 이심, 대심을 도입함으로써 프톨레마이오스는 당시까지 알려진 행성의 운동을 상당히 비슷하게 설명할 수 있었습니다. 이게 과연 원운동이 맞기는 한 것인지 그리고 지구가 과연 중심이기는 한 것인지 의아스럽지만 어떻게든 원운동을 고수하려는 그의 노력은 처절하기까지 합니다. 그래서 그의 우주 모델은 매우 복잡하고 땜질 처방이라는 비판도 받았지만, 당시 이론 중에서는 관측 결과와 가장 닮았기에 널리 받아들여졌습니다.

흥미로운 점은 프톨레마이오스가 아리스타르코스에 대해 거의 언급하지 않았다는 것입니다. 아리스타르코스는 태양중심설을 주장한 최초의 인물로, 삼각법을 이용해 태양과 달의 크기와 거리를 계산하는 등 천문학사에 큰 족적을 남겼습니다. 하지만 프톨레마이오스는 『알마게스트』에서 아리스타르코스를 거의 다루지 않았지요. 마치 아리스토텔레스가 자신과 대립각을 세웠던 데모크리토스를 거의 언급하지 않은 것과 비슷한 모습입니다.

어쩌면 프톨레마이오스는 아리스타르코스의 태양중심설이 자신의 지구 중심적 우주관과 충돌한다고 여겼는지도 모릅니다. 또는 아리스타르코스의 이론이 당시로서는 받아들이기 힘든 혁신적인 것이어서 언급을 피했을 수도 있겠지요. 어찌 보면 아리스토텔레스가 데모크리토스를 무시했던 것과 비슷하지요. 저로서는 그래서 불만입니다만.

프톨레마이오스의 지구 중심적 우주 모델은 이후 거의 1,500년 동안 천문학계를 지배했습니다. 코페르니쿠스가 태양중심설을 다시 제기하기 전까지 프톨레마이오스의 체계는 거의 절대적인 권위를 지녔던 것이지요.

제2부

소멸, 복권, 균열

아리스토텔레스의 부활, 그리고 반란의 전조

4장

헬레니즘 시대

1. 무세이온과 도서관

알렉산드리아 무세이온과 도서관의 역사는 기원전 323년, 알렉산더 대왕의 죽음과 함께 시작됩니다. 알렉산더 사후, 제국은 부하들에 의해 분할되고 그중 이집트는 프톨레마이오스 1세의 손에 들어갑니다. 프톨레마이오스 왕조는 이집트를 통치하면서 수도 알렉산드리아를 지중해 세계의 문화와 학문의 중심지로 만들고자 했습니다. 알렉산더 제국이었던 다른 지역을 차지한 이들에 대한 경쟁심도 한몫하지 않았을까 싶습니다.

어쨌든 프톨레마이오스 1세의 아들인 프톨레마이오스 2세 필라델포스는 기원전 3세기 중반, 알렉산드리아에 무세이온과 도서관을 세웁니다. '뮤즈의 전당'이라는 뜻의 무세이온(Museion)은 당대 최고의 학자들을 초빙해 연구와 토론을 진행하는 일종의 학술원이었죠. 그리고 그 부속 기관으로 설립된 것이 알렉산드리아 도서관입니다.

프톨레마이오스 왕조는 방대한 양의 책과 문헌을 수집하는 데 힘썼습니다. 이는 단순한 수집 이상의 의미가 있었죠. 당시 지식인들 사이에서 '세상의 모든 책을 한곳에 모은다'는 것은 하나의 이상이었습니다. 알렉산드리아 도서관은 이 이상을 현실로 만드는 데 가장 근접한 곳이었고, 프톨레마이오스 왕조의 후원으로 서적 수집에 박차를 가할 수 있었습니다. 하다못해 알렉산드리아에 정박한 배는 모두 뒤져 책이 나오면 일단 압수 후 필사하고 다시 돌려줬을 정도니까요. 뭐 저작권 개념이 없던 시대니까요.

이렇게 수집된 방대한 장서는 무세이온의 학자들에게 최고의 연구 자료가 되었고, 이는 알렉산드리아학파의 성과로 이어집니다. 수학자 에우클레이데스(유클리드), 천문학자 에라토스테네스, 의학자 헤로필로스, 수학과 공학의 아르키메데스, 수학의 아폴로니우스, 천문학의 히파르코스, 프톨레마이오스, 의학의 에라시스트라토스, 지리학의 스트라본 등 내로라하는 학자들이 알렉산드리아 도서관의 장서를 바탕으로 연구에 매진했죠. 이들을 알렉산드리아학파라고 부릅니다. 수학, 천문학, 의학, 문학, 지리학 등 다양한 분야에서 이들은 놀라운 업적을 쏟아냈죠.

알렉산드리아학파의 가장 큰 특징은 무엇일까요? 제 생각에는 실증적이고 합리적인 연구 방법이 아닐까 싶습니다. 관찰하고, 실험하고, 논리적으로 분석하는 것. 요즘 같으면 당연한 연구 방법이지만, 고대에는 혁신적인 접근이었죠. 대표적인 인물로는 천문학자 에라토스테네스를 들 수 있습니다. 그는 땅의 그림자 길이 변화를 관찰하고 직접 측정함으로써 지구의 둘레를 계산합니다. 오차 범위가 매우 적은, 놀라운 성과였죠. 또 지리학자 스트라본은 방대한 지역을 직접 여행하며 지리적 정보를 수집하고 기록했습니다. 그의 저서 『지리학』은 당시까지 알려진 세계에 대한 종합적인 지리 정보를 담고 있습니다.

의학 분야에서도 인체 해부와 관찰이 이루어졌다고 전해집니다. 헤로필로스와 에라시스트라토스 등의 의학자들은 인체 내부 구조에 대한 관찰을 바탕으로 해부학과 생리학 지식을 크게 발전시켰고, 특히 에라시스트라토스는 인체 해부에 대한 관찰을 바탕으로 신경계와 심장 판막의 기능을 규명했다고 전해집니다. 이는 사람의 몸에 대한 직접적인 실험과 관찰이 있었음을 보여주는 사례라 하겠죠.

물론 현대적 의미의 실험, 즉 변인 통제나 반복 검증 같은 체계적 절차가 확립된 것은 아니었습니다. 하지만 알렉산드리아 학자들의 업적에는 관찰, 측정, 분석, 논증 등 실증적 연구 태도의 맹아가 엿보입니다. 이는 고대에는 매우 혁신적이고 선구적인 시도였다고 평가할 만합니다. 앞서 이 책 제2장 '아리스토텔레스가 본 세계'의 마지막에 첨언으로 말했듯이, 고대 그리스의 자연철학자들은 실험보다는 이성적 사유를 중시하였고, 관찰까지는 몰라도 실험에 대해서는 부정적이었죠. 반면, 알렉산드리아학파의 학자들은 이러한 전통에서 탈피해 실험을 중시합니다.

알렉산드리아학파가 실험을 중시하게 된 사상적 배경에 대해서는 명확하게 이야기하기가 힘듭니다. 당시 학자들이 방법론의 전환에 대해 남긴 글이 거의 없기 때문입니다. 하지만 그 당시의 상황을 통해 맥락을 짐작할 수는 있지 않을까 합니다.

먼저 알렉산더 대왕의 동방원정 이후 그리스 세계와 오리엔트 문명의 교류가 활발해진 점을 들 수 있습니다. 이때 그리스인들은 다양한 문화와 지적 전통을 접했고, 이는 기존의 사고방식에 큰 충격을 주었을 겁니다. 특히 바빌로니아와 이집트의 오랜 관측천문학 전통이 경험적 데이터를 중시하는 태도를 불러왔을 가능성도 있습니다.

다음으로는 헬레니즘 시대 지성계의 경쟁적 분위기도 요인 중 하나일 수 있겠습니다. 알렉산드리아는 문화적으로 매우 다원화된 도시였고, 다양한 학문적 경향이 공존하고 있었죠. 이런 상황에서 학자들은 자신만의 독창적인 연구 방법론을 개발하고자 노력했을 것입니다. 전통적인 사유 방식에서 탈피해 실험과 관찰을 도입한 것도 이런 맥락에서 이해할 수 있지 않을까 싶습니다.

또한 프톨레마이오스 왕조의 후원도 중요한 배경이 되었을 겁니다. 알렉산드리아를 지식의 중심지로 만들고자 했던 왕실의 야심이 무세이온과 도서관을 통해 실현되었고, 이는 학자들이 새로운 시도를 할 수 있는 환경을 만들어주었죠. 관측 기기의 제작이나 해부 실험 등은 왕실의 지원 없이는 쉽지 않았을 터였고, 또 다른 자연철학자들과 다른 접근 방법을 왕실의 뒷배로 감당할 수도 있었겠다 싶습니다.

마지막으로는 학문의 세분화와 전문화를 들 수 있습니다. 수학, 천문학, 의학 등 각 분야의 전문가들이 등장하면서 학문은 더욱 깊어지고 넓어졌죠. 그러면서 분야별로 다양한 방법들이 등장했고, 실험의 중요성에 눈을 떴을 수도 있습니다. 이렇듯 고대 그리스에서 헬레니즘으로 이어지는 시기, 알렉산드리아학파의 '과학자들'은 다른 자연철학자들과 상당히 다른 독특한 경향을 보였던 것은 분명합니다. 그래서 우리는 이들에 대해 더 호감을 느끼게 되죠.

2. 신플라톤주의와 헤르메스주의

신플라톤주의는 기원후 3세기에 플로티노스(Plotinos)에 의해 체계화된 철학 사상으로, 플라톤의 이데아론을 근간으로 하면서도 아리스토텔레스, 스토아학파, 신피타고라스주의 등 다양한 사상적 흐름을 아우르며 발전합니다. 로마제국 말기부터 중세 초기에 이르기까지 유럽과 중동 지역에 큰 영향을 끼쳤으며, 특히 중세 기독교 신학 형성의 중요한 토대가 되었습니다.

신플라톤주의의 핵심 개념 중 하나는 존재의 위계에 대한 생각입니다. 이들은 모든 존재를 단계적으로 구분하였는데, 가장 높은 위치에는 '일자'(the One)라 불리는 절대자가 자리합니다. 일자는 인간의 언어로는 표현할 수 없고 이성으로도 파악할 수 없는 궁극적 실재로서, 모든 존재의 근원이자 종착점으로 여겨집니다. 일자의 아래로는 '누스'(nous, 지성), '프시케'(psyche, 영혼), 그리고 '물질'(hyle, 질료)이 차례로 위치하며, 이들은 일자로부터 '유출'(emanation)되어 생겨난 것으로 설명됩니다.

유출의 개념은 신플라톤주의 형이상학의 또 다른 특징입니다. 일자는 그 완전성으로 인해 넘쳐흐르게 되고, 이 과정에서 지성, 영혼, 물질 등의 존재가 연쇄적으로 생성된다는 것입니다. 이는 마치 태양이 빛을 발산하듯, 일자가 자신의 선함을 흘려보내는 것에 비유되기도 합니다.

신플라톤주의에서는 인간 영혼의 귀환도 중요한 화두로 다룹니다. 영혼은 본래 높은 차원의 존재이지만 물질세계에 속박되어 그 본질을 잊고 살아가고 있는데, 이 물질세계에서 벗어나 다시금 일자와 하나 되는 것을 목표로 해야 한다는 것이죠. 이를 위해 신플라톤주의자들은 철학적 관조와 사유, 금욕적 삶, 도덕적 수련 등을 강조하였습니다.

이처럼 신플라톤주의는 형이상학적 사유와 종교적 신비주의가 결합한 독특한 사상적 경향을 보여줍니다. 플로티노스 자신도 철학을 통해 일자와의 합일을 추구하였다고 전해지는데, 이는 단순히 이성적 탐구를 넘어서는 신비적 체험의 영역과도 맞닿아 있다고 하겠습니다.

플로티노스 이후 포르피리오스, 얌블리코스, 프로클로스 등의 사상가들에 의해 더욱 발전된 신플라톤주의는 기독교, 이슬람교, 유대교 등의 종교 사상과도 활발히 교류합니다. 교부(敎父)[26] 아우구스티누스를 비롯한 수많은 기독교 신학자가 신플라톤주의의 개념들을 차용하여 교리를 정립하였고, 이는 나중에 보에티우스, 토마스 아퀴나스 등의 스콜라철학으로 이어지는 중요한 계기가 되었습니다.

여기서 헤르메스주의(Hermeticism)에 대해서도 언급할 필요가 있겠습니다. 헤르메스주의는 그리스에서 상업, 여행, 전령의 신이자 정보와 의미를 관장하던 신인 헤르메스가 이집트의 신 토트(Thoth)와 동일시되면서 헤르메스 트리스메기스토스(Hermes Trismegistos)라는 신비로운 인물을 탄생시킨 데서 비롯됩니다. 점성술, 연금술, 마법의 세 가지 능력을 가진 이 반신적 인물에 대한 종교철학적 숭배가 초기 그리스도교 시대에 널리 유행하게 되었던 거죠. 헤르메스주의의 핵심 문헌

---

26. 기원후 2세기 이후 기독교 신학과 철학의 기초를 놓은 이들을 일컫는 말로 알렉산드리아의 오리게네스, 은수자 히에로니무스, 밀라노의 암브로시우스, 카르타고의 테르툴리아누스 등이 대표적이다. 영어로 'Fathers of the Church'라고 한다.

은 『헤르메스 문서』(Corpus Hermeticum)라 불리는 일련의 텍스트들인데, 기원전 3세기에서 기원후 3세기에 걸쳐 이집트에서 집필된 것들입니다. 이 문헌들은 주로 신플라톤주의, 그노시스주의, 유대 신비주의 등의 영향을 받은 흔적을 보여줍니다.

특히 그노시스주의는 헤르메스주의 형성에 큰 영향을 미쳤는데, '영지주의'(靈知主義)라고 번역되는 이 사상은 기원후 1~2세기경 지중해 연안 지역에서 유행한 종교 사상입니다. '그노시스'(Gnosis)는 그리스어로 '앎', '지식'을 뜻하는데, 그노시스주의자들은 이 세계와 인간의 속박에서 벗어나 구원받기 위해서는 우주와 신에 대한 비밀스러운 지식을 얻어야 한다고 보았죠.

그노시스주의에서는 이 물질세계를 악하고 불완전한 것으로 여기고, 인간 내면에 갇혀 있는 신성한 불꽃을 해방시키는 것을 궁극적 목표로 삼았습니다. 이를 위해 그들은 비밀스러운 의식과 주문, 상징체계 등을 통해 우주의 비밀을 깨닫고자 했죠. 이러한 그노시스주의의 영향은 『헤르메스 문서』에서도 두드러지게 나타납니다. 이 문서에는 우주 만물의 상호연관성, 인간 내면의 신성함, 신비체험을 통한 구원 등의 사상이 담겨 있는데, 이는 그노시스주의의 핵심 교리와 매우 유사합니다.

이러한 사상적 배경 속에서 헤르메스주의는 인간과 자연의 관계에 대한 독특한 해석을 내놓습니다. 인간 내면의 신성함과 우주의 비밀에 대한 그들만의 관점이 인간의 역할과 능력에 대한 새로운 해석으로 이어진 것이죠. 즉 인간이 자연에 개입하여 이를 변화시키고 통제할 수 있다고 여기고 이를 적극적으로 실현하는 겁니다. 이는 인간을 수동적인 관찰자로 보는 다른 사상들과 사뭇 다릅니다. 헤르메스주의는 인간을 신적 본성을 지닌 존재로서, 자연의 신비를 깨우치고 이를 자신의 의지로 다스릴 수 있는 미시적 우주(microcosmos)로 여깁니다. 누군가는 인간을 '우주의 먼지'라 하지만 이들은 '우리가 우주야'라고 말하는 듯합니다.

이러한 관점은 후대의 연금술이나 신비주의, 밀교 등에도 적지 않은 영향을 끼칩니다. 또한 르네상스 시대에 재발견되어 과학혁명의 사상적 토대를 마련하는 데 기여합니다. 르네상스의 대표적 인문주의자인 피치노(Marsilio Ficino)는 플라톤 아카데미를 거점으로 신플라톤주의뿐만 아니라 헤르메스주의 텍스트들을 번역하고 연구했는데, 이는 당시 지식인들은 물론 코페르니쿠스나 갈릴레오 등 과학혁명의 주도자들에게도 일정한 영향을 미칩니다.

3. 새로운 원자론, 에피쿠로스학파

에피쿠로스학파는 기원전 3세기에 에피쿠로스(Epikouros)에 의해 창시된 고대 그리스의 철학 사상으로, 쾌락을 삶의 궁극적 목표로 삼는 쾌락주의 철학으로 널리 알려져 있습니다. 그러나 에피쿠로스가 말하는 쾌락은 단순한 육체적 쾌락이 아닌, 고통의 부재와 정신적 평온을 의미한다는 것을 정확히 이해할 필요가 있습니다. 에피쿠로스는 "고통이 없는 삶이 가장 즐거운 삶"이라고 말하며, 절제와 검소한 삶을 통해 진정한 쾌락에 도달할 수 있다고 주장했습니다. 누군가는 그게 무슨 쾌락이냐고 할 만하죠. 그러나 고대의 철학은 이렇게 늘 윤리적인 문제의식을 가지고 있었습니다. 어쨌든 제가 주목하는 부분은 에피쿠로스학파의 원자론과 우주론입니다.

에피쿠로스는 데모크리토스의 원자론을 수용 발전시켰는데, 그에 따르면 우주는 원자(atom)와 공허(void)로 이루어져 있습니다. 원자는 더 이상 나눌 수 없는 최소 단위의 물질 입자로, 다양한 모양과 크기를 지니고 있습니다. 원자들은 끊임없이 움직이며, 그것들의 결합과 분리에 의해 모든 사물이 생성되고 소멸한다고 보았습니다.

에피쿠로스는 원자의 운동에 대해 특히 주목했는데, 그는 원자들이 자유 낙하하듯 수직으로 떨어진다고 보았습니다. 여기서 아래는 우주의 중심을 뜻합니다. 이때 원자들은 모두 동일한 속도로 평행하게 떨어진다고 합니다. 이런 가정이라면 원자들끼리의 충돌은 일어날 수 없죠. 그러나 그는 여기에 중요 개념을 하나 추가하는데, 바로 '클리나멘'(clinamen)입니다. 클리나멘은 라틴어로 기울어짐, 편향, 휘어짐을 의미하는데, 이는 원자가 예측 불가능한 방식으로 미세하게 궤도를 이탈할 수 있다는 것을 뜻합니다. 이 때문에 원자들끼리의 충돌이 일어나고, 이 충돌에 의해 수직 낙하 외의 다른 운동이 일어난다는 것입니다. 그런데 이런 원자 충돌은 상당히 우연한 경향이 있어 결정론적 우주관에서 벗어나 자유의지의 가능성을 설명하는 데에도 사용되었습니다.

또한 그는 무한한 우주 공간 속에 무수한 세계가 존재한다는 일종의 다중우주론을 제시합니다. 에피쿠로스는 『헤로도토스에게 보내는 편지』에서 이렇게 말합니다. "더욱이 세계들의 수는 무한하다. 어떤 것들은 우리의 세계와 닮았고, 다른 것들은 닮지 않았다. 왜냐하면 원자들은 수에 있어 무한하기 때문에 […] 그들은 멀리 우주 속으로 운반되어 단일한 세계나 제한된 수의 세계들을 형성하는 데 모두 소비되지 않는다." 이 구절은 에피쿠로스가 우리의 세계 외에도 무수히 많은 다른 세계가 존재한다고 믿었음을 명확히 보여주죠. 그의 이론에 따르면 우주 공간은 무한하며, 그 안에 무한한 수의 원자가 존재합니다. 이 무한한 원자들은 끊임없이 움직이며 결합하고 분리하는데, 이 과정에서 다양한 세계가 형성되고 소멸합니다. 일부 세계는 우리의 세계와 유사할 수 있지만, 다른 세계는 전혀 다른 형태일 수 있다는 얘기죠.

에피쿠로스의 이런 관점은 현대 물리학의 다중우주 이론과 놀라울 정도로 유사한 면이 있습니다. 그의 이론은 우주의 다양성과 가능성에 대한 폭넓은 시각을 제공했으며, 당시로서는 매우 혁신적인 우주관이었다고 할 수 있습니다.

또 하나, 에피쿠로스는 전통적인 그리스 종교와 미신을 비판하면서 우주의 운행이나 자연현상에 신의 개입이 없다고 말합니다. "신은 불멸하고 복된 존재이다. 그러므로 신 자신도 근심이 없고 다른 이에게 근심을 주지도 않는다." 그는 신들이 존재하기는 하지만, 이 신들은 완전하고 불멸하는 존재로서 인간 세계에 관심을 가지지 않는다고 보았던 거죠. 자연현상은 오직 원자의 운동과 결합으로 설명할 수 있다는 겁니다. 이렇듯 '관조하는 신'이라는 개념은 아리스토텔레스와 비슷하지만, 목적 없는 세상이라는 측면에서는 데모크리토스의 생각을 잇고 있다고 할 수 있습니다.

에피쿠로스학파는 에피쿠로스 사후에도 오랫동안 지속되었으며, 로마 시대에는 루크레티우스(Lucretius)와 같은 사상가들에 의해 계승되었습니다. 특히 루크레티우스의 『사물의 본성에 관하여』(*De Rerum Natura*)는 에피쿠로스 사상의 집대성으로 평가받으며, 이후 에피쿠로스학파의 전승에 큰 영향을 미칩니다.

헬레니즘 시기에 에피쿠로스학파가 주류는 아니라도 상당한 영향을 끼친데 반해 중세에는 대단히 부정적으로 평가되죠. 쾌락주의는 기독교의 금욕주의와 대치되는 것으로 여겨졌으며, 원자론은 유물론으로 간주됩니다. 또 에피쿠로스가 신의 존재를 부정하지는 않았지만, 신이 세상사에 관여하지 않는다는 주장은 기독교가 받아들일 수 없는 종류의 생각이었습니다.

하지만 에피쿠로스학파는 르네상스와 과학혁명 시기에 다시 조명을 받습니다. 당시 인문주의자들은 에피쿠로스의 쾌락주의와 자연철학에 주목했는데, 예를 들어 로렌초 발라(Lorenzo Valla)는 『참된 선과 거짓된 선에 대하여』에서 에피쿠로스의 쾌락주의를 옹호하며, 금욕주의와 고행주의를 비판했습니다. 또한 과학혁명 시대에는 에피쿠로스의 원자론이 주목받았는데, 피에르 가상디(Pierre Gassendi)는 에피쿠로스와 데모크리토스의 원자론을 복원하고 발전시켜 근대 원자론의 기초를 마련했습니다.

4. 최초의 회의주의, 피론주의

'판단중지'(에포케, epoche)로 잘 알려진 피론주의는 기원전 4~3세기경 엘리스의 피론(Pyrrhon)에 의해 체계화된 회의주의 철학입니다. 피론은 감각과 이성을 통해서는 확실한 앎에 이를 수 없다고 보고, 모든 판단을 유보할 것을 주장합니다. 그는 "나는 아무것도 안다고 단언하지 않는다. 심지어 내가 아무것도 모른다는 사실조차도 단언하지 않는다"라는 말을 남겼는데, 이는 확실한 지식의 불가능성을 드러낸 역설입니다. 피론은 서양에서 회의주의 전통의 시작점이라 볼 수 있죠.

피론의 회의주의는 크게 세 가지 명제로 요약될 수 있습니다. 첫째, 모든 것은 불확실하다. 둘째, 그러므로 우리는 판단을 유보해야 한다. 셋째, 판단 유보는 마음의 평정으로 이어진다는 것입니다.

우선 피론은 감각과 이성으로는 사물의 참된 본질을 알 수 없다고 보았습니다. 꿀이 어떤 이에게는 달게 느껴지지만 다른 이에게는 쓰게 느껴지는 것처럼, 감각은 주관적이며 상황 의존적이라는 것이죠. 또한 이성으로도 사물의 실체를 파악하기 어려운데, 같은 대상에 대해 철학자들 사이에서조차 상반된 주장이 난무하기 때문입니다. 결국 우리가 진리라고 여기는 것들도 불확실할 수밖에 없다는 게 피론의 생각이었습니다.

이런 회의주의적 전제하에 피론은 판단중지 즉 '에포케'를 실천할 것을 강조했습니다. 예컨대 신의 존재 문제를 놓고 어떤 이는 신이 있다고 하고, 다른 이는 신이 없다고 주장합니다. 피론은 이 둘 중 어느 쪽도 옳다 단언할 수 없으므로, 신의 존재 여부에 대한 판단 자체를 유보해야 한다고 본 것이죠. 감각적 현상을 넘어선 영역에 대해서는 그 어떤 단정도 내려서는 안 된다는 것이 그의 주장입니다. 비트겐슈타인이라면 "우리는 아무것도 알 수 없다"는 피론주의자의 주장에 대해 "우리가 말할 수 없는 것에 대해서는 침묵해야 한다. 하지만 당신은 그것에 대해 꽤 많은 말을 하고 있다"라고 말할 것 같은 상상이 듭니다.

어쨌든 피론은 여기서 더 나아가 판단중지 즉 '에포케'야말로 인간이 마음의 평정을 얻는 지름길이라 역설했습니다. 에포케는 모든 믿음과 판단을 유보하는 상태를 의미합니다. 피론의 사상에 따르면, 우리가 사물의 실체를 확실히 알 수 없음을 인식하고 모든 판단을 유보하게 되면, 어떤 것이 좋거나 나쁘다고 단정하지 않게 됩니다. 이는 곧 욕심내고 분노할 이유가 사라진다는 것을 뜻합니다.

예를 들어 부와 명예가 좋은 것인지, 가난과 불명예가 나쁜 것인지 알 수 없다면 그것들에 연연하지 않게 됩니다. 이렇듯 좋고 나쁨에 대한 판단을 멈추는 것이 곧 마음의 동요에서 벗어나는 길이라는 게 피론의 생각이었습니다. 이러한 마음의 평정 상태를 피론은 '아타락시아'(ataraxia)라고 불렀습니다. 피론에게 있어 에포케는 단순한 회의가 아니라 평온한 삶을 위한 실천적 방법이었던 거죠. 모든 것에 대한 판단을 유보함으로써 우리는 독단적 믿음에서 벗어나 진정한 마음의 평화인 아타락시아에 도달할 수 있다는 것이 그의 핵심적 윤리관이었습니다.

피론의 사상은 기원전 1세기경 활동한 아이네시데모스(Ainesidemos)와 2세기경의 아그리파(Agrippa)가 좀 더 체계화하고 확장하는데 이를 '신피론주의'라고 부릅니다. 아이네시데모스는 피론의 사상을 더욱 정교하게 다듬은 '10가지 회의적 논변'(Tropoi)을 제시했습니다. 이 논변들은 지식의 상대성과 불확실성을 다양한 각도에서 보여주는 것으로, 예를 들어 같은 대상이라도 관찰자에 따라 다르게 인식될 수 있음을 지적합니다. 10가지 회의적 논변 중 첫 번째는 '동물들 간의 차이'인데, 아이네시데모스의 원 글은 남아있지 않지만 간접적으로 전해진 내용을 보면 다른 종류의 동물들은 같은 물체에 대해 다른 표상(appearance)을 가진다는 겁니다. 동물마다 신체구조가 다르기 때문이죠. 그런데 그 중 어떤 동물의 감각이 '진실'인지 알 수 없으므로 우리는 판단을 유보할 수밖에 없다는 겁니다. 아그리파는 이를 더욱 발전시켜 '5가지 회의적 논변'을 제시합니다만 크게 다른 점은 없습니다. 모든 지식 주장이 결국 무한소급이나 순환논증, 혹은 독단적 가정에 빠질 수밖에 없다고 주장하며, 확실한 지식의 가능성에 근본적인 의문을 제기하는 내용입니다.

사실 피론주의든 신피론주의든 자기가 주장하는 절대적 진리가 뭐든 그런 것이 있다는 다른 모든 사상에 대한 일체 부정인데, 그렇다면 절대적 진리를 절대 알 수 없다는 것 역시 절대적 진리로 주장하는 것 아니냐는 식의 비판을 받기도 합니다. 어쨌든 피론주의와 신피론주의는 근대 인식론의 전개에도 의미 있는 영향을 끼칩니다. 데카르트가 방법적 회의를 통해 확실한 지식의 토대를 모색한 것이나, 흄이 인과율을 비롯한 지식의 타당성에 의문을 제기한 것도 회의주의 전통의 연장선상에서 이해할 수 있습니다. 또 데카르트가 활동하던 17세기 초반은 유럽 지성계에서 신피론주의가 상당한 영향력을 발휘하던 시기였습니다. 15~16세기 르네상스 시대에 고대 회의주의 문헌들이 재발견되고 번역되면서, 몽테뉴를 비롯한 인문주의자들 사이에서 회의주의 사상이 크게 유행했는데요. 이는 곧 신피론주의에 대한 관심으로 이어졌고, 이후 샤롱(Pierre Charron) 등에 의해 활발히 논의됩니다.

5장

이슬람으로 간 아리스토텔레스

1. 유럽, 아리스토텔레스를 지우다

헤시오도스는 자신이 사는 시대가 '철의 시대'라고 했지요. 정의와 평화의 황금시대를 지나고, 농경과 건축을 시작한 백은시대를 거쳐, 전쟁을 벌이지만 악에는 물들지 않은 청동 시대도 지난 다음, 국가를 세우고 항해와 채광 기술을 익히게 되나 진리와 겸손과 충성은 어디에도 없는 철의 시대가 되었다고 한탄합니다. 지식이 늘수록 교만해지고 삶은 팍팍해진다고 했지요. 하지만 그가 살아 로마제국이 멸망한 이후의 중세를 본다면 철의 시대 다음으로 '흙의 시대'가 도래한 것을 보았을지도 모르겠습니다. 이 시대는 특히 아리스토텔레스에 대해서 가혹했습니다. 어찌 보면 약 천 년의 기간 그는 유럽에서 완전히 지워졌으니까요.

대개 서기 476년 서로마제국의 멸망을 중세의 시작으로 보는 경우가 많지만 사실 서로마제국에서 철학과 과학의 쇠퇴는 제국 말기인 4~5세기뿐만 아니라 그 이전인 3세기부터 서서히 나타나기 시작했습니다. 로마는 아직 동서로 분리되기 전인 기원후 235년부터 285년까지 '3세기의 위기'(Crisis of the Third Century)라 부르는 시기를 겪습니다. 이 시기에는 제국 안팎의 혼란, 경제 위기, 군인 황제들의 잦은 교체, 전염병과 기후 문제, 이민족의 침입 등으로 인해 엄청 힘든 시기를 겪었죠. 이때 이미 철학이든 과학이든 발전의 동력을 상실한 모습을 보입니다.

그리고 3세기의 위기가 끝나고 디오클레티아누스 황제에 의해 4두 정치가 시작되면서 사실상 로마제국은 분리의 길을 걷기 시작합니다. 이후 황제들은 제국의 동쪽 지역에 더 비중을 두고 서로마 영역은 서서히 독자적인 길을 걷게 됩니다. 이런 시기 서로마제국 영역에서는 스토아학파나 에피쿠로스학파 같은 전통적인 철학 학파들이 쇠퇴하고 종교와 미신, 신비주의가 확산됩니다. 4세기 들어 기독교가 국교화되면서 이교도 문화에 대한 탄압이 본격화되었고, 391년 테오도시우스 황제 때 알렉산드리아 도서관의 일부인 '세라피움'이 파괴되는 사건도 있었습니다. 이런 과정을 겪으면서 서로마제국 영역은 고대 그리스와 헬레니즘 문화에서 점점 멀어지죠.

과학 분야를 보면, 3세기 이후 서로마에서는 천문학이나 수학 같은 과학보다 점성술, 연금술 같은 유사과학이 널리 퍼집니다. 서로마제국 최후의 뛰어난 과학자로 꼽히는 인물이 5~6세기에 활동한 보에티우스(Boethius)인데, 그는 철학자이자 수학자, 음악이론가였지만 결국 신학적 이유로 처형을 당했습니다. 그리고 5세기에 들어서 게르만족의 대규모 이동과 침입이 본격화되었고 결국 476년 멸망에 이르게 됩니다. 이후 서유럽은 오랫동안 혼란과 암흑기를 겪습니다. 이렇게 중세 시대로 향하면서 서로마 지역 혹은 서유럽 지역에서 고대 그리스의 자연철학과 과학적 유산은 소멸에 가깝게 잊힙니다.

중세 초기 아리스토텔레스 사상이 유럽에서 거의 잊힌 배경에는 라틴어 번역의 부재가 큰 역할을 했습니다. 라틴어를 사용하던 서유럽에서는 그리스어로 쓰인 아리스토텔레스의 저작을 읽을 수 있는 사람이 많지 않았습니다. 6세기 보에티우스가 아리스토텔레스의 논리학 저작들을 일부 번역했지만, 자연학이나 형이상학 등 방대한 분량의 저작들은 번역되지 못했습니다. 물론 이는 선택적 소멸입니다. 상대적으로 플라톤의 저서는 꽤 많이 번역되었으니까요. 결국 아리스토텔레스적 세계관이 당시 번역을 할 수 있던 사람, 그리고 번역을 요구한 사람들의 입맛에 맞지 않았던 거죠.

반면 동로마제국에서는 그리스어가 공용어로 사용되었기 때문에 고대 그리스의 철학과 과학 전통이 중세에도 계속 이어졌습니다. 하지만 서로마제국 멸망 이후 동서 교회의 분열, 이슬람 세력의 성장 등으로 인해 동서 간의 교류가 크게 위축되었던 것이 사실입니다. 동로마제국의 수도 콘스탄티노폴리스는 서유럽과 달리 고대 그리스 문헌들을 보존하고 연구하는 중심지 역할을 했습니다. 6세기 말에서 9세기 초까지 이어진 비잔틴제국의 '암흑기' 시절에도 콘스탄티노폴리스에서는 고전 연구가 명맥을 유지했습니다.

9세기 비잔틴제국의 포티오스 총대주교가 철학, 신학, 수사학 등을 망라한 방대한 분량의 백과사전인 『서총』(書叢, *Bibliotheca*)을 편찬했지만, 이 책이 서유럽에 알려진 것은 16세기에 이르러서였습니다. 더욱이 1054년 동서 교회의 공식적인 분열로 인해 종교적 교류도 끊기게 되었죠. 결국 서유럽에서 아랍 이슬람 문명을 통해 그리스 사상을 다시 받아들이기 전까지는 동로마제국을 통해 전해진 고대 그리스의 학문적 유산은 별반 없었다고 볼 수 있습니다.

결국 중세가 암흑기라는 말은, 이 말에 동의하든 동의하지 않든, 서로마 혹은 서유럽에 국한된 것이라 볼 수 있습니다. 당시 지중해를 중심으로 한 다양한 문명 중 서유럽이 가장 암울했던 상황이었고 암흑기라는 걸 동의하더라도 이는 동로마나 이슬람에는 해당되지 않는 말이라고 할 수 있죠.

그밖에 또 다른 요인들로는 지식인의 감소, 문맹률 증가, 교육기관의 쇠퇴 등도 있습니다. 로마제국 시기에는 국가나 도시에서 운영하는 공립학교들이 있었고, 귀족 자제들은 그라마티쿠스(문법학교), 레토르(수사학교) 등에서 교육을 받았습니다. 그러나 게르만족의 침입과 서로마제국의 쇠퇴 및 멸망 과정에서 이런 교육제도가 무너집니다.

6세기경 베네딕토 수도회 등이 등장하면서 수도원이 교육과 학문의 중심지가 되기 시작했지만, 이는 소수의 엘리트 성직자들에게 한정된 것이었죠. 수도원 학교에서는 주로 성경과 교부들의 글을 공부했기 때문에 고전 문헌에 대한 연구는 여전히 제한적이었습니다. 이런 교육기관의 부재는 자연스럽게 문맹률 증가로 이어집니다.

로마인들은 문자 생활을 중시했고 평민들도 어느 정도 글을 읽을 수 있었지만, 중세에 들어서면서 서유럽의 문맹률이 크게 높아졌습니다. 심지어 중세 왕족 중에도 문맹인 경우가 많았습니다. 대표적인 예로 8세기 중반 프랑크 왕국을 통치했던 카롤루스 마르텔은 글을 읽지 못했던 것으로 알려져 있습니다. 그래서 서류에 서명할 때도 십자가를 그리는 것으로 때웠다죠. 서명이 얼마나 중요한데, 변호사가 봤다면 기겁을 했겠군요. 카롤루스 대제(샤를마뉴)도 글쓰기에는 어려움을 겪었다고 하죠. 당시 서유럽에서는 성직자가 되지 않는 이상 문해력을 갖추기 어려웠던 것이 사실입니다. 이처럼 왕족을 포함한 상류층에서도 문맹인 경우가 있었다는 것은 당시 지적 수준과 교육 여건을 보여주는 단적인 사례라 할 수 있겠습니다. 결국 학교 교육의 쇠퇴, 지식인층의 감소, 문맹률 증가 등은 모두 고전 문헌의 연구와 번역, 보급을 가로막는 요인들이었다고 할 수 있겠습니다.

하지만 모든 그리스의 유산이 사라진 것은 아닙니다. 앞서 언급한 것처럼 플라톤은 꽤 많이 소개되었죠. 아리스토텔레스와 플라톤의 처지가 달랐던 것은 기독교의 영향이 크다고 보아야 합니다. 초기 기독교 사상가들은 아리스토텔레스의 사상이 기독교 교리와 상충된다고 보았습니다. 아리스토텔레스의 실재론적 사고방식과 형이상학적 개념들은 창조주인 유일신 개념을 강조하는 기독교 세계관과는 거리가 멀어 보였기 때문입니다. 또한 아리스토텔레스의 논리학과 변증법은 복잡하고 난해하여 당시 기독교 사상가들에게는 수용하기 어려운 면이 있었습니다.

중세 초기 기독교 사상가들은 '교부'라 불리며 기독교 교리를 체계화하고 철학적으로 정립하는 데 큰 역할을 했습니다. 이들 중 많은 이들이 플라톤 사상과 신플라톤주의에 영향을 받았는데, 특히 아우구스티누스(Augustinus)는 플라톤주의를 기독교 사상과 접목한 대표적인 인물로 꼽힙니다.

아우구스티누스는 플라톤의 이데아론을 기독교적으로 해석하여,

이데아를 신의 정신 속에 존재하는 영원한 진리의 세계로 보았습니다. 그는 또 플라톤의 이원론적 세계관에 따라 물질계와 정신계를 구분하고, 정신계를 우위에 두었습니다. 또한 플라톤의 영혼불멸 사상을 기독교의 내세관과 연결지어, 영혼의 구원과 승천을 강조했습니다.

당시 중요한 영향을 끼친 또 다른 사상적 경향으로는 플로티노스로 대표되는 신플라톤주의가 있습니다. 신플라톤주의는 플라톤 사상을 더욱 형이상학적이고 신비주의적으로 발전시킨 것으로, 앞서 말했듯이 '일자'라는 궁극적 실재로부터 모든 존재가 유출된다는 사상을 핵심으로 합니다. 교부 철학자들은 이를 기독교의 유일신 사상과 연결지어, 신으로부터 만물이 창조되고 신을 향해 돌아간다는 사상을 발전시켰습니다.

이러한 요인들로 인해 중세 서유럽에서는 아리스토텔레스의 사상이 거의 잊힌 채 플라톤주의가 철학과 신학의 주류를 이룹니다. 아리스토텔레스로서는 좀 많이 억울할 겁니다. 아리스토텔레스의 사상이 유럽에서 다시 주목받게 된 것은 12세기 이후 아랍 이슬람 세계를 통해 그의 저작들이 다시 유입되면서였습니다.

2. '지혜의 집'

하지만 고대 그리스와 헬레니즘 시대의 유산이 모두 사라진 것은 아닙니다. 서유럽에서는 거의 잊혀지고 동로마제국에서도 쇠퇴하지만, 유산은 동쪽 이슬람세계로 이어집니다. 이에는 시리아 학자들과 페르가몬 도서관, 그리고 네스토리우스파가 중요한 역할을 했습니다.

페르가몬은 현재 튀르키예의 서부 해안가에 있던 고대 그리스의 도시국가입니다. 헬레니즘 시기 페르가몬 왕국은 부유했고, 당시의 이집트 및 셀레우코스 왕국과 경쟁 관계에 있었죠. 이는 학문에 대한 경쟁적 투자로 이어졌는데, 특히 에우메네스 2세는 알렉산드리아 도서관에 필적하는 규모의 도서관을 건립했습니다. 페르가몬 도서관은 당시 알렉산드리아 도서관과 함께 지중해 문명의 2대 도서관으로 자리 잡았는데 그곳에 그리스 문헌들이 다수 소장되어 있었습니다. 알렉산드리아 도서관이 파괴된 후에는 거의 유일한 곳이 되었죠.

한편, 5세기경 비잔틴제국에서는 네스토리우스 논쟁이 일어났습니다. 네스토리우스는 예수의 신성과 인성을 구분하여 마리아를 '그리스도의 어머니'가 아닌 '사람의 어머니'로 보아야 한다고 주장했는데, 이는 당시 정통 교리로 받아들여지지 않았습니다. 결국 네스토리우스파는 431년 에페소스 공의회에서 이단으로 정죄되어 비잔틴제국에서 추방당했습니다.

추방된 네스토리우스파는 동방으로 이동하여 시리아와 페르시아 지역에 정착했는데, 이들 중 많은 이들이 그리스어와 시리아어에 능통한 학자였습니다. 네스토리우스파 학자들은 페르가몬 도서관의 장서들을 시리아어로 번역하는 작업을 진행했고, 이를 통해 그리스 철학과 과학이 시리아어로 번역되었습니다.

이후 시리아는 이슬람 제국에 정복당했고, 아바스 왕조가 들어서면서 바그다드가 새로운 수도가 되었습니다. 아바스 왕조의 칼리프들은 학문과 예술을 적극 장려했는데, 특히 알 마문(재위 813~833)은 학자들을 후원하고 번역 사업을 지원했습니다. 그는 시리아 학자들을 바그다드로 초청하여 '지혜의 집'(바이트 알 히크마)을 설립했습니다.

아바스 왕조 칼리프들이 학문과 예술을 장려한 데에는 여러 정치적, 사회적, 문화적 배경이 작용했습니다. 우선 아바스 왕조는 우마이야 왕조를 무너뜨리고 들어선 왕조로, 우마이야 왕조와는 다른 새로운 정통성을 확립할 필요가 있었습니다. 이슬람 교리와 법학에 기초해 통치의 정당성을 확립하는 것뿐 아니라, 학문과 문화의 발전을 통해 제국의 위상을 높이려 했던 것으로 보입니다.

당시 아바스 왕조는 광대한 제국을 다스리고 있었고, 페르시아와 인도, 그리스와 로마 등 고대 문명의 유산을 흡수할 수 있는 위치에 있었습니다. 고전 문헌을 수집하고 번역하는 것은 제국의 문화적 자부심을 높이는 동시에 실용적 지식을 얻는 방편이기도 했죠. 또한 9세기 전후로 무타질라파(-派) 등 이성주의 경향의 이슬람 신학이 발전하면서 학문 연구에 유리한 사회적 분위기가 조성되었다는 분석도 있습니다. 사실 어느 왕조든 초기에 왕국이 안정되면 과학, 기술 및 문화 분야에 나름 열정적 투자를 하죠.

특히 알 마문은 개인적으로도 학문을 사랑했던 것으로 알려져 있습니다. 그는 어릴 적부터 학문적 재능을 보였고, 칼리프가 된 이후에는 직접 학자들과 토론을 즐기기도 했다고 합니다. 하지만 알 마문의 학문 장려가 순전히 개인적 취향에서 비롯되었다고 보기는 어렵습니다. 오히려 학문 후원이 제국 통치에 여러모로 도움이 된다는 판단이 있었을 것입니다. 아바스 왕조의 세종 임금이라고 할까요?

아바스 왕조 초기는 경제적으로도 매우 풍요로운 시기였다는 점 또한 무시할 수 없습니다. 아바스 왕조는 8세기 중반 메소포타미아, 시리아, 이란, 이집트 등 광활한 영토를 차지하면서 막대한 부를 축적했습니다. 수도 바그다드는 동서 무역의 중심지로 번영을 구가했죠. 티그리스강과 유프라테스강 유역의 비옥한 토지에서는 농업이 발달했고, 수공업과 상업도 크게 발전했습니다. 페르시아의 도시 문화와 행정 체계를 흡수한 것도 경제 발전에 도움이 되었습니다.

아바스 왕조의 재정을 보면, 세금 제도가 정비되어 안정적인 세수를 확보했고 잉여 생산물의 상당 부분이 국가에 귀속되었다고 합니다. 이는 문화예술 사업에 국가가 적극적으로 투자할 수 있는 물적 토대가 되었을 겁니다.

'지혜의 집'에서는 그리스, 페르시아, 인도 등의 고전을 수집하고 아랍어로 번역하는 대규모 번역 운동이 이루어졌습니다. 특히 그리스 문헌의 번역에는 시리아어 번역본들이 중요한 역할을 했습니다. 시리아어로 먼저 번역된 그리스 문헌들이 다시 아랍어로 중역되었기 때문입니다. 아리스토텔레스, 플라톤, 유클리드, 프톨레마이오스 등의 저작들이 아랍어로 번역되어 연구되었고, 이는 이슬람 철학과 과학의 발전에 큰 영향을 미쳤습니다.

'지혜의 집'에는 페르시아와 인도의 학문도 수용되는데, 페르시아의

문학과 행정제도, 인도의 수학과 천문학 등이 번역과 연구의 대상이 되었습니다. 이슬람 제국의 확장으로 다양한 문화권이 하나로 통합된 상황에서 '지혜의 집'은 이런 다양한 지적 전통을 아우르는 융합의 장이 되었던 것입니다.

또한 '지혜의 집'은 단순한 번역 기관을 넘어, 이슬람 세계 지식인들의 교류와 토론이 이루어지는 일종의 아카데미 공동체였습니다. 철학, 수학, 천문학, 의학 등 다양한 분야의 학자들이 모여 토론을 벌이고 연구를 진행했습니다. 이를 통해 고전 유산을 단순히 계승하는 데 그치지 않고, 이를 바탕으로 새로운 지식을 창출해 나갔습니다. 이런 노력 덕분에 9세기에서 13세기에 이르는 이슬람 황금기 동안 바그다드를 중심으로 학문과 예술이 꽃피웁니다.

3. 이슬람의 수학

'지혜의 집'을 통해 그리스와 인도의 수학 지식을 흡수한 이슬람 학자들은 이를 바탕으로 독창적인 수학 이론을 발전시켰습니다. 알렉산드리아를 중심으로 한 헬레니즘 수학은 유클리드, 아르키메데스, 아폴로니우스 등의 업적으로 대표됩니다. 유클리드의 『원론』은 기하학의 체계를 세웠고, 아르키메데스는 원주율 계산과 적분의 기초를 마련했으며, 아폴로니우스는 원뿔 곡선 이론을 발전시켰습니다.

한편, 인도 수학의 영향 또한 컸습니다. 특히 5~6세기에 활동한 수학자 아리아바타(Aryabhata)와 7세기 브라마굽타(Brahmagupta)의 연구가 큰 영향을 미쳤습니다. 인도 수학자들은 십진법과 0의 개념을 발전시켰고, 음수를 도입했으며, 방정식 해법에서도 중요한 진전을 이루었습니다.

이슬람 수학자들은 이 두 전통을 수용하고 종합하여 새로운 발전을 이룹니다. 특히 대수학 분야에서는 9세기 알 콰리즈미(Al-Khwarizmi)가 획기적인 업적을 남깁니다. 그의 저서 『알 자브르 왈 무카발라』(*Al-jabr wa'l-muqabalah*)의 '알 자브르'는 지금 우리가 쓰고 있는 '대수학'(algebra)이라는 말의 어원이기도 한데, 이 책에서 그는 1차 및 2차 방정식의 체계적인 해법을 제시했고, 미지수 개념을 도입합니다. 예를 들어, $x^2+10x=39$와 같은 방정식의 해법을 기하학적 방법과 대수적 방법으로 제시했습니다.

11세기의 오마르 하이얌(Omar Khayyam)은 대수학을 한 단계 더 발전시킵니다. 그는 3차 방정식의 기하학적 해법을 연구했고, $x^3+ax=b$

형태의 방정식을 원뿔 곡선의 교점으로 해결하는 방법을 제시합니다.

수 체계와 관련해서는, 이슬람 수학자들이 인도에서 전해진 0의 개념과 십진법을 더욱 발전시킵니다. 알 우클리디시(Al-Uqlidisi)는 10세기에 소수점을 사용한 최초의 수학자로 알려져 있습니다. 그는 1/2을 0.5로 표현하는 등 분수를 십진 소수로 나타내는 방법을 개발했습니다. 이는 복잡한 계산을 가능케 하여 천문학, 역학 등 다른 분야에도 도움을 줍니다.

삼각함수는 고대 그리스에서 시작했지만. 이슬람에서 더욱 발전합니다. 여기에는 인도의 영향도 큽니다. 인도의 삼각법은 기하학 위주의 그리스 삼각법과는 달리 대수적 방법을 쓰는데 이슬람에서는 그리스와 인도의 방법을 통합하죠. 10세기의 아부 알 와파(Abu al-Wafa)는 사인, 코사인, 탄젠트 함수를 체계화했고, 더 나아가 시컨트 함수[27]를 도입합니다. 그는 $\sin 30° = 1/2$와 같은 정확한 삼각함수 값을 계산하고, 구면 삼각법의 기초를 세웁니다. 11세기의 알 비루니(Al-Biruni)는 이를 더욱 발전시켜 지구의 반경을 정확히 측정하는 데 적용했습니다.

수론 분야에서는 13세기의 알 파리시(Al-Farisi)가 완전수에 대한 연구를 진행합니다. 그는 $2^6 - 1 = 63 = 3 \times 3 \times 7$이라는 사실을 발견하고, 이를 통해 $2^4(2^5 - 1) = 496$이 완전수임을 증명했습니다. 11세기의 이븐 알하이삼(Ibn al-Haytham)은 소수의 성질에 대한 중요한 연구를 수행합니다. 그는 $(p-1)!+1$이 소수 p로 나누어떨어진다는 사실을 발견했는데, 이는 후대에 페르마의 소정리로 발전되는 수론 연구의 한 예입니다.

---

27. 시컨트 함수(secant function)는 삼각함수의 하나로 코사인 값의 역수로 정의한다. 수식으로는 $\sec\theta = 1/\cos\theta$로 표현된다.

기하학에서도 이슬람 수학자들은 그리스 전통을 계승하면서 새로운 발견을 이어갔습니다. 9세기의 사비트 이븐 쿠라(Thabit ibn Qurra)는 유클리드의 평행선 공리에 의문을 제기하면서 비유클리드 기하학[28]의 가능성을 암시합니다. 그는 "만약 두 직선이 한 점에서 만난다면, 그들은 반드시 다른 점에서도 만날 것이다"라는 명제를 연구했는데, 이는 후대 비유클리드 기하학 발전의 씨앗이 되었습니다.

이처럼 이슬람 수학은 고대의 유산을 비판적으로 수용하고 발전시키는 한편 독창적인 이론을 창출하는데, 이는 수학의 발전에도 의미가 있지만 또한 천문학, 역학, 광학 등 다른 과학 분야의 토대가 됩니다. 예를 들어, 대수학과 삼각함수의 발전은 천문학에서 더 정교하게 계산하는 데 필수적이고, 기하학의 발전은 광학 연구에 중요한 도구를 제공합니다. 또 르네상스 이후 유럽의 수학자들은 이슬람 수학의 성과를 흡수하는 것으로부터 연구를 시작하게 되죠. 이 시기 이슬람 수학의 역사를 찬찬히 살펴보면, 이들이 없었으면 현대 수학의 역사가 수백 년 더 늦춰졌을 것이고 서유럽의 과학혁명도 그리 쉽지 않았으리라 상상하게 됩니다. 현대의 수학 공부도 조금은 쉬워졌을지 모르지만요.

---

28. 비유클리드 기하학은 유클리드의 다섯 번째 공준(평행선 공준)을 부정하거나 수정하여 만들어진 기하학 체계를 말하는데, 19세기에 발전한 이 기하학은 곡면이나 비평면 공간에서의 기하학적 성질을 다룬다. 주요 유형으로는 쌍곡 기하학(평행선이 무한히 많은 경우)과 타원 기하학(평행선이 존재하지 않는 경우)이 있다. 아인슈타인의 일반상대성이론에서 중요하게 활용되며, 현대 물리학과 우주론의 기초가 되었다.

4. 이슬람의 천문학

중세 이슬람 문명에서는 천문학 분야도 눈부신 발전을 이루었습니다. 이는 '지혜의 집'을 통해 수용된 그리스 천문학, 특히 프톨레마이오스의 천문학 체계가 이슬람 천문학자들에 의해 발전된 결과였습니다. 앞서 말했듯이 프톨레마이오스의 『알마게스트』는 2세기경에 쓰인 것으로, 지구중심설에 입각한 천체 운동 체계를 종합적으로 정리한 책이었죠. 이 책은 9세기경 '지혜의 집'에서 아랍어로 번역되었고, 이슬람 천문학자들은 이를 토대로 천체 관측과 이론적 연구를 진행합니다.

이슬람 학자들은 특히 관측천문학 분야에서 큰 업적을 남겼습니다. 그들은 천체 관측을 위한 다양한 기기를 발명하고 개선했을 뿐만 아니라, 정밀한 관측 기록을 남기고 새로운 천문 현상을 발견합니다.

관측 기기 면에서, 아스트롤라베[29]의 개량과 새로운 기기의 발명이 두드러집니다. 알 바타니(Al-Battani)는 아스트롤라베를 개선하여 더 정확한 관측이 가능하게 했는데, 특히 천체의 고도와 방위각을 측정하는 데 있어 정밀도를 높였습니다. 그는 또한 아스트롤라베와 함께 사용할 수 있는 새로운 삼각함수표를 개발하여 계산의 정확성을 향상시켰습니다. 그리고 알 하이삼은 카메라 옵스쿠라[30]의 원리를 이용해 일

29. 아스트롤라베(Astrolabe): 고대부터 근대 초기까지 사용된 천문 관측 및 항해 장비. 평면 원반 형태로 천체의 위치를 측정하고 시간을 계산하는 데 사용되었다. 천구의 2차원 투영을 나타내며, 위도, 시간, 항성의 위치 등을 결정할 수 있었다. 이슬람 문명에서 특히 정교하게 발전되어 천문학, 점성술과 기도 시간 결정과 같은 종교적 목적으로 널리 활용되었다.

30. 카메라 옵스쿠라(Camera Obscura): 라틴어로 '어두운 방'을 의미하는 광학 장치.

식을 관측했고, 이븐 유누스(Ibn Yunus)는 더 정확한 시간 측정을 위해 진자시계를 사용했습니다. 또한 나시르 앗 딘 앗 투시(Nasir ad-Din ad-Tusi)가 주도한 마라가 천문대의 건설은 대규모 관측 시설의 시초가 되었습니다.

관측 기록 면에서도 중요한 성과가 있었습니다. 알 수피(Al-Sufi)는 『항성도』에서 안드로메다은하를 최초로 기록했으며, 이븐 알 샤티르(Ibn al-Shatir)는 달의 운동에 대한 정밀한 관측을 통해 새로운 모델을 제시했습니다. 울룩 벡(Ulugh Beg)은 사마르칸트 천문대에서 수행한 관측을 바탕으로 당시 가장 정확한 항성 목록을 작성했습니다.

이론적 연구 면에서는 프톨레마이오스 체계의 한계를 극복하려는 노력이 이어졌습니다. 이슬람 천문학자들은 관측 결과와 프톨레마이오스 이론 사이의 불일치를 해소하기 위해 새로운 이론적 모델을 제시했습니다. 특히 나시르 앗 딘 앗 투시와 이븐 알 샤티르 등은 프톨레마이오스의 주전원 이론을 수정한 모델을 통해 행성 운동을 더 정확히 예측하고자 했습니다. 물론 지구중심설을 유지한 상태로는 근본적 한계를 극복할 수 없었죠. 마치 둥근 지구의 세계지도를 그리면 어떻게 해도 왜곡이 생기는 것처럼 말이죠.

어쨌든 이런 노력의 결실로 이슬람 천문학자들은 다수의 중요한 천문학 저작을 남겼고 이후 유럽에서 큰 영향을 발휘합니다. 알 바타니

작은 구멍을 통해 빛이 들어오는 어두운 상자로, 외부의 이미지를 뒤집힌 형태로 투사한다. 고대부터 알려진 이 원리는 이슬람 과학자 알 하이삼에 의해 체계적으로 연구되었으며, 후에 르네상스 시대 화가들의 원근법 연구와 현대 사진기의 발명에 큰 영향을 끼쳤다. 천문학에서는 태양 관측 등에 활용되었다.

의 『사비안 천문학 서론』, 알 비루니의 『인도 지역 연구』, 울룩 벡의 『울룩 벡 성표』 등이 대표적입니다. 이들 저작에는 당시까지의 천문학적 지식이 집대성되어 있으며, 새로운 관측 결과와 이론적 개선 시도가 담겨 있습니다.

이처럼 이슬람 천문학은 그리스 천문학을 비판적으로 수용하면서도 관측과 이론 양 측면에서 독자적인 발전을 이룹니다. 이들의 천체 운동에 대한 정밀한 관측과 수학적 분석은 중세는 물론 근대 초기 유럽 천문학에까지 큰 영향을 주죠.

5. 이슬람의 역학

중세 이슬람 세계는 아리스토텔레스의 역학 이론을 비판적으로 수용하면서, 관찰과 논리적 추론을 통해 새로운 역학 이론을 발전시켜 나갑니다. 이 과정에서 이븐 시나, 이븐 바자 등의 역할이 컸습니다.

아리스토텔레스의 역학 이론은 자연물의 운동을 '자연적 운동'과 '강제적 운동'으로 구분하고, 물체의 운동이 '목적인'에 의해 이루어진다고 보았습니다. 이슬람 학자들은 이런 아리스토텔레스의 이론을 검토하면서, 그 한계를 지적하고 새로운 이론을 모색합니다. 라틴어로 '아비켄나'(Avicenna)라 불리는 11세기의 이븐 시나(Ibn Sina)는 아리스토텔레스 역학을 비판적으로 계승하면서 발전시킵니다. 아리스토텔레스는 물체가 '자연적 장소'를 향해 움직인다고 주장했는데, 이븐 시나는 이 설명이 불충분하다고 봅니다. 특히 그는 투사체의 운동을 설명하는 데 있어 아리스토텔레스 이론의 한계를 지적합니다.

아리스토텔레스는 투사체가 계속 움직이는 이유를 주변 공기의 작용으로 설명했지만, 이븐 시나는 이러한 설명이 논리적으로 모순된다고 봅니다. 먼저, 아리스토텔레스의 이론에서 공기는 투사체를 앞으로 밀어주는 동시에 저항하는 역할을 하는데, 이븐 시나는 같은 매질이 이렇게 상반된 작용을 동시에 한다는 것이 모순된다고 봅니다. 또한, 아리스토텔레스의 이론대로라면 투사체의 속도가 급격히 감소해야 하는데, 실제 관찰에서는 그렇지 않다는 점도 지적합니다. 진공에서의 운동이 불가능하다는 아리스토텔레스의 주장 역시 이븐 시나에게는 논리적으로 문제가 있어 보였습니다.

더불어 아리스토텔레스는 물체가 운동하는 동안 계속해서 힘을 받아야 한다고 주장했지만, 이븐 시나는 투사체의 경우 초기에 가해진 힘 이후에는 추가적인 힘 없이도 운동이 지속된다는 점을 들어 이를 반박합니다. 마지막으로, 실제 관찰된 투사체의 운동이 아리스토텔레스의 이론에서 예측한 것과 다르게 나타난다는 점도 이븐 시나가 그 이론을 의심하게 된 중요한 이유입니다. 이러한 여러 가지 논리적 모순점들로 인해 이븐 시나는 아리스토텔레스의 설명이 현실을 제대로 반영하지 못한다고 판단하게 되고, 이는 그가 새로운 '마일' 개념을 제안하게 된 동기가 됩니다.

'마일'(mayle, mile)은 원래 아랍어로 '경향' 또는 '성향'을 의미하는 말로, 오늘날 전 세계가 미터법을 쓰는 가운데 미국 등 일부 국가만 고집하며 쓰는 마일과는 완전히 다른 뜻이었습니다. 이븐 시나는 이를 통해 물체의 운동을 새롭게 설명합니다. '마일' 개념에 따르면, 물체에 힘이 가해질 때 그 힘은 일시적으로 물체 내에 저장되어 운동 성향으로 남게 됩니다. 이 운동 성향은 물체가 계속 움직이도록 하는 원인이 되며, 공기 저항이나 마찰 같은 외부 저항에 의해 점차 소멸됩니다. 이는 물체가 왜 힘을 가한 후에도 계속 움직이는지, 그리고 왜 결국 멈추는지에 대해 아리스토텔레스보다 더 현실적인 설명을 제공하며, 후대의 임페투스 이론과 근대 역학의 발전에 중요한 바탕이 됩니다. 또한 이븐 시나는 관성의 개념에 접근하여, 물체의 운동이 외력에 의해 방해받지 않는 한 지속된다는 통찰을 보여주기도 합니다. 그는 "만약 우리가 진공 상태에서 물체를 움직인다면, 그 물체는 계속해서 움직일 것"이라고 주장하는데, 이는 뉴턴의 제1운동법칙과 아주 유사하죠.

라틴어로 ‘아벰파세’(Avempace)로 불리는 12세기의 이븐 바자(Ibn Bajjah)는 이븐 시나의 역학 이론을 더욱 발전시킵니다. 그는 특히 이븐 시나의 ‘마일’ 개념을 확장하여 진공에서의 운동을 설명하려 하는데, 이는 아리스토텔레스 물리학의 한계를 극복하려는 중요한 시도입니다. 아리스토텔레스는 진공에서의 운동이 불가능하다고 주장했습니다. 그의 이론에 따르면, 물체의 운동은 공기나 물 같은 주변 매질의 저항과 관련이 있으며, 진공에서는 이러한 저항이 없기 때문에 운동이 불가능합니다. 또한 아리스토텔레스는 진공이 가능하다면 그 속에서는 물체가 무한한 속도로 움직일 텐데, 이런 일은 그가 생각하기에 불가능한 일이었습니다.

이에 대해 이븐 바자는 새로운 관점을 제시합니다. 그는 이븐 시나의 ‘마일’ 개념을 바탕으로, 물체의 운동이 외부 매질의 저항과 관계없이 일어날 수 있다고 주장합니다. 이븐 바자에 따르면, 물체에 부여된 ‘마일’(운동 성향)은 진공에서도 유지될 수 있으며, 따라서 진공에서의 운동이 가능하다고 여깁니다. 더 나아가 이븐 바자는 진공에서의 운동이 무한한 속도로 일어나지 않을 것이라고 주장합니다. 물체의 질량과 그에 부여된 ‘마일’의 크기가 물체의 속도를 결정한다고 보았기 때문이죠. 이는 현대 물리학의 관점에서 볼 때 상당히 진보된 생각입니다. 이븐 바자의 이러한 주장은 아리스토텔레스 물리학의 기본 가정을 흔드는 것이었습니다. 그의 이론은 운동을 설명하는 데 있어 외부 환경(매질)의 역할을 줄이고, 대신 물체 자체의 특성(질량과 ‘마일’)에 더 큰 중요성을 부여합니다. 이런 아이디어는 중세 후기 유럽 학자들에게 전해져 임페투스 이론의 발전에 영향을 미칩니다.

이븐 바자는 또 물체의 낙하 운동에 대해 깊이 연구하여, 운동의 속도와 시간, 거리 사이의 관계를 수학적으로 분석합니다. 그는 낙하하는 물체의 속도가 시간에 따라 변한다는 점을 명확히 하는데, 이는 아리스토텔레스의 일정 속도 낙하 이론과 대비되는 중요한 관찰입니다. 이븐 바자는 비록 정확한 수학적 공식을 도출하지는 못했지만, 낙하 거리가 시간의 제곱에 비례한다는 점을 암시하는 분석을 시도합니다. 또 낙하 운동에서 평균 속도의 개념을 도입하려 하고, 속도와 시간의 관계를 기하학적으로 표현합니다.

이븐 바자의 이러한 연구는 수학적, 기하학적 분석을 통해 운동의 본질을 이해하려 했다는 점에서 당시로서는 매우 선진적인 것이었습니다. 특히 약 400년 후 갈릴레오가 수행한 낙하 운동 연구와 여러 면에서 유사성을 보입니다. 이븐 시나와 이븐 바자의 저작들은 라틴어로 번역되어 중세 유럽의 여러 학문 중심지에서 연구되었고, 이후 유럽의 역학 발전에 큰 영향을 끼칩니다.

6. 이슬람의 광학

고대 그리스에서는 빛과 시각에 대한 다양한 이론이 제기되었습니다. 원자론자는 물체에서 영상이 방출되어 눈으로 들어온다고 보았고, 플라톤은 눈에서 나온 시각의 불꽃이 물체에서 나온 불꽃과 만나 시각이 이루어진다고 주장합니다. 눈에서 불꽃이 튄다는 얘기죠. 한편 아리스토텔레스는 물체와 눈 사이 매질의 역할을 강조하면서, 빛이 물체의 색을 드러나게 한다고 봅니다. 이후 헬레니즘 시대의 유클리드와 프톨레마이오스 등은 기하 광학의 기초를 세웁니다. 유클리드는 『광학』에서 빛의 직진성을 전제로 하여 광학 현상을 기하학적으로 분석하고, 프톨레마이오스는 『광학』에서 빛의 반사와 굴절 법칙을 다룹니다. 이들의 연구는 중세 이슬람 광학의 출발점이 됩니다.

중세 이슬람 세계에서는 고대 그리스와 헬레니즘 시기의 광학 이론을 발전시켜 나갑니다. 9세기의 알 킨디(Al-Kindi)는 유클리드와 프톨레마이오스의 광학 저작을 아랍어로 번역하고 주석을 달며, 이는 후대 이슬람 학자들의 광학 연구에 중요한 토대가 됩니다. 특히 11세기의 이븐 알 하이삼은 광학 분야에서 획기적인 업적을 남깁니다. 그는 고대 그리스의 시각 이론을 비판하고, 눈으로 들어오는 빛이 시각을 일으킨다는 '광선유입설'(Intromission Theory)을 체계화합니다. 이 광선유입설은 당시 널리 퍼져있던 기존의 시각 이론들을 뒤집는 혁신적인 개념이었습니다.

고대 그리스의 플라톤과 유클리드가 주장한 '방출설'은 눈에서 광선이 나와 물체에 닿아 시각이 형성된다고 봅니다. 반면 아리스토텔레스는 물체의 '형상'이 매질을 통해 눈으로 전달된다고 주장합니다. 알 하이삼은 이러한 기존 이론들의 문제점을 지적하고, 물체에서 반사된 빛이 눈으로 들어와 시각을 일으킨다는 새로운 이론을 제시합니다. 그는 여러 가지 관찰과 논리적 추론을 통해 자신의 이론을 뒷받침합니다.

첫째, 그는 밝은 빛을 직접 볼 때 눈이 아프다는 점에 주목합니다. 만약 눈에서 광선이 나온다는 방출설이 옳다면, 밝은 빛을 볼 때 눈의 고통을 설명하기 어렵다고 주장합니다. 오히려 이는 강한 빛이 눈으로 들어와 자극을 일으키기 때문이라고 설명합니다. 둘째, 알 하이삼은 매우 밝은 물체를 본 후에 잔상이 남는 현상을 관찰합니다. 이 현상 역시 물체에서 나온 강한 빛이 눈에 일시적인 영향을 미쳤기 때문이라고 해석합니다. 이는 빛이 눈으로 들어온다는 그의 이론을 지지하는 증거입니다. 또한, 그는 어두운 방에서 갑자기 밝은 빛에 노출되면 일시적으로 시각이 마비되는 현상도 연구합니다. 이 현상 역시 외부의 빛이 눈에 들어와 영향을 준다는 그의 이론으로 잘 설명될 수 있습니다.

더불어 알 하이삼은 색상 인식에 대해서도 연구합니다. 그는 물체의 색이 빛의 반사에 의해 결정된다고 주장하며, 이는 물체에서 반사된 빛이 눈으로 들어온다는 그의 이론과 일치합니다. 이러한 다양한 관찰과 논리적 추론을 통해 알 하이삼은 광선유입설의 타당성을 입증하였고, 이는 후대 광학 연구의 기초가 됩니다. 또한 그는 카메라 옵스쿠라 실험을 통해 빛이 직진한다는 사실을 증명하였고, 이를 시각 형성 과정과 연결합니다.

알 하이삼의 광선유입설은 빛과 시각에 대한 이해를 근본적으로 변화시켰습니다. 이 이론은 빛을 독립적인 물리적 실체로 보고, 눈을 빛을 수용하는 정교한 광학 기관으로 인식하게 합니다. 이는 현대 광학의 기초가 되었으며, 이후 렌즈와 망원경 발명 등 광학 기술 발전의 토대가 됩니다. 알 하이삼은 이런 연구결과를 그의 책 『광학 서설』(*Kitāb al-Manāẓir*)에 종합적으로 정리합니다. 『광학 서설』은 13세기에 라틴어로 번역되어 유럽에 전해졌고, 로저 베이컨, 비텔로, 케플러 등 르네상스 시대의 과학자들에게 큰 영향을 미칩니다. 당시에는 『광학 서설』이 일종의 교과서였다고 봐도 과언이 아닐 겁니다. 또 이 책은 원근법 연구에도 영향을 주어 르네상스 미술의 발전에도 중요한 역할을 합니다.

7. 이슬람의 의학

이슬람 문명은 의학 분야에서도 괄목할 만한 성과를 이루는데, 다른 분야와 마찬가지로 그리스와 인도, 페르시아, 중국 등 다양한 지역의 영향을 받습니다. 그중 그리스 의학의 영향은 이슬람 의학의 이론적 기반을 형성합니다. 예를 들어, 히포크라테스의 4체액설은 이슬람 의학에서도 중요한 이론적 틀로 받아들여집니다. 갈레노스의 해부학과 생리학 이론은 이슬람 의사들의 기본 교육과정이 되고, 이를 바탕으로 그들은 자신들의 독자적인 관찰과 실험을 통해 의학을 발전시킵니다. 또한 알렉산드리아를 중심으로 한 헬레니즘 시대의 의학 전통도 이슬람 의학에 큰 영향을 미칩니다. 특히 알렉산드리아 의학 학교의 체계적인 의학 교육 방식과 임상 경험을 중시하는 접근법은 이슬람 의학 교육의 모델이 됩니다.

또한 인도의 아유르베다 의학도 이슬람 의학에 상당한 영향을 미칩니다. 8세기에 인도의 의학서 『수슈루타 상히타』(Sushruta Samhita)와 『차라카 상히타』(Charaka Samhita)가 아랍어로 번역됩니다. 이를 통해 이슬람 의학자들은 인도의 수술 기술, 약초 지식, 그리고 요가와 같은 대체 요법을 접합니다. 특히 안과 분야에서 인도의 영향이 두드러집니다. 인도에서 발달한 백내장 수술 기법이 이슬람 세계로 전해져 더욱 발전됩니다. 10세기의 이슬람 의사 암마르 알 마우실리(Ammar al-Mawsili)는 주사기와 유사한 중공 바늘을 이용한 백내장 흡입 수술 기법을 개발하는데, 이는 인도의 전통적인 백내장 수술 방법을 개선한 것입니다.

페르시아의 의학 전통도 이슬람 의학에 영향을 미칩니다. 특히 사산 왕조 시기의 준디샤푸르(Gundeshapur) 의과대학은 그리스, 시리아, 페르시아, 인도의 의학 지식이 융합된 중요한 의학 센터였습니다. 이슬람 제국이 이 지역을 정복한 후, 준디샤푸르의 의학 전통은 이슬람 의학의 중요한 토대가 됩니다. 예를 들어, 준디샤푸르 출신의 의사 가문인 부흐티슈(Bukhtishu) 가문은 아바스 칼리프들의 궁정 의사로 활동하며 이슬람 의학 발전에 크게 기여합니다. 또한 페르시아의 약학 전통은 이슬람 세계의 약학 발전에 중요한 영향을 미칩니다.

비록 그리스, 인도, 페르시아만큼 광범위하지는 않았지만, 중국 의학의 영향도 있습니다.[31] 특히 침술과 맥진법 같은 중국 의학의 특징적인 요소들이 이슬람 의학에 일부 도입됩니다. 10세기의 의학자 마주시 알리 이븐 알 아바스(Ali ibn al-Abbas al-Majusi)는 그의 저서 『완전의학전서』(*Kitab Kamil as-Sina'a at-Tibbiyya*)에서 중국의 맥진법을 소개하기도 합니다.

다양한 의학 지식의 융합과 발전으로 이슬람 의학은 중세 시대 가장 선진적인 의학 체계가 됩니다. 9세기의 알 라지(Al-Razi)는 임상 의학의 선구자로 평가됩니다. 그의 저서 『의학의 비밀』은 중세 유럽에서도 널리 읽힙니다. 알 라지는 특히 천연두와 홍역을 구별한 최초의 의학자로 알려져 있습니다. 그의 저서 『천연두와 홍역에 관하여』는 이 두 질병의 증상을 상세히 기술하고 있으며, 현대 의학의 관점에서도 매우 정확한 것으로 평가받습니다.

---

31. 일부 연구자들은 이에 동의하지 않지만, 나는 생각보다 중국 의학의 영향이 크다고 본다.

11세기의 이븐 시나는 이슬람 의학의 황금기를 대표하는 인물입니다. 그의 대작 『의학정전』(*Canon of Medicine*)은 전 5권으로 구성된 방대한 의학 백과사전으로, 수세기 동안 이슬람과 유럽에서 의학 교육의 기본 텍스트로 사용됩니다. 이 책은 해부학, 생리학, 병리학, 약학, 위생학 등 의학의 거의 모든 분야를 다루고 있습니다. 특히 주목할 점은 이븐 시나가 질병의 전염성을 인식하고, 결핵의 전염성을 처음으로 기술했다는 것입니다. 그는 또한 정신 질환을 신체적 질병과 동등하게 취급하여 치료해야 한다고 주장하는데, 이는 당시로서는 매우 혁신적인 견해였습니다.

12세기의 이븐 주흐르(Ibn Zuhr, 라틴어명 Avenzoar)는 실험 의학의 선구자로 평가받습니다. 그는 동물 실험을 통해 기관절개술의 안전성을 입증했고, 이는 후대 의학 발전에 큰 영향을 미칩니다. 이븐 주흐르는 또한 해부학적 지식을 바탕으로 한 정확한 진단을 강조했으며, 특히 식도암과 위암의 증상을 상세히 기술합니다. 그의 저서 『치료의 서』(*Kitab al-Taysir*)는 당시 알려진 질병들과 그 치료법을 체계적으로 정리한 것으로, 중세 의학의 중요한 참고서가 됩니다.

외과 분야에서는 10세기의 알 자흐라위(Al-Zahrawi)가 중요한 업적을 남깁니다. 그의 저서 『의술』(*Al-Tasrif*)은 전 30권으로 구성된 의학 백과사전으로, 특히 외과학에 대한 상세한 기술로 유명합니다. 그는 200개 이상의 외과 도구를 고안하고 그 사용법을 설명하는데, 이것들은 중세와 르네상스 시대 유럽 의학에 큰 영향을 미칩니다. 알 자흐라위는 특히 복강 수술과 산과 수술 분야에서 혁신적인 기술을 개발합니다. 예를 들어, 그는 제왕절개술을 상세히 기술했으며, 난산 시 태아를 추출하는 특수한 도구를 고안합니다. 또한 그는 상처 봉합에 동물의 장을 이용한 흡수성 실을 사용하는데, 이는 현대 의학에서도 여전히 사용되는 기술입니다.

이슬람 의학의 또 다른 특징은 병원 시스템의 발전입니다. 바그다드, 다마스쿠스, 카이로 등 주요 도시에는 대규모 병원이 설립되었고, 이곳에서 체계적인 의학 교육과 연구가 이루어집니다. 특히 주목할 만한 것은 9세기 바그다드에 설립된 아두드 병원입니다. 이 병원은 여러 전문 부서를 갖추고 있었으며, 환자들의 병력을 상세히 기록하는 시스템도 갖추고 있었습니다. 또한 이 병원에서는 정기적으로 의사들의 능력을 평가하는 시험을 실시하는데, 이는 현대의 의사면허 제도의 선구라고 할 수 있습니다. 이러한 병원 시스템은 후대 유럽의 의료체계 발전에도 큰 영향을 미칩니다.

이슬람 의학은 약학 분야에서도 중요한 발전을 이룹니다. 8세기의 자비르 이븐 하이얀(Jabir ibn Hayyan)은 증류, 결정화, 용해, 승화 등의 화학적 기술을 개발하여 새로운 약물 제조 방법을 확립합니다. 또한 11세기의 이븐 알 바이타르(Ibn al-Baitar)는 『약용식물 사전』을 저술하여 1,400여 종의 약용식물과 300여 종의 광물성 약물을 체계적으로 정리합니다.

이슬람 의학의 영향력은 르네상스 시대를 넘어 근대 초 유럽에까지 영향을 미칩니다. 예를 들어 윌리엄 하비(William Harvey, 1578~1657)의 혈액순환 이론은 이븐 알 나피스(Ibn al-Nafis)가 이미 13세기에 발견한 폐순환 개념에 기반을 둡니다. 또 파라켈수스(Paracelsus, 1493~1541)로 대표되는 의화학(iatrochemistry) 운동은 이슬람 의학의 화학적 접근방식에서 많은 영향을 받습니다. 특히 알 라지의 화학적 약물 제조 방법은 파라켈수스의 연구에 직접적인 영향을 미칩니다.

약학 분야에서는 이슬람 의학의 영향이 특히 두드러집니다. 유럽의 약전(藥典)들은 19세기까지도 이븐 시나와 이븐 알 바이타르의 저작을 참고하여 편찬됩니다. 특히 식물성 약재에 대한 이슬람 의학의 광범위한 지식은 유럽 약학 발전에 크게 기여합니다.

이렇듯 이슬람의 과학을 살펴보며 드는 생각은 이슬람이 없었다면 지금의 유럽이 있었을까 하는 겁니다. 르네상스와 과학혁명 시기의 유럽은 이슬람에게 아주 큰 감사의 인사를 해야 합니다. 실제로는 전혀 그렇지 않았지만 말입니다.

6장

아리스토텔레스의 복권에서 균열까지

1. 유럽의 중세

이제 우리는 다시 유럽으로 시선을 돌립니다. 12세기에 일어난 변화를 제대로 이해하기 위해서는 그 이전 중세 유럽의 흐름을 간략히 살펴볼 필요가 있습니다. 중세 유럽은 흔히 '암흑기'로 불리지만 후대 유럽 문명의 변화를 준비한 시기이기도 합니다. 이 시기의 변화를 보려면 세 가지 주요한 측면을 살펴볼 필요가 있습니다. 농업 기술의 발전과 도시의 성장, 십자군 전쟁의 영향, 상업의 발달입니다.

첫째, 농업 기술의 발전과 도시의 성장은 중세 사회 구조에 변화를 가져왔습니다. 8세기부터 시작된 이 변화는 11세기에 들어 더욱 가속화됩니다. 새로운 농기구의 도입, 삼포제의 도입 및 확산, 그리고 기후 조건의 개선 등이 복합적으로 작용하면서 농업 생산력이 높아집니다. 특히 무거운 쟁기와 말의 이용이 보편화되면서 농업 생산성이 증가합니다. 농업 생산력의 향상은 인구 증가로 이어졌고, 이는 다시 새로운 정착지의 개발을 촉진했습니다. 숲이 개간되고 습지가 간척되면서 경

작지가 늘어납니다. 이러한 변화는 도시의 성장으로도 이어집니다. 농업 생산력 향상으로 잉여 생산물이 늘어나면서 이를 거래할 수 있는 장소가 필요해졌고, 이는 도시의 발달을 촉진합니다.

이에 의해 중세 봉건 질서에 변화가 일어납니다. 토지에 기초한 자급자족 위주의 봉건 경제에 균열이 생기고 상업과 화폐에 기초한 새로운 경제 활동이 서서히 나타나죠. 그러나 이러한 변화가 곧바로 봉건 질서 붕괴로 이어진 것은 아닙니다. 여전히 대다수는 농촌에 거주했으며, 봉건 영주의 영향력은 여전히 강력했습니다. 이러한 농업 기술의 발전과 도시의 성장은 이후의 변화를 위한 기반을 마련했지만, 그 자체로 중세 사회의 근본적인 구조를 뒤흔들지는 못했습니다.

둘째, 또 다른 변화의 계기로 십자군 전쟁이 있었습니다. 십자군 전쟁은 무엇보다 유럽인들의 세계관을 넓히는 중요한 계기로 작용합니다. 1096년 시작된 제1차 십자군을 시작으로, 이 운동은 약 200년 동안 지속됩니다. 십자군 전쟁의 표면적인 목적은 성지 탈환이었지만, 영향은 훨씬 더 광범위했습니다. 십자군 전쟁을 통해 유럽인들은 이슬람 세계와 비잔틴제국의 발달한 문화를 접하게 되었습니다. 이는 유럽인들에게 충격과 동시에 자극이 되었습니다. 이슬람 세계의 과학, 수학, 의학 분야의 발전된 지식들이 유럽에 유입되기 시작했고, 후대 유럽의 학문 발전에 중요한 영향을 미쳤습니다. 또한 십자군 전쟁은 동방 무역의 활성화를 가져옵니다. 특히 이탈리아의 해안 도시들이 크게 성장합니다. 베네치아, 제노바, 피사 등의 도시는 십자군 원정을 위한 선박과 물자를 공급하면서 경제적 이익을 얻었고, 이를 바탕으로 동방과의 무역을 확대해 나갑니다.

그러나 십자군 전쟁의 영향을 모두 긍정적으로만 볼 수는 없습니다. 이 전쟁은 막대한 인명 피해와 물적 손실을 가져왔고, 동서 문명 간의 갈등을 심화시키기도 했습니다. 또한 유대인에 대한 박해가 심해지는 등 종교적 불관용이 강화되는 부작용도 있었습니다.

이런 과정에서 상업의 발달은 중세 후기 유럽 사회의 변화를 이끄는 중요한 동력이 되었습니다. 11세기부터 시작된 상업 활동의 증가는 12세기에 들어 더욱 가속화됩니다. 앞서 언급한 농업 생산성의 향상과 도시의 성장, 그리고 십자군 전쟁의 영향이 복합적으로 작용한 결과였습니다. 특히 지중해를 중심으로 한 장거리 무역이 크게 발달합니다. 이탈리아의 도시들, 특히 베네치아와 제노바가 이 무역의 중심지로 부상했습니다. 이들은 동방에서 향신료, 비단, 보석 등의 사치품을 들여와 유럽 전역에 판매하며 막대한 부를 축적했습니다. 북유럽에서는 한자동맹(Hansa League)[32]이 결성되어 북해와 발트해 연안의 무역을 장악합니다.

이러한 상업의 발달은 화폐 경제의 확산으로 이어졌습니다. 물물교환 중심의 경제에서 화폐를 매개로 한 경제로의 전환이 이루어진 것입니다. 이에 따라 새로운 금융 기법들이 발달하기 시작했습니다. 예를 들어, 어음과 환전 등의 기법이 등장했고, 후에는 은행업의 발달로 이어졌습니다. 상업의 발달은 또한 새로운 사회계층인 부르주아의 성장

32. 한자동맹은 중세 후기부터 근대 초기까지 북유럽과 발트해 연안의 상업 도시들이 형성한 무역 연합체로, 13세기 중반에 결성하여 17세기까지 지속되었다. 뤼벡을 중심으로 함부르크, 브레멘 등 북독일의 도시들과 스칸디나비아, 영국, 네덜란드, 발트해 연안의 도시들이 이 동맹에 포함되었다. '한자'는 원래 중세 독일 도시들에서 활동하던 상인조합을 가리키는 말이다.

을 가져왔습니다. 상인들은 부를 축적하면서 점차 도시 내에서 정치적 영향력을 확대해 나갑니다. 이들은 봉건 영주로부터 자치권을 획득하기 위해 노력했고, 많은 도시에서 성공을 거두죠. 물론 이러한 변화가 전 유럽에 균일하게 일어난 것은 아닙니다. 상업의 발달은 주로 이탈리아와 플랑드르, 라인강 유역 등 특정 지역에 집중되었습니다. 그 외 대다수 유럽인은 여전히 농업에 종사하고 있었고, 봉건적 관계에서 완전히 벗어나지 못했습니다.

이런 변화의 결과로 중세의 황금기라고 불릴 만한 11~12세기 유럽 최초의 대학들이 설립되기 시작합니다. 볼로냐, 파리, 옥스퍼드 등지에 설립된 대학들은 높은 수준의 교육을 제공하며 지식의 체계화와 전파에 중요한 역할을 합니다. 그리고 가장 중요하게는 아리스토텔레스의 저작들이 아랍어 번역을 통해 다시 들어옵니다. 드디어 아리스토텔레스가 돌아왔습니다. 아주 오래 걸렸죠. 푹 쉬셨는지 모르겠습니다. 대학의 역할과 번역에 관한 이야기는 이어지는 글에서 집중적으로 살펴보기로 하죠.

2. 번역 르네상스

12세기를 전후로 유럽에서는 이슬람 세계를 통해 전해진 고대 그리스와 헬레니즘 시기 저작들의 번역이 활발하게 이루어집니다. 역사학자 중 어떤 이들은 이를 '번역 르네상스'라고 부르기도 하죠. 최초의 번역 활동은 이슬람 문화와의 접촉이 활발했던 이탈리아 남부의 살레르노와 시칠리아에서 11세기 후반부터 시작되었습니다. 살레르노에서는 의학 서적들이, 시칠리아에서는 수학과 천문학 저작들이 라틴어로 번역되었습니다.

그 뒤 번역 활동의 중심은 점차 스페인 지역으로 이동했습니다. 이탈리아의 번역 활동이 줄어든 건 아니고 그만큼 스페인의 번역 활동이 훨씬 활발해진 것이죠. 물론 아직은 스페인 왕국이 성립하기 전이지만요. 특히 12세기 중반에 와서는 톨레도가 유럽의 주요 번역 중심지가 되었는데, 톨레도 대주교 라이문도의 후원 아래 다수의 번역가들이 모여 '톨레도 번역학파'를 형성했습니다. 이들은 아랍어로 된 그리스 고전, 특히 아리스토텔레스의 저작들을 라틴어로 번역합니다.

번역 과정은 종종 복잡했습니다. 많은 경우, 아랍어 텍스트를 먼저 카스티야어 같은 구어 로망스어로 번역한 후, 이를 다시 라틴어로 옮기는 이중 번역 방식이 사용됩니다. 이 과정에서 유대인 번역가들이 중요한 역할을 합니다. 그들은 아랍인의 스페인 정복 시기에 톨레도에 거주하는 바람에 아랍어, 히브리어, 라틴어 모두에 능통했으며, 그 덕분에 문화적 중재자 역할을 하게 됩니다. 이러한 복잡한 번역 과정은 때로는 오역이나 오해를 낳기도 했지요. 톨레도 번역학파의 대표적인 인물로는 크레모나의 제라르드와 스코틀랜드인 마이클 스콧 등이 있습니다. 또한 유대인 학자 이븐 다우드(Ibn Daud, 라틴어명 Avendauth)와 같은 이들은 아랍어 텍스트의 초기 해석에 중요한 역할을 합니다.

아리스토텔레스 외에도 유클리드의 『원론』, 프톨레마이오스의 『알마게스트』, 갈레노스의 의학서 등이 아랍어 번역본을 통해 라틴어로 옮겨졌습니다. 또한 이븐 시나의 『의학 대전』, 이븐 루시드(Ibn Rushd, 라틴어명 Averroes)의 아리스토텔레스 주석서 등 이슬람 학자들의 저작도 번역되었죠.

이러한 번역 운동은 13세기 이후에도 지속되어 유럽 지성사에 장기적인 영향을 미칩니다. 13세기에는 아리스토텔레스에 대한 관심이 더 높아져 아리스토텔레스 전집의 체계적 번역으로 이어졌고, 이는 토마스 아퀴나스를 비롯한 13세기 스콜라 철학자들의 사상 형성에 결정적 영향을 미쳤습니다. 이렇게 번역된 텍스트들은 유럽 전역으로 빠르게 퍼져나갑니다. 특히 새로 설립된 대학들이 중요한 역할을 하죠. 파리, 옥스퍼드, 볼로냐 등의 대학은 번역된 텍스트를 교육 과정에 도입하고, 이를 바탕으로 한 연구를 장려했습니다. 이 과정에서 새로운 지식이 유럽 전역의 학자들에게 빠르게 전파되었습니다.

14~15세기가 되자 번역의 초점은 점차 그리스어 원전으로 옮겨갑니다. 비잔틴제국의 쇠퇴와 콘스탄티노플 함락 이후, 그리스어에 정통한 학자들이 이탈리아로 이주하면서 그리스 고전에 대한 접근이 쉬워진 것도 한 요인이라 볼 수 있습니다.

과학에서도 번역은 큰 변화를 낳습니다. 의학 분야에서는 이븐 시나의 『의학 대전』이 유럽 의학 교육의 기본 텍스트가 되었으며, 갈레노스의 저작들과 함께 해부학과 생리학 발전의 토대가 됩니다. 천문학에서는 프톨레마이오스의 『알마게스트』가 유럽의 천문학 연구를 크게 진전시켰고, 후에 코페르니쿠스의 지동설이 나오기까지 교과서 역할을 합니다. 수학 분야에서는 유클리드의 『원론』이 기하학의 기초가 되었으며, 아랍 수학의 영향으로 대수학이 발전하죠. 철학에서는 아리스토텔레스의 저작들이 중세 스콜라철학의 근간을 이루고, 이는 신학과 과학의 융합을 시도하는 새로운 사상적 흐름을 만듭니다.

12세기부터 번역 활동이 활발하게 진행된 데는 여러 요인이 복합적으로 작용했습니다. 첫째로는, 십자군 전쟁과 이베리아반도에 대한 재정복운동(Reconquista)을 통해 유럽과 이슬람 문명 간의 접촉이 더욱 많아진 것이 요인으로 작용했습니다. 십자군들은 중동 지역에서 발달한 이슬람 문화를 직접 경험하고, 이베리아반도에서는 기독교 세력이 이슬람 통치 지역을 점진적으로 탈환하죠. 이러한 접촉은 유럽인들에게 있어 이슬람 세계가 보존하고 발전시킨 고대 그리스 지식에 대한 관심이 커지는 계기가 됩니다.

둘째로는, 도시의 성장과 상업 발달도 중요한 요인이 되었습니다. 11~12세기 유럽의 상업 혁명으로 도시가 성장하고 중산층이 형성되면서 상업, 항해, 건축 등에 필요한 실용적 지식에 대한 수요가 크게 늘었습니다. 특히 의학, 수학, 천문학 분야의 아랍어 서적 번역이 절실히 요구되었죠.

셋째로는, 대학의 발달 역시 한 요인입니다. 12세기부터 유럽 각지에 대학이 설립되면서 학문적 탐구가 활발해졌고, 이는 그리스 철학, 특히 아리스토텔레스에 대한 관심으로 이어집니다. 대학 커리큘럼에 번역된 텍스트들이 포함되면서 더 많은 번역 수요가 창출되죠.

넷째로는, 교회와 세속 권력자들의 후원 또한 번역 활동의 촉진제 역할을 합니다. 톨레도 대주교 라이문도와 같은 교회 지도자들, 그리고 여러 세속 군주가 번역 사업을 적극적으로 후원합니다. 이러한 후원은 번역가들에게 재정적 지원뿐만 아니라 사회적 정당성도 제공했습니다.

다섯째이자 마지막으로는, 유럽의 문화적 자신감 회복도 중요한 요인이었습니다. 11~12세기에 걸쳐 유럽 사회가 안정되고 경제적으로 성장하면서 문화적 자신감이 회복되었고, 이는 외부 지식을 적극적으로 수용하고 소화하려는 의지로 이어졌습니다. 이러한 자신감은 그리스-로마 문화에 대한 재발견과 함께 이를 기독교 세계관과 조화시키려는 노력으로 나타났습니다.

번역 르네상스는 고대 지식의 재발견이라는 점에서 문화적 의의가 크지만, 동시에 몇 가지 한계와 문제점도 보여줍니다. 번역 과정에서 발생한 오역이나 오해는 때로 잘못된 해석을 낳았고, 이는 후대의 학문적 논쟁으로 이어지기도 했습니다. 예를 들어, 아리스토텔레스의 일부 개념들은 아랍어를 거쳐 라틴어로 번역되면서 그 의미가 변형되거나 오해되기도 합니다. 대표적인 예로는 아리스토텔레스의 '형이상학'(Metaphysics)이라는 용어 자체가 오해의 산물입니다. 원래 그리스어로 'ta meta ta physika'는 단순히 '자연학 다음에 오는 것들'이라는 의미였으나, 이것이 '물리적인 것을 넘어선 것'으로 해석되면서 현재의 '형이상학' 개념이 형성됩니다.[33] 아리스토텔레스가 봤다면, "아니, 난 이런 제목 단 적이 없는데?"라며 어리둥절했을 겁니다.

또한 이 시기 번역 운동은 동시대 이슬람 세계의 학문적 성과와 비교해볼 때 그 한계가 더욱 뚜렷합니다. 앞서 살펴본 것처럼 12세기 이슬람 세계에서는 이미 그리스 고전에 대한 깊이 있는 연구와 비평, 그리고 이를 바탕으로 한 독창적인 학문적 성과들이 이루어지고 있었습니다. 반면 유럽에서는 아직 이러한 텍스트들을 이해하고 소화하는 초기 단계에 있었다고 볼 수 있습니다.

더불어 이 번역 운동은 유럽 중심주의를 반영하고 있기도 합니다. 서유럽 학자들은 그리스 고전의 '원본'을 추구하면서, 그동안 이슬람 문명이 그리스 유산을 보존하고 발전시켰다는 사실을 간과하는 경향이 있었습니다. 그들은 종종 이슬람 학자들의 주석과 해석을 건너뛰고 '순수한' 그리스 사상을 찾으려 했죠.

이러한 한계에도 불구하고, 12세기 번역 운동은 중세 유럽 지성사의 지평을 크게 확대합니다. 그리스와 이슬람 세계의 지적 유산을 흡수함으로써 유럽의 학문과 사상은 새로운 도약의 기반을 마련했고, 이는 후대 르네상스에 이르는 문화적 토대가 됩니다.

---

33. 또한 이 용어는 아리스토텔레스가 직접 쓴 것이 아니라 기원전 1세기경 아리스토텔레스의 저작을 편집한 로도스의 안드로니코스가 저작을 정리하면서 단순히 '자연학' 다음에 배치된 책들을 지칭하기 위해 사용한 말이다.

3. 대학의 탄생

12세기 무렵 혹은 그 조금 전부터 유럽에서는 대학이 등장하기 시작합니다. 기원은 11세기 후반에서 12세기 초반, 유럽 주요 도시에서 형성된 '학파'(Scholē, School)에서 찾을 수 있죠. 학파는 비슷한 생각이나 방법을 공유하는 학자들의 집단을 말합니다. 대학이 생기기 전 유럽에서는 특정 도시나 장소에 모여든 학자와 학생들의 모임을 '스콜레'라고 불렀습니다. 예를 들어, 12세기 파리에는 노트르담 성당 부설학교 등에서 여러 학자가 가르치고 있었습니다. 피에르 아벨라르(Pierre Abélard, Abaelardus) 같은 학자 주변에 제자들이 모여들어 철학과 신학을 공부했죠. 이런 학파들이 모여 나중에 파리 대학이 됩니다. 볼로냐에서도 비슷한 일이 있었습니다. 이르네리우스(Irnerius)라는 법학자 주변에 로마법을 배우려는 학생들이 모여들었고, 이것이 볼로냐 대학의 기초가 되었죠.

대학이 생긴 데에는 여러 이유가 있었습니다. 12세기 르네상스로 인해 도시가 커지고 상업이 발달하면서 지식에 대한 수요가 늘어났죠. 예를 들어, 베네치아의 상인들은 복잡한 장부 정리를 위해 산술을 배워야 했고, 볼로냐의 행정가들은 로마법 지식이 필요했습니다. 번역 운동도 중요한 역할을 했습니다. 톨레도를 중심으로 이슬람 세계의 책들이 대거 라틴어로 번역되었다는 것은 이미 말한 바 있습니다. 아리스토텔레스의 『자연학』부터 알 하이삼의 『광학의 서』 같은 책들이 유럽 지식인들의 호기심을 자극했죠. 교회와 왕들도 대학을 후원했습니다. 교황 이노켄티우스 3세는 파리 대학에 특별한 권한을 주었고, 프랑스 왕 필리프 2세는 학생들에게 세금 면제 혜택을 주었습니다. 이렇게 해서 대학은 점점 더 중요한 기관이 되어갔죠.

초기 대학들은 각자의 특색이 있었습니다. 볼로냐 대학은 법학으로 유명했는데, 특이하게도 학생들이 주도적으로 운영했습니다. 학생들이 이르네리우스 같은 유명한 법학자를 교수로 고용하고 규칙을 정했죠. 파리 대학은 신학과 철학 연구로 유명했고, 피에르 아벨라르나 토마스 아퀴나스 같은 대학자들이 가르쳤습니다. 옥스퍼드 대학은 '자유학예'(Liberal Arts) 교육을 중시했습니다. 문법에서 천문학까지 폭넓은 과목을 가르쳤는데, 로저 베이컨 같은 학자는 여기서 실험과학의 기초를 닦았죠. 케임브리지 대학도 비슷한 방식으로 가르쳤는데, 나중에 아이작 뉴턴 같은 과학자를 배출하게 됩니다. 이들 대학에서는 토론과 논쟁이 중요했습니다. '디스푸타티오'(Disputatio)라는 공개 토론회가 자주 열렸는데, 여기서 학생들은 논리적 추론 능력을 기를 수 있었죠. 이런 방식이 발전해서 나중에 '스콜라 학풍'이라는 게 생겼습니다.

13세기부터 16세기까지 유럽의 대학은 커다란 성장과 변화를 겪습니다. 먼저 13~14세기에는 대학 수가 크게 늘어납니다. 13세기에 20개, 14세기에 30개의 새 대학이 설립되죠. 영국의 케임브리지(1209년), 이탈리아의 나폴리(1224년), 스페인의 살라망카(1218년) 같은 유명 대학들이 이때 생깁니다. 교황들도 대학 발전에 큰 역할을 했습니다. 교황령에 새 대학을 세우고 기존 대학들에는 특권을 주죠. 1231년 교황 그레고리우스 9세가 파리 대학에 내린 '파렌스 시엔티아룸'(Parens Scientiarum, 학문의 어버이) 칙서는 대학의 자치권을 공식적으로 인정한 중요한 문서였습니다. 이처럼 대학이 중요해지면서 국왕이나 영주들도 대학에 관심을 가졌습니다. 때로는 정치적 목적으로 대학을 이용하기도 했죠. 예를 들어, 프라하 대학(1348년)은 신성로마제국 황제 카를 4세가 자신의 권력 기반을 강화하기 위해 설립했습니다.

수업 내용도 더 체계화되었습니다. 전체 교육과정은 크게 예과와 본과로 나누죠. 예과는 모든 학생이 거치는 기초 과정으로, 주로 자유 학예를 공부합니다. 이는 3학과 4과로 구성되었는데, 3학에서는 문법, 수사학, 논리학을, 4과에서는 산술, 기하, 천문학, 음악을 배웠죠. 지금으로 치면 3학은 문과 과목, 4과는 이과 과목이라 할 수 있겠습니다. 음악이 왜 이과 과목이냐고 의아하실 수 있는데 당시의 음악은 수학적 비율과 조화를 다루는 과목이었기 때문입니다. 피타고라스 이래 유구한 전통이죠. 예과 과정은 보통 6~7년 정도 걸렸고, 이를 마치면 '학사' 학위를 받습니다.

예과를 마친 학생들은 본과에 진학할 수 있습니다. 본과는 크게 신학, 법학, 의학 세 가지 전공으로 나누는데, 신학은 가장 높은 지위를 가진 학문으로 성경 해석과 교회 역사 등을 공부하고, 법학에서는 교회법과 로마법을 중심으로 배웠죠. 의학에서는 고대 의학자들의 저작을 공부하고 나중에는 실제 진료와 해부학도 다루게 됩니다. 대학을 나온 의사는 보통 내과의사(physician)로 귀족이나 부유층을 주로 진료합니다. 외과의사(surgeon)는 대학에서 배우는 것이 아니라 도제식으로 기술을 습득했는데 신분이 더 낮았죠. 본과 과정은 보통 4~8년 정도 걸렸고, 이를 마치면 '석사' 혹은 '박사' 학위를 받습니다.

15~16세기에는 또 다른 변화가 있었습니다. 1450년경 구텐베르크의 인쇄술 발명으로 많은 종류의 책이 보급되고 책 가격도 많이 내려

갑니다. 대학생 수도 크게 늘어나는데, 르네상스와 함께 등장한 인문주의가 대학 교육에 새바람을 불어넣죠. 고전 그리스어와 라틴어, 수사학, 문학 등이 중요해졌습니다. 이탈리아 피렌체의 학자들은 플라톤 아카데미를 세워 그리스 고전을 연구했습니다. 종교개혁도 대학에 큰 영향을 미쳤습니다. 루터가 「95개조 반박문」을 내걸었던 비텐베르크 대학(1502년 설립)은 개신교 교육의 중심지가 되었습니다. 한편 가톨릭 측에서는 예수회를 중심으로 새로운 대학들을 설립하죠.

4. 대학, 아리스토텔레스를 품다

12세기부터 아랍어로 번역된 아리스토텔레스의 책들이 들어오면서 유럽 지성계는 큰 변화를 겪게 됩니다. 특히 대학들부터 먼저 아리스토텔레스 사상을 수업의 중심으로 삼았죠. 그런데 이 과정이 그리 순탄치만은 않았습니다. 갈등이 생긴 데는 여러 이유가 있었습니다. 아리스토텔레스가 들어오면서부터 플라톤적 혹은 신플라톤적 경향이 강한 교부철학과 부딪칩니다. 교부철학의 가르침은 당시 유럽 지성계의 주류를 이루고 있었으니 갈등은 당연한 것이었죠. 또 아리스토텔레스의 사상 중 우주는 끝도 시작도 없이 영원하다는 생각, 기적을 인정하지 않는 모습, 관조자로서의 신 등은 당시 기독교로서는 이단이라 여겨지기에 충분합니다. 당시에는 기적이 너무나도 당연했던 시기니까요. 거기에 수도원 학교는 점차 학문의 주류가 되어가는 대학에 뭐라도 꼬투리를 잡아서 시비를 걸고 싶기도 했을 겁니다.

이런 갈등은 여러 사례로 나타납니다. 교회에서는 1210년과 1215년 두 번에 걸쳐 파리 대학에서 아리스토텔레스 수업을 금지합니다. 1231년에는 교황 그레고리우스 9세가 아리스토텔레스의 책을 검열하라고 명령했죠. 1245년이 되어서야 교황 인노켄티우스 4세가 검열을 조건으로 아리스토텔레스 책으로 수업하는 것을 허락했습니다. 사실 계속 아리스토텔레스 수업을 하는 것을 뒤늦게 인정한 것이지만요. 13세기 중반에는 파리 대학 교수였던 시제르 브라반트가 아리스토텔레스 사상을 너무 많이 받아들였다는 이유로 이단 재판을 받기도 합니다.

하지만 그런다고 해서 아리스토텔레스가 실제로 금지되지는 않았습니다. 대학은 암묵적으로 혹은 공공연히 아리스토텔레스를 읽고 토론하고 강의했죠. 이런 상황에서 아리스토텔레스를 받아들이고 기독교 사상과 조화시키려는 움직임이 없을 수 없죠. 알베르투스 마그누스와 토마스 아퀴나스 같은 학자들이 대표적입니다. 특히 아퀴나스는 신학과 철학의 영역을 구분하고, 믿음과 이성의 조화를 추구했죠. 그의 책 『신학대전』(*Summa Theologica*)은 아리스토텔레스 철학을 기독교 교리와 융합시킨 대표적인 책입니다.

13세기 후반부터는 아리스토텔레스의 책들이 점점 대학 수업의 필수 교재가 되었습니다. 논리학, 자연철학뿐 아니라 형이상학, 윤리학 등 그의 사상 전반을 배우게 됐죠. 14세기가 되면 아리스토텔레스주의는 스콜라철학의 주류로 확실하게 자리 잡습니다.

그런데 왜 대학들은 여러 번의 갈등에도 불구하고 아리스토텔레스를 연구와 수업의 중심으로 삼게 된 걸까요? 우선, 아리스토텔레스의 사상이 논리학, 자연학, 형이상학, 윤리학, 정치학 등 다양한 분야를 모두 다루면서도 서로 잘 연결되어 있다는 점 때문이었습니다. 앞서 아리스토텔레스 장에서는 이 책의 특성상 천문학, 역학 등 자연과학 분야만 다루었지만, 그의 저작을 보면 논리학, 현상학, 정치학, 시학, 윤리학 등 모든 학문 분야가 거의 다 다루어졌고, 또 서로간의 연결이 아주 정치(精緻)하죠. 당시 사람들의 눈에는 완벽에 가깝지 않았을까요? 또 개념을 명확하게 정의하고 논리적으로 설명하고 있기에 쉽게 말해서 강의용 교재로는 그만이었죠. 특히 『논리학』이 그러합니다. 대학교육에 딱 맞았습니다. 이런 이유에다 시간이 지나면서 토마스 아퀴나스 같은 대학자들이 아리스토텔레스 철학과 기독교 신학을 융합한 스콜라철학을 만들고 신학의 주류가 되면서, 신학을 공부할 때도 아리스토텔레스가 필수가 된 점도 중요하게 작용합니다. 대학에서 아리스토텔레스를 배우는 건 신학 연구의 기초를 다지는 일이었죠.

또 하나, 당시 유럽은 커다란 변화의 중심에 있었습니다. 변화는 새로운 지식을 요구하고 아리스토텔레스는 그 요구를 충족합니다. 논리학은 합리적 사고를 기르는 데 도움이 되었고, 자연학은 자연현상을 설명하는 틀을 제공했죠. 정치학과 윤리학은 새로운 사회 상황을 이해하는 데 유용했습니다. 이런 이유로 아리스토텔레스는 중세 대학 교육의 핵심이 됩니다. 특히 파리 대학에서는 논리학, 자연철학, 형이상학, 윤리학 순서로 아리스토텔레스의 주요 저서들을 배우게 했는데, 이 방식이 유럽 전체 대학들로 퍼져나가죠.

대학에서 아리스토텔레스가 수업의 중심이 되면서 중요한 변화가 나타납니다. 먼저, 학문이 더 세속적으로 변합니다. 이전 수도원 학교나 초기 대학에서는 대부분 신학이 중심이자 대부분이었죠. 그러나 아리스토텔레스는 신학뿐 아니라 자연철학, 윤리학, 정치학 같은 세상 돌아가는 이야기도 다루죠. 덕분에 대학 교육이 종교적인 색채에서 벗어나 더 다양한 학문으로 뻗어나갑니다.

이성을 중요하게 여기는 경향이 커집니다. 아리스토텔레스는 사람의 이성적 능력을 강조하고, 논리로 학문을 탐구하는 것을 중요하게 생각했으니까요. 이런 태도 때문에 대학에서도 계시나 권위에 의존하던 방식에서 벗어나 이성적인 논증과 토론이 활발해졌습니다.

철학도 독립했지요. 원래 철학은 '신학의 시녀'라고 불리었는데, 아리스토텔레스가 들어오면서 철학이 독자적인 학문 분야로 자리 잡습니다. 특히 논리학과 형이상학 분야에서 철학이 독립성을 갖게 되죠. 자연을 연구하는 학문도 발달했습니다. 아리스토텔레스의 자연학을 대학에서 연구하고 가르치면서 스스로를 자연철학자라 칭하는 이들이 늘어납니다.

마지막으로, 교육 방식도 바뀝니다. 이전에는 성경과 교부들의 책을 암기하고 반복하는 방식과 강의가 주된 교육 방법이었습니다. 여기에다 글에 대한 주석을 학습하는 것이 추가되었죠. 하지만 이제 책을 같이 읽고 같이 해석하는 강독과 서로 의견을 주고받는 토론, 그리고 논리적 분석과 비판적 사고가 주된 교육 방법이 됩니다.

이상과 같이 아리스토텔레스는 12세기 이후 활발하게 일어난 번역 작업과 대학에서의 연구 및 교육에 힘입어 중세 시대의 주요 사상으로 자리 잡게 됩니다. 오랜 기간 추방되어 이슬람 문화권에서 명맥을 유지하던 사상이 마침내 서유럽에서 복권이 된 것입니다. 하지만 이렇게 부활한 아리스토텔레스의 세계관이 어떻게 흔들리게 된 걸까요? 이제부터 그 과정을 살펴볼 차례입니다.

5. 15세기, 불온한 조짐

대항해시대는 15세기에 들어서면서 시작됩니다. 당시 유럽 상업권의 두 축은 지중해와 북해였지요. 그중 북해와 발트해 그리고 라인강을 아우르는 지역은 영국, 프랑스 등의 서유럽과 북유럽 그리고 동유럽 사이에서 일종의 허브 역할을 합니다. 독일의 해안 도시들을 중심으로 흔히 '한자동맹'이라 부르는 일종의 길드가 만들어지고 마치 도시국가 연합처럼 무력까지 갖춘 것이 14세기 즈음의 일입니다. 하지만 15세기가 되면서 한자동맹의 자치권이 줄어들고 불안한 조짐이 나타나기 시작합니다.

지중해는 전통적인 무역의 중심이었지요. 동로마제국과 이탈리아, 레반트[34]와 이집트 그리고 리비아를 잇는 선은 끊임없는 부의 원천이었습니다. 이탈리아 상인들은 이집트와 레반트 지역을 통해 아라비아해와 홍해까지 진출했고 그곳에서 인도 상인들과 직접 교류도 했습니다. 하지만 오스만튀르크 제국이 천년의 왕국인 동로마제국을 지도에서 지운 15세기에 이 지역의 판도가 바뀝니다. 그리스와 불가리아 등의 남유럽과 지금의 튀르키예와 시리아 등을 제압하더니 순식간에 지중해 동부와 남부, 홍해와 아라비아해를 자신들의 영역으로 삼아버립니다.

이런 상황에서 동로마제국을 무대로 해상활동을 벌이던 많은 이들

---

34. 레반트는 지중해 동쪽 연안에서 이라크 타우루스 산맥, 그리고 아라비아 사막 사이의 지역으로, 현재의 팔레스타인과 이스라엘, 레바논, 요르단, 시리아 부근을 가리킨다.

이 유럽으로 넘어옵니다. 항해사, 해도 제작자, 선박 건조공 등 무역 및 선박과 관련이 있는 많은 이들이 지중해 북쪽의 이탈리아와 프랑스, 스페인과 포르투갈까지 이동하지요. 그중에서도 그들을 가장 열렬히 환영하던 곳이 바로 포르투갈과 스페인이었습니다. 자기들이 부르는 이름으로는 대항해시대, 조금 중립적으로 보자면 대발견의 시대, 비판적으로 보자면 대약탈의 시대가 시작되었죠.

이 시기는 대항해의 시기이기도 하지만 르네상스가 이탈리아를 넘어 서유럽 전체로 확장되는 시기이기도 합니다. 이 시기의 정치적, 사회적, 경제적 배경은 복잡하게 얽혀 있습니다.

우선 정치적으로는 이탈리아 도시국가들의 번영이 중요한 역할을 합니다. 피렌체, 베네치아, 밀라노 같은 도시들은 상대적으로 자유로운 정치 체제를 가지고 있었고, 이는 새로운 사상과 예술이 꽃필 수 있는 토양이 되었지요. 한편 프랑스, 스페인, 잉글랜드 등에서는 중앙집권적 국가가 형성되기 시작했습니다. 이들 국가의 군주들은 르네상스 문화를 적극적으로 후원하며 자신들의 권위를 높이는 데 활용했지요. 또한 신성로마제국에서는 여러 공후국들이 서로 경쟁하며 예술과 학문을 장려했고, 이는 르네상스의 확산에 기여했습니다. 이러한 다양한 정치적 환경은 르네상스 예술가들과 학자들에게 폭넓은 활동 무대를 제공했고, 이는 르네상스 사상과 문화가 유럽 전역으로 퍼져나가는 데 중요한 역할을 했습니다.

사회적으로는 중세 후기부터 시작된 도시화와 상공업의 발달이 큰 영향을 미칩니다. 도시의 성장은 우선 새로운 사회계층 즉 부르주아 계급을 탄생시켰습니다. 이들은 교육에 대한 열망이 컸고, 문화와 예술에 대한 후원도 아끼지 않았습니다. 또한 도시는 다양한 배경을 가진 사람들이 모여 지식과 아이디어를 교환하는 장소가 되었고, 이는 르네상스의 지적 분위기를 형성하는 데 중요한 역할을 했지요.

경제적으로는 14세기까지 이어진 동서 교역의 번영이 중요한 역할을 했습니다. 특히 이탈리아 도시들은 이 교역의 중심지로서 큰 부를 축적합니다. 15세기에 오스만 제국의 팽창으로 전통적인 동서 교역로가 위협받게 되자, 이탈리아 상인들은 이미 축적한 자본과 기술을 바탕으로 새로운 항로 개척에 나섰습니다. 이는 대항해시대의 시작과 맞물리게 되죠.

르네상스가 본격화하면서 일어난 흥미로운 현상 중 하나는 중세의 전성기 혹은 번역 르네상스 시기 이래로 유럽 지성계를 지배하던 아리스토텔레스적 세계관에 대한 의문이 제기되기 시작한 것입니다. 이는 복잡하고 점진적이었습니다. 먼저 그리스어 원전 연구가 활발해지면서 학자들은 중세 시대에 알려진 아리스토텔레스의 사상과 원전 사이의 차이를 발견합니다. 이는 기존 해석에 대한 의문을 불러일으켰죠. 동시에, 플라톤을 비롯한 다른 고대 철학자들의 사상이 재조명되면서 아리스토텔레스 철학도 그중 하나일 뿐이라는 상대적 인식이 이루어집니다. 특히 피렌체의 신플라톤학파는 아리스토텔레스 중심의 스콜라철학에 대한 대안을 제시했죠.

인문주의 운동의 확산도 중요한 역할을 했습니다. 14세기 페트라르카를 시작으로, 15세기의 로렌초 발라, 그리고 16세기 초의 에라스무스는 고전 문헌에 대한 비판적 독해와 수사학적 분석을 강조했습니다. 발라는 문헌학적 방법을 사용해 '콘스탄티누스의 기증' 문서가 위조되었음을 밝혀냈고, 이는 교회의 권위에 큰 타격을 주었죠. 16세기 초 에라스무스는 『우신예찬』에서 스콜라 철학자들을 풍자하며 그들의 교조주의를 비판했습니다. 이러한 인문주의자들의 활동은 모든 권위, 특히 아리스토텔레스를 포함한 고대 저자들의 권위에 대해 비판적으로 접근하는 분위기를 만듭니다.

16세기에 들어서면서 실용적 지식이 더 중요해집니다. 항해술, 광산업, 농업 등 실제 경험에 기초한 지식이 중요해지면서, 순수하게 이론적인 아리스토텔레스 자연철학의 한계가 드러나기 시작하죠. 또한 대항해시대의 경험들은 아리스토텔레스의 우주관, 지리관 등에 의문을 제기했습니다. 새로운 대륙의 발견, 이전에 알려지지 않았던 동식물의 관찰 등은 기존 지식의 한계를 보여주죠.

이러한 요소들이 복합적으로 작용하면서 서서히 균열이 일어나던 아리스토텔레스에 대해 16세기 후반부터는 그를 직접적으로 비판하는 학자들이 등장하기 시작합니다. 예를 들어 피에트로 폼포나치(Pietro Pomponazzi)는 아리스토텔레스의 영혼불멸설을 비판했고, 프란체스코 파트리치(Francesco Partizi)는 아리스토텔레스 철학 전반에 대한 비판을 시도했습니다.

17세기에 이르러 갈릴레오 갈릴레이, 프랜시스 베이컨 등이 등장하면서 아리스토텔레스의 방법론에 대한 본격적인 비판과 새로운 과학적 방법론의 제시가 이루어집니다. 이는 근대 과학혁명의 시작을 알리는 신호탄이 되었죠. 우선 그 전에 안티테제로 등장하면서 아리스토텔레스의 독점적 지위를 약화시킨 몇 가지 사상을 살펴보죠.

6. 16세기의 균열

15세기에 시작된 르네상스의 물결은 16세기에 들어 더욱 강렬하고 광범위해졌습니다. 가격혁명,[35] 종교개혁과 종교전쟁, 급격한 도시화와 부르주아 계급의 출현, 과학혁명 등이 일어난 시기였고, 아리스토텔레스의 권위에 대한 도전이 본격화하면서 새로운 지식 체계가 서서히 그 모습을 드러내기 시작했습니다.

경제적으로는 '가격혁명'이라 불리는 현상이 두드러졌습니다. 신대륙에서 유입된 막대한 양의 금은으로 인한 인플레이션은 전통적인 경제 구조를 뒤흔들었습니다. 이는 봉건 귀족의 몰락과 새로운 부르주아 계급의 부상을 가속화했으며, 자본주의의 초기 형태가 등장하는 계기가 되었습니다. 이러한 경제적 변동은 전통적 가치관에 대한 회의와 새로운 세계관의 필요성을 증폭시켰습니다.

정치적으로 16세기는 '종교개혁'의 시대였습니다. 1517년 마르틴 루터(Martin Luther)의 「95개조 반박문」 발표를 기점으로 시작된 종교개혁은 유럽 사회 전반에 걸쳐 근본적인 변화를 가져왔습니다. 루터의 '오직 성경으로', '오직 믿음으로'라는 교리는 교회의 권위에 대한 직접적인 도전이었습니다. 이어 칼뱅, 츠빙글리 등 개혁가들의 활동으로 새로운 개신교 교파들이 등장했고, 이는 중세 이래 지속되어온 가톨릭

35. 가격 혁명은 16세기부터 17세기 중반까지 유럽에서 발생한 장기적인 물가 상승 현상을 말한다. 이 기간 동안 유럽의 물가는 평균 4~6배 상승했는데, 주요 원인으로는 신대륙에서 유럽으로 유입된 막대한 양의 금과 은으로 인한 통화량 증가, 인구 증가, 도시화 등이 꼽힌다.

교회의 독점적 지위를 흔들어 놓았습니다.

종교개혁은 단순히 종교적 차원에 머물지 않았습니다. 종교개혁으로 촉발된 긴장은 곧 '종교전쟁'의 형태로 폭발했습니다. 독일에서의 농민전쟁, 프랑스의 위그노 전쟁, 네덜란드의 독립전쟁 등 유럽 전역이 종교적 대립으로 얼룩졌습니다. 이러한 전쟁들은 단순한 교리 논쟁을 넘어 정치적, 사회적 대립의 양상을 띠었습니다. 역설적이게도 이러한 극심한 갈등은 새로운 정치 질서의 필요성을 부각시켰습니다. 종교전쟁의 참화는 안타까운 일이지만 근대국가 체제의 기틀을 마련하는 계기가 되었습니다.

급격한 도시화와 새로운 사회계층의 부상 또한 중요한 변화의 한 부분입니다. 물론 도시화는 이미 지속적으로 이루어지고 있었지만 이 시기 신대륙 무역과 상업의 발달로 인한 경제적 변화는 도시의 성장을 더욱 가속화했습니다. 농촌에서 도시로의 인구 유입이 급증하면서, 도시는 단순한 거주지를 넘어 새로운 사회적, 문화적 중심지로 부상합니다. 이러한 도시화는 전통적인 봉건 질서를 흔드는 데 주도적 역할을 했습니다.

도시의 성장과 함께 새로운 중산층, 특히 부르주아 계급의 출현이 두드러졌습니다. 상인, 은행가, 법률가 등 새로운 직업군이 늘어나면서 이들은 경제적 영향력뿐만 아니라 정치적, 문화적 영향력도 확대해 나갔습니다. 이 새로운 계층은 종교개혁을 지지하고 후원하는 주요 세력이 되었고, 동시에 르네상스 문화와 인문주의 사상의 주된 소비자이자 후원자가 되었죠.

또한 '인쇄혁명'의 영향이 본격화되었습니다. 15세기에 발명된 인쇄술이 16세기에 이르러 그 영향력을 극대화한 것입니다. 책의 대량 생산은 지식의 민주화를 가져왔고, 이는 종교개혁의 확산과 과학 지식의 보급에 결정적인 역할을 했습니다. 특히 성경의 자국어 번역은 종교적 권위의 탈중심화를 가져와, 개인의 해석과 판단을 중시하는 새로운 사고방식의 토대가 되었습니다.

과학 분야에서는 '경험주의'의 부상이 두드러졌습니다. 콜럼버스의 항해 이후 계속 이어진 탐험은 유럽인들의 세계관을 근본적으로 변화시켰습니다. 아리스토텔레스의 우주관이 도전받기 시작했고, 관찰과 실험에 기초한 새로운 과학 방법론이 등장했습니다. 이는 17세기 과학혁명의 직접적인 토대가 되었습니다. 특히 코페르니쿠스의 지동설이 발표되어 과학혁명의 서막을 열었고, 베살리우스의 『인체의 구조에 대하여』도 해부학의 새 지평을 열었습니다. 중간에 공백기는 있었지만 장장 10세기 이상을 지배해온 아리스토텔레스 세계관을 전복시키는 과학혁명이 이렇게 시작되었던 것입니다.

제3부

과학혁명

아리스토텔레스 세계관의 종언

7장

새로운 철학, 새로운 방법론

1. 점성술과 연금술—근대 과학의 싹

15세기에 이르자 동로마제국의 후신 비잔틴제국이 결국 멸망합니다. 오스만튀르크가 그리스 전역을 지배하게 되고, 이 때문에 그곳의 그리스인 중 상당수가 이탈리아로 옵니다. 당시 이탈리아는 그야말로 르네상스의 정수였고 그중에서도 피렌체는 그 이름처럼 활짝 피어나는 꽃이었습니다. 그곳을 지배하던 가문이 메디치가입니다. 여러 이유로 메디치 가문은 플라톤의 저작들을 그리스어에서 라틴어로 번역하는 사업을 시작하고 이는 가문의 후원을 받아오던 마르실리오 피치노(Marsilio Ficino)가 책임지게 됩니다. 그렇게 메디치가가 후원, 피치노가 주도한 플라톤 아카데미가 1462년경 설립되고 부흥의 중심지 역할을 합니다.

1480년대에는 조반니 피코(Giovanni Pico della Mirandola)가 피치노와 교류하며 기독교, 유대교 카발라, 헤르메스주의 등 다양한 사상을 종합하여 독특한 신플라톤주의 철학을 구축합니다. 피코는 『인간의 존엄성에 대하여』를 저술하여 인간의 존엄성과 자유의지를 강조했고, 이는 르네상스 휴머니즘의 핵심 문헌이 되었습니다. 또한 16세기 후반에는 조르다노 브루노가 등장하여 헤르메스주의와 신플라톤주의를 결합한 독특한 우주론을 발전시켰습니다. 브루노는 무한 우주와 복수 세계 이론을 주장하며, 당시의 지배적인 우주관에 도전했습니다. 그의 사상은 후대의 과학 발전에 큰 영감을 주었지만, 종교재판을 받고 화형에 처해지는 빌미가 되기도 했습니다.

1460년대부터 1510년대 사이 신플라톤주의와 헤르메스주의의 만남이 이루어졌습니다. 1460년에 '헤르메스 트리스메기스투스'의 저작으로 알려진 『헤르메스 문서』가 피렌체에 들어왔고, 1463년 피치노에 의해 라틴어로 번역됩니다. 피치노가 얼마나 급했냐면 그때까지 번역하고 있던 플라톤 저작은 모두 미뤄두고 이 책의 번역부터 서둘렀습니다. 이 책이 모세 이전 시기 이집트의 고대 비의를 담고 있다고 여겼기 때문이죠. 앞서 4장 '헬레니즘 시대'에서 살펴본 것처럼(127쪽) 헤르메스주의는 후기 고대 이집트와 그리스의 종교, 철학, 주술 전통이 혼합된 것으로, 신비주의와 연금술, 점성술 등을 특징으로 합니다. 르네상스 시기 신플라톤주의자들은 헤르메스주의를 고대 이집트의 신비 지혜로 이상화하며 자신들의 사상과 접목시키고자 했습니다. 특히 피치노와 피코는 헤르메스주의의 우주론과 인간관을 수용하여, 인간을 우주와 신을 잇는 '소우주'로 격상시키는 사상을 펼쳤습니다.

그러나 1510년대 이후 종교개혁의 시작과 함께 신플라톤주의는 점차 쇠퇴하게 됩니다. 종교개혁가들은 신플라톤주의를 비롯한 르네상스 사상의 이교적 경향을 비판했고, 이는 신플라톤주의의 위축으로 이어졌습니다. 더불어 과학혁명의 진전과 경험주의 철학의 등장도 신플라톤주의 쇠퇴의 중요한 요인이 되었습니다. 새로운 과학적 방법론과 실증주의적 접근이 신플라톤주의의 형이상학적, 신비주의적 세계관과 충돌했기 때문이죠. 또 1614년 아이작 카소봉(Isaac Casaubon)이 『헤르메스 문서』의 저작 시기가 고대 이집트 시대가 아니라 기원후 2~3세기경임을 밝혀냅니다. 고대 이집트의 신비를 담고 있다고 믿었던 헤르메스주의에 대한 맹신도 약화됩니다.

하지만 르네상스 후반기에 활발했던 신플라톤주의와 헤르메스주의는 과학혁명기의 천문학자와 물리학자들에게 적지 않은 영향을 끼쳤습니다. 우선 신플라톤주의는 우주를 수학적 조화와 질서로 가득 찬 거대한 생명체로 보았습니다. 이는 케플러, 갈릴레오, 뉴턴 등이 우주의 운행 법칙을 수학적으로 정립하려 한 동기가 되었죠. 특히 케플러의 초기 연구는 이에 크게 기대고 있습니다. 한편 헤르메스주의는 인간이 자연의 신비를 깨우치고 그 힘을 활용할 수 있다고 보았습니다. 이는 연금술의 바탕에 깔린 생각이기도 한데, 이런 태도는 결국 자연에 내재한 법칙을 발견하고 이용하려는 과학자들의 열정으로 이어졌습니다. 특히 마법과 연금술에 관심이 많았던 뉴턴은 헤르메스주의의 영향을 많이 받았다고 합니다. 그러나 동시에 신플라톤주의와 헤르메스주의는 때로 과학적 사고의 발전을 저해하기도 했습니다. 신비주의적 해석과 비과학적 믿음들이 실증적 관찰과 실험에 기초한 과학적 방법론의 발전을 지연시키는 경우도 있었습니다.

2. 유명론자들

'사과'라는 말을 들으면 우리는 대개 빨간 사과나 초록 사과, 혹은 먹다 남은 사과를 떠올립니다. 그런데 '사과성(-性)'이라는 말을 들으면 어떨까요? 이는 다소 애매모호한 개념입니다. 바로 이 지점에서 유명론이 시작됩니다. 중세 철학에서는 '보편'의 실재성에 대해 열띤 논쟁이 있었습니다. 실재론자들은 보편의 존재를 당연시했고, 유명론자들은 이를 단순한 이름으로 여겼습니다. 유명론자들의 주장에 따르면 '사과'라는 보편적 개념은 실제로 존재하지 않습니다. 그저 우리가 비슷해 보이는 것들을 편하게 부르려고 만든 이름일 뿐입니다. 실제로 존재하는 것은 각각의 개별적인 사과들뿐이라는 것이죠.

유명론의 뿌리는 고대 그리스 철학에서 찾을 수 있습니다. 키니코스학파 창시자로 소크라테스와 동시대 인물인 안티스테네스(Antisthenes)는 플라톤의 이데아론을 비판하며 개별자의 중요성을 강조했는데, 이는 후대 유명론 사상의 선구적 형태로 볼 수 있습니다. 중세에 이르러 보편 논쟁이 본격화되면서, 아리스토텔레스의 저작들이 재발견되고 해석되는 과정에서 유명론적 사고가 발전하게 되었습니다. 특히 아리스토텔레스의 범주론에 대한 해석을 둘러싼 논쟁이 유명론 발전에 중요한 역할을 했습니다.

이러한 사상을 중세에 본격적으로 제기한 이는 11세기의 로스켈리누스(Roscellinus)였습니다. 프랑스의 신학자이자 철학자였던 그는 논리학과 문법학에 정통했으며, 콩피에뉴를 비롯한 여러 교회 학교에서 가르쳤습니다. 특히 그의 가르침은 파리의 교회 학교들에서 큰 영향력을 행사했는데, 이 학교들은 후에 파리 대학의 기원이 됩니다. 그는 "보편은 숨결에 지나지 않는다"(flatus vocis)라고 주장했습니다. 이는 보편 개념이 단지 발화된 소리 즉 이름에 불과하다는 의미로, 당시로서는 꽤나 충격적인 주장이었습니다.

로스켈리누스의 주장은 제자 아벨라르(Pierre Abélard)를 통해 더욱 발전합니다. 아벨라르는 보편 개념이 단순한 '말의 숨결'이 아니라 정신적 구성물이라고 주장했지요. 개별 사물들의 유사성을 인식하고 이를 바탕으로 추상적 개념을 형성한다는 것입니다. 이는 후대 경험론의 추상화 이론의 시초가 되었습니다. 또한 아벨라르는 보편 논쟁에 의미론적 접근을 도입했습니다. 단어의 의미와 지시 대상을 구분하여 분석한 것이지요. 이는 현대 언어철학의 선구적 형태라 할 수 있습니다.

로스켈리누스의 사상은 당시 교회의 정통 교리와 충돌을 일으켰습니다. 특히 그의 삼위일체에 대한 해석은 이단의 낙인이 찍히는 결과로 이어졌습니다. 결국 로스켈리누스는 영국으로 망명하죠. 그는 주로 옥스퍼드 지역에서 활동한 것으로 추정되는데 당시 대학은 아니지만 학문의 중요한 중심지였지요. 영국에서의 활동이 어떠했는지는 모르지만 옥스퍼드를 중심으로 유명론의 씨앗을 퍼뜨리지 않았을까 짐작해봅니다.

이 사상을 본격적으로 체계화한 이는 14세기의 오컴의 윌리엄입니다. 그는 "불필요하게 존재를 가정하지 말라"고 했습니다. 이것이 바로 유명한 '오컴의 면도날' 원리입니다. 쓸데없이 복잡하게 생각할 것 없이 불필요한 것들은 면도날도 베어내고 단순하게 보자는 것이지요. 이러한 유명론적 사고는 자연스럽게 경험론으로 이어졌습니다. 보편이 실재하지 않는다면, 우리가 알 수 있는 것은 오직 개별적인 것들뿐입니다. 그리고 그 개별적인 것들은 경험을 통해서만 알 수 있습니다.

그러나 모든 사람이 유명론에 동의한 것은 아닙니다. 중세 시대 동안 실재론자들은 여전히 보편의 실재성을 주장했습니다. '정의'나 '선' 같은 추상적 개념에 대한 유명론적 설명에 대해 의문을 제기했지요. 이러한 보편 논쟁은 중세 철학의 핵심 주제 중 하나였습니다.

비록 그 형태는 변했지만, 이 문제의식은 현대 철학에서도 여전히 중요한 위치를 차지하고 있습니다. 현대에는 '보편자 논쟁'이나 '추상적 대상의 존재론' 등의 이름으로 다뤄지고 있지요. 예를 들어, 수학적 대상의 실재성이나 과학 이론에서 사용되는 추상적 개념의 지위에 대한 논의들이 있습니다. 이는 우리가 사용하는 개념들의 본질과 실재성에 대한 고민을 이어가고 있는 것이라 할 수 있습니다. 이러한 유명론적 사고를 바탕으로 영국 경험론이 태동합니다. 다음 절에서 이에 대해 살펴보겠습니다.

3. 영국 경험론

'합리적'이라는 말은 누군가를 평가할 때 좋은 의미로 주로 쓰입니다. 말이 통하고, 논리적이고, 각자의 차이를 인정한 가운데 합의를 도출해내는 등의 의미로 쓰이지요. 그런데 철학과 과학에서의 합리주의는 일상적 의미와는 다릅니다. 합리주의는 경험이나 감각이 아닌 인간의 이성으로 사물의 본질을 파악할 수 있다고 봅니다. 이는 선험적 지식을 중시하는 입장으로, 경험을 통해 얻는 후험적 지식과 대비됩니다. 이러한 합리주의 전통에 반기를 든 것이 바로 영국 경험론입니다.

로저 베이컨(Roger Bacon)이 시작이라고 볼 수 있습니다. 13세기 영국의 철학자이자 프란치스코회 수도사였던 베이컨은 '실험과학의 아버지'로 불립니다. 그는 십자군 전쟁을 통해 유럽에 전해진 아랍의 선진 과학기술과 실험 정신에 큰 영향을 받습니다. 또한 당시 옥스퍼드 대학에서 활발히 논의되던 유명론의 영향도 컸습니다. 유명론이 보편적 개념의 실재를 부정하고 개별적 사물에 주목하는 입장이 베이컨의 관찰과 실험을 중시하는 태도로 이어지죠.

베이컨은 "모든 학문의 기초는 실험이다"라고 주장합니다. 이는 당시 지배적이던 교조주의적 사고방식에 대한 도전이었지요. 성경과 아리스토텔레스의 권위가 절대시되던 시기에, 베이컨은 직접적인 관찰과 실험을 통한 지식 획득을 강조했습니다. 그는 과학적 지식을 얻기 위한 방법으로 경험과 추론을 중요하게 여깁니다. 그 중에서도 경험을 가장 중요하게 여겼으며, 특히 체계적이고 계획된 실험의 중요성을 강조합니다. 여기서 주목할 것은 그가 단순한 관찰을 넘어 적극적인 실험과 검증을 요구했다는 거죠. 이는 과학적 방법론 발전에 중요한 기초를 제공합니다.

그는 광학 연구를 통해 망원경의 원리를 예견했고, 빛의 굴절에 대한 연구를 수행했습니다. 그의 저서 『오푸스 마유스』(*Opus Majus*)[36]에서는 수학, 광학, 연금술 등 다양한 분야의 실험적 연구 결과를 제시했는데, 이 모든 연구가 직접적 관찰과 실험을 중시하는 베이컨의 방법론을 반영하고 있습니다. 베이컨의 이러한 방법론은 후대 경험론자들에게 큰 영향을 주었습니다.

14세기에 들어서면서 유럽은 스콜라철학의 복잡한 논리와 신학적 논변에 지쳐가고 있었습니다. 이런 시대적 배경 속에서 오컴의 윌리엄(William of Ockham)이 등장합니다. 당시 대부분의 사람들은 성이 없었고 그래서 출신지를 앞에 붙였는데 윌리엄의 출신지가 오컴이었지요. 프란치스코회 수도사이자 철학자였던 윌리엄은 중세 스콜라철학의 복잡성에 반기를 들었습니다.

그는 유명론에 입각해 불필요한 개념들을 제거하고 단순성을 추구했는데, 이런 배경에서 '오컴의 면도날' 원리가 탄생합니다. 이 원리는 앞서 말했듯이 "필요 이상으로 많은 것을 가정해서는 안 된다"는 것으로, 설명에 필요한 개념이나 실체를 최소화해야 한다는 거죠. 그의 '사유의 경제성' 원칙은 불필요한 추상적 개념들을 제거하고 구체적이고 개별적인 것들에 집중할 것을 강조했습니다. 그의 접근 방식은 당시의 복잡한 철학적, 신학적 논변들에 대한 비판적 검토를 촉진했으며, 이

---

36. 라틴어로 '더 큰 작업'이라는 뜻이다.

는 학문적 사고의 변화를 가져왔습니다. 또 보편적 개념의 실재성을 부정하고 개별적 사물에 주목하는 유명론의 이런 관점은 구체적인 관찰과 실험을 중시하는 경험론적 방법론의 토대가 됩니다.

16세기 말에 이르러 윌리엄 길버트(William Gilbert)가 등장합니다. 영국의 의사이자 물리학자였던 길버트는 엘리자베스 1세의 궁정 의사로 활동했습니다. 그의 자기학 연구는 당시 영국이 해상 강국으로 부상한 것과도 밀접한 관련이 있습니다. 나침반의 정확성은 항해와 무역에 필수적이었고, 이는 국가적 관심사였지요.

길버트는 수천 번의 체계적인 실험을 통해 자기의 성질을 규명했습니다. 특히 작은 자석 막대를 이용한 그의 실험은 지구가 거대한 자석이라는 혁명적 결론으로 이어졌습니다. 이는 단순한 관찰을 넘어 체계적인 실험과 논리적 추론을 통해 자연의 원리를 밝혀낸 훌륭한 사례입니다.

길버트는 이러한 자신의 연구 결과를 1600년 『자석에 대하여』(*De Magnete*)라는 책으로 출판했습니다. 이 책에서 그는 자신의 실험 과정과 결과를 상세히 기술했는데, 이는 현대 과학 방법론의 핵심인 '재현성'을 보여준 최초의 사례로 평가받습니다. 재현성이란 다른 연구자들이 동일한 조건에서 실험을 반복했을 때 같은 결과를 얻을 수 있어야 한다는 원칙입니다. 이는 과학적 발견의 객관성과 신뢰성을 확보하는 데 필수적입니다.

길버트 이전의 과학적 저술들은 대개 관찰 결과나 결론만을 제시했을 뿐, 실험 과정을 상세히 기술하지 않았습니다. 이로 인해 다른 연구자들이 그 결과를 검증하거나 재현하기 어려웠죠. 그러나 길버트는 자신의 실험을 다른 연구자들이 그대로 따라할 수 있도록 자세히 묘사했습니다. 사용한 도구, 실험 설계, 관찰 방법 등을 명확히 기술한 것이죠. 이는 당시로서는 매우 혁신적인 접근이었습니다. 이를 통해 과학적 발견의 객관성과 검증 가능성을 확보하는 중요한 시도를 했던 것입니다.

그의 실험 방법론, 특히 재현성을 강조한 접근은 과학이 개인의 주관적 경험이나 권위에 의존하는 것이 아니라, 객관적이고 검증 가능한 방법을 통해 진리를 추구해야 한다는 근대 과학의 기본 원칙을 확립하는 데 중요한 역할을 했습니다.

이러한 영국 경험론의 전통은 프랜시스 베이컨에 이르러 하나의 정점에 이릅니다. 다음 장에서는 베이컨의 사상과 그의 영향에 대해 살펴보겠습니다.

4. 프랜시스 베이컨, 경험과 귀납

지브롤터 해협에는 두 개의 바위가 있습니다. 흔히 헤라클레스의 기둥이라 불리죠. 이 바위는 '여기가 한계다', 혹은 '더 이상 나아갈 수 없다'(Nec plus ultra)는 것을 표시하는 상징으로 여겨집니다. 지중해와 대서양을 가르는 경계이기도 하죠. 이곳이 세계의 경계이니 더 나가지 말 것을 지중해의 배들에게 경고하는 것입니다.

여기서 Nec를 떼어낸 'Plus ultra'(더 멀리, 그 너머로)는 스페인의 국가 모토가 되었습니다. 신성로마제국의 군주 카를 5세가 좌우명으로 삼은 말에서 유래했죠. 프랜시스 베이컨이 『신기관』(*Novum Organum*) 표지에 이 글을 넣은 건 지브롤터 해협의 경계처럼 당시 학문과 지식의 일정한 경계를 만들고 있던 아리스토텔레스의 벽을 넘어 더 앞으로 나가겠다는 나름의 각오였다고 생각합니다.

프랜시스 베이컨은 영국 특유의 유명론과 경험론으로 이어지는 전통의 한 정점입니다. 베이컨은 이렇게 말했습니다. "자연이라는 책은 경험이라는 글자로 쓰여 있다." 자연현상을 이해하기 위해서는 책상 앞에 앉아 고민하기보다는, 직접 자연으로 나가 관찰하고 실험하는 것이 중요하다는 거죠.

또한 그는 "일반적인 것에서 개별적인 것으로 나아가는 것은 쉽지만, 개별적인 것에서 일반적인 것으로 나아가는 것은 어렵다"라고 지적하며, 단순한 연역적 사고의 한계를 비판했어요. 대신 객관적 관찰과 실험, 데이터 수집을 통해 개별 사례들을 모으고, 여기서 일반 법칙을 이끌어내는 귀납적 방법을 제시했죠.

베이컨이 강조한 경험주의와 귀납법은 그의 자연관과도 깊은 관련이 있습니다. 예를 들어 물을 이용한다고 해보죠. 그런데 제대로 파악도 않은 채 억지로 물을 제어하려면 큰 효과를 볼 수 없죠. 물의 흐름, 부력, 증발 등 물의 특성을 꼼꼼히 관찰하고 실험해서 그 성질을 파악해야 물레방아, 증기기관 등 물을 효과적으로 활용하는 기술을 만들 수 있습니다. 이처럼 자연에 순응하고 겸허히 배우려는 자세가 과학 발전의 핵심이라고 합니다. "자연은 순응을 통해서만 정복할 수 있다."(Natura parendo vincitur)

또 하나 베이컨은 과학이 추구해야 할 궁극적 목표를 인류 복지의 증진으로 보았습니다. 그에게 지식이란 그 자체로 의미 있는 것이 아니라, 사회에 유용하게 활용될 때 비로소 가치를 지니는 것이었어요. 그래서 그는 "아는 것이 힘이다"라는 유명한 말도 남겼죠. 이런 베이컨의 관점은 근대 과학뿐 아니라 기술 발전과 산업화에도 큰 영향을 끼칩니다. 과학적 지식을 실생활에 적극 활용하려는 태도는 자연스레 실용주의, 공리주의로 이어졌죠.

거미, 개미, 꿀벌

베이컨은 학자들의 태도를 거미, 개미, 꿀벌에 비유해 설명합니다. 거미처럼 자기 내부의 논리만으로 관념의 그물을 짜는 이들, 개미처럼 그저 주변의 경험적 사실만을 죽 모으기만 하는 이들을 비판하면서, 꿀벌처럼 경험에서 얻은 재료를 가지고 보편적 진리의 꿀을 만들어내는 것만이 진정한 학자의 자세라고 주장합니다.

거미의 그물은 베이컨이 보기에 연역적 사고의 맹점을 보여주는 사례입니다. 아무리 정교하고 치밀한 이론의 체계를 세운다 해도 그것이 경험적 토대가 빈약하다면 실제 세계를 제대로 설명하기 힘들다는 것이죠. 중세 스콜라 철학자들의 공허한 논쟁이 그에게는 거미의 그물이었습니다.

반면 개미 무리는 단순한 경험주의, 실증주의의 한계를 드러냅니다. 아무리 많은 데이터와 사실을 수집해도 거기서 일반 법칙을 이끌어내지 못하면 단편적 지식에 그치고 맙니다. 마치 원재료만 쌓아놓은 채 가공하지 않는 개미들처럼 말이지요.

꿀벌은 이런 거미와 개미의 단점을 보완하면서 양자의 장점은 살리는 학자의 이상형입니다. 꿀벌이 부지런히 여러 꽃에서 꿀을 모으듯 끊임없이 자연을 관찰하고 실험합니다. 하지만 그걸로 끝내지 않고, 모은 재료로 보편타당한 명제와 법칙을 만듭니다. 이 꿀이야말로 자연과 인간에게 유용한 지식이 됩니다.

베이컨은 이 꿀벌의 비유를 통해 연역과 귀납, 이론과 실험의 조화로운 결합을 강조합니다. 단순한 경험의 나열로 그치지 않고, 또 경험과 유리된 공허한 사변, 목적론적 설명에 빠지지 않으면서 자연의 질서를 파악하는 것, 그것이 베이컨이 제시한 새로운 학문의 길입니다.

그는 지식 추구의 목표를 '인류 복지 증진'에 두었는데 이런 면모로 인해 그는 공리주의 철학의 선구자 중 한 명이 됩니다. 공리주의는 행위의 선악을 그것이 가져오는 결과, 즉 효용성과 유용성의 관점에서 판단하는 이론이라 할 수 있습니다. 가장 많은 사람들에게 가장 큰 행복을 가져다주는 것이 선이라는 것이죠. 베이컨 역시 과학이 인간에게 구체적 혜택을 줄 때 비로소 의미가 있다고 강조함으로써, 공리주의의 싹을 보여준 것으로 평가받습니다.

베이컨의 유명한 말, "아는 것이 힘이다"(Knowledge is power)에는 이런 공리주의적 태도가 잘 드러나 있습니다. 단순한 관념이나 이론에 그치는 지식은 무력하죠. 하지만 그 지식이 새로운 기술과 발명으로 이어지고, 그것이 인간 삶을 개선하는 데 도움이 될 때, 지식은 비로소 '힘'을 갖게 되는 겁니다. 반대로 힘이 되지 못하는 지식은 지식으로서의 값어치를 하지 못합니다. 전기에 대한 연구가 전구의 발명으로 이어졌을 때, 중력에 대한 이해가 엘리베이터나 비행기 제작에 활용되었을 때, 그 지식은 명실상부한 힘을 갖게 된다고 할 수 있겠죠.

4대 우상

베이컨은 인간의 올바른 인식을 가로막는 장애물들을 '우상'이라 불렀는데, 허상에 불과한 우상을 숭배하듯 인간은 종종 그릇된 관념에 사로잡힌다는 뜻입니다. 그는 이런 우상을 네 가지로 분류합니다.

첫째는 '동굴의 우상'(idola specus)입니다. 개개인마다 저마다의 동굴 즉 배경과 성향이 다르듯, 각자가 지닌 편견과 고정관념을 뜻합니다. 가령 다른 민족과 접촉이 별로 없었던 우리나라 사람들은 외국인의 이민에 대한 부정적인 반응이 다른 나라에 비해 크죠. 기후 위기에 대처하는 과정에서도 공학자는 기술적 해결을, 사회학자는 사회적 해결을 시도하는 경향이 있죠. 물론 반드시 그런 것만은 아니지만요.

둘째는 '종족의 우상'(idola tribus)으로, 인간이라는 종 전체가 공유하는 편견을 일컫습니다. 가령 우리는 무의식중에 팔다리가 네 개인 것이 자연스럽다고 생각합니다. 하지만 동물 중에는 다리가 네 개가 아닌 종이 그런 종보다 훨씬 많죠. 또 우리는 무의식중에 지구와 우주를 대립항이라고 생각하지만 지구는 우주의 아주 작은 한 부분에 불과합니다.

셋째는 '시장의 우상'(idola fori)인데, 이는 언어에서 비롯되는 오해와 혼란을 뜻합니다. 때로 같은 단어라도 맥락에 따라 의미가 달라질 수 있는데, 이런 언어의 모호성이 사고의 혼란을 초래하기 쉽다는 뜻이지요. 가령 생물학자에게 'cell'은 생명의 기본단위인 '세포'를 의미합니다. 하지만 같은 단어가 전기공학자에게는 '전지'를, 통신전문가에게는 '통신망의 기본 단위'를, 그리고 혁명가에게는 '비밀결사조직의 최소 단위'를 뜻할 수 있습니다. 심지어 '감옥의 독방'을 의미하기도 합니다.

넷째는 '극장의 우상'(idola theatri)으로, 연극이 허구의 세계를 무대에 펼치듯 그릇된 이론이나 철학이 마치 진리인 양 받아들여지는 현상을 뜻합니다. 예를 들어, 중세 시대에는 지구가 우주의 중심이라는 천동설이 진리로 여겨졌습니다. 또 의학에서는 4체액설이 오랫동안 정설로 자리 잡았지요.

베이컨은 이런 우상들이 인간의 이성을 흐리고 진리 발견을 가로막는 장애물이 된다고 지적하면서 참된 지식에 이르기 위해서는 이 우상들을 제거하고 극복하는 것이 무엇보다 중요하다 여겼습니다. 이를 위해 그는 경험과 실험을 통한 객관적 관찰, 귀납적 추론의 중요성을 역설했습니다. 주관적 편견에서 벗어나 자연 그 자체에 충실할 것, 권위에 맹목적으로 따르기보다 비판적으로 사고할 것을 강조한 것입니다.

목적론 비판과 『노붐 오르가눔』, 『뉴 아틀란티스』

베이컨은 아리스토텔레스로 대표되는 고대의 목적론적 사고를 강하게 비판했습니다. 아리스토텔레스는 만물에는 고유한 목적이 있으며 그 목적을 향해 움직인다고 보았습니다. 예를 들어, 도토리에는 참나무가 될 목적이 내재되어 있고, 참나무는 그 목적을 실현하기 위해 성장한다는 것입니다. 그러나 베이컨은 이런 식의 목적론이 과학 발전에 무익하다고 주장했습니다. 그는 자연현상을 탐구할 때 '왜?'라는 질문 곧 그 현상의 궁극적 목적을 묻기보다는, '어떻게?'라는 질문 곧 그 현상의 작동 기제와 인과관계를 규명하는 데 주력해야 한다고 강조했습니다. 예를 들어, 낙하하는 물체의 운동을 연구할 때 물체가 '왜' 떨어지는지 그 궁극적 목적을 묻기보다는 '어떻게' 떨어지는지, 즉 속도와 가속도의 법칙, 물체의 질량과 공기 저항의 영향 등을 분석하는 것이 더 생산적이라고 보았습니다.

베이컨이 보기에 아리스토텔레스의 목적론은 자연을 있는 그대로 관찰하고 설명하기보다는 선험적 관념에 끼워 맞추는 오류에 빠져 있었습니다. 이는 중세 스콜라철학이 빠졌던 함정이기도 했습니다. 경험과 실험보다는 권위자의 텍스트에 의존하고, 자연의 모습보다는 신의 섭리를 입증하는 데 골몰했던 것입니다. 반면 베이컨은 물체의 운동이건 생명체의 성장이건 그 작동 방식을 꼼꼼히 관찰하고 실험하며 자연의 질서와 법칙을 귀납적으로 도출할 것을 강조했습니다. 우리에게는 자연의 '목적'이 아니라 '기제'(mechanism)를 탐구하는 것이 중요하다는 것입니다. 이는 근대 실험과학의 방법론적 기초를 제공했다고 볼 수 있습니다.

베이컨은 "프로메테우스는 한마디로 무언가를 발명하는 인간 정신이다. 이것은 인간적 지배의 토대를 마련하게 하고, 인간의 에너지를 무한대로 끌어올리게 하며, 궁극적으로 신들에게 대항하게 한다"라고 말했습니다. 이는 목적론적 사고에서 벗어나 인간의 능동적인 지식 탐구와 자연 정복의 의지를 강조한 것으로 볼 수 있습니다.

베이컨의 『노붐 오르가눔』(*Novum Organum*)은 제목부터가 아리스토텔레스를 겨냥한 일종의 도발입니다. 아리스토텔레스의 논리학 저작들을 『오르가논』이라 부르는데, 여기에 '새로운'이란 뜻의 '노붐'을 붙인 거죠. 베이컨은 이 책에서 아리스토텔레스의 목적론적 사고와 연역법을 신랄하게 비판합니다. 연역법으로는 새로운 사실을 발견할 수 없다고 본 거죠. 대신 귀납법을 강조합니다. 개별 사례들을 모아 일반 원리를 찾아내는 방식이죠.

앞서 소개했듯이 베이컨은 "자연의 책은 경험이라는 글자로 쓰여 있다"고 말했습니다. 자연을 이해하려면 책상 앞에 앉아 고민하기보다는 직접 자연을 관찰하고 실험해야 한다는 뜻이죠. 그는 "일반적인 것에서 개별적인 것으로 나아가는 것은 쉽지만, 개별적인 것에서 일반적인 것으로 나아가는 것은 어렵다"라고 지적하며, 단순한 연역적 사고의 한계를 비판했습니다. 물론 베이컨도 연역법 자체를 완전히 무시하지는 않았습니다. 다만 당시 연역법에 매몰된 학문 풍토를 비웃으며 새로운 방식을 제안한 겁니다. 그는 귀납과 연역의 적절한 조화가 필요하다고 보았죠.

『뉴 아틀란티스』(*New Atlantis*)라는 소설도 비슷한 맥락에서 볼 수 있습니다. 이건 플라톤의 이상국가론을 겨냥한 겁니다. 플라톤이 그린

철학자가 다스리는 나라와는 전혀 다른 모습을 그렸죠. 제목이 영어인 것은 이 시기 영국이 라틴어에서 영어로 한창 전환하던 때였기도 하고, 이 소설은 그야말로 대중을 대상으로 썼기 때문입니다. 물론 사후에 나온 책이라 출판사가 붙인 제목일 수도 있고요.

소설은 '벤살렘'이라는 가상의 섬, 일종의 이상사회를 방문한 유럽 항해자들의 이야기인데, 이 섬은 '솔로몬 하우스'라는 연구소가 중심입니다. 과학자들이 세상을 바꾼 거죠. 이 섬은 형식적으로 군주제이지만 실질적인 운영은 과학자 집단인 '솔로몬의 집'이 주도합니다. 일종의 과학기술 관료제인 셈이지요.

소설에는 당시로서는 황당무계한 발명품들이 등장합니다. 망원경, 현미경, 청각 증폭기, 인공강우와 무지개 제조 기술, 비행선과 잠수함 등이 나옵니다. 이런 발명품들은 마치 플라톤의 관념적 세계를 비웃듯이 과학 기술이 바꾸는 미래의 현실을 보여주는 거죠. 또 하나, 솔로몬 하우스의 연구 성과는 모든 시민에게 공개되고 평등하게 배분됩니다. 이는 지식의 대중화와 민주화에 대한 베이컨의 신념을 보여줍니다.

베이컨의 사상을 이어받아 최초의 과학자 커뮤니티인 '영국 왕립학회'가 1660년에 설립됩니다. 학회의 핵심 인물 중 하나인 로버트 보일은 베이컨이 말한 실험 방법을 적극 활용했고, 존 윌킨스처럼 왕립학회를 만드는 데 참여한 사람들도 베이컨의 방법론을 지지했습니다. 심지어 영국 의회에서도 베이컨이 제안한 과학 진흥 정책을 논의했다니, 그의 영향력이 꽤 컸던 모양입니다. 물론 이런 영향들이 모두 긍정적이었다거나 베이컨 덕분에 과학이 발전했다고 단정하기는 어렵겠지만, 당시 영국의 과학계와 지식인 사회에 베이컨의 사상이 상당한 파장을 일으켰다는 건 분명해 보입니다.

베이컨의 영향은 영국을 넘어 유럽으로도 퍼집니다. 프랑스의 백과전서파인 디드로와 달랑베르 같은 사람들이 베이컨의 경험주의와 귀납법을 지지했죠. 독일에서는 라이프니츠가 베이컨의 방법론에 관심을 보였습니다. 그가 꿈꾼 보편 과학의 아이디어에도 베이컨의 영향이 없다고 볼 수는 없습니다.

네덜란드의 하위헌스도 베이컨의 실험 철학을 받아들였고, 이탈리아의 갈릴레오 역시 베이컨과 비슷한 시기에 실험과 관찰의 중요성을 강조했습니다. 직접적인 영향 관계를 말하기는 어렵지만, 같은 맥락의 사상이 유럽 전역에서 퍼져나갔다고 볼 수 있겠네요. 다만 이런 영향들이 모두 베이컨 덕분이라고 하기는 좀 과하죠. 당시 유럽 전역에서 비슷한 생각들이 동시에 일어나고 있었으니까요. 베이컨은 그런 시대적 흐름을 포착하고 정리한 사람 중에서는 가장 뛰어나지 않았나 생각합니다.

5. 데카르트, 사유와 방법

1619년 겨울, 30세의 젊은 데카르트(René Descartes)는 독일의 한 마을에서 추운 날씨를 피해 '난로가 잘 달궈진 방'에 머물고 있었습니다. 이 고요한 공간에서 그는 깊은 명상에 빠졌고, 그 결과 자신의 철학적 방법론에 대한 중요한 통찰을 얻습니다. 그는 이 경험을 이렇게 설명합니다. "나는 온종일 나의 생각에 깊이 몰두해 있었다. 그리고 마침내 확실하고 의심할 여지없는 지식을 얻기 위해서는 한 번 인생에서 모든 것을 의심해 보아야 한다는 결론에 도달했다."

방법적 회의와 '코기토'

17세기 유럽은 정말 흥미진진한 시기입니다. 르네상스의 여운이 남아있는 가운데, 고대 회의주의가 부활하면서 지식의 근거에 대해 의문을 제기하는 신피론주의가 유행합니다. 이런 지적 소용돌이 속에서 데카르트는 "자, 이제 철학의 새로운 길을 열어볼 때다"라고 생각했을 겁니다. 이런 그의 고민은 도그마에 대한 도전이기도 합니다. 도그마란 비판 없이 절대적 진리로 받아들여지는 신념이나 원칙을 말합니다. 16~17세기 유럽에서는 교회의 교리와 아리스토텔레스의 학설이 이러한 도그마의 역할을 했습니다. 이런 시대에 데카르트는 기존의 도그마에 대해 근본적인 의문을 제기합니다.

데카르트가 기존의 도그마에 도전한 이유는 당시 지식 체계의 불확실성 때문이었습니다. 16~17세기 유럽은 종교개혁, 과학혁명, 신대륙의 발견 등으로 인해 기존의 세계관이 흔들리고 있었습니다. 이러한 시대적 배경 속에서 데카르트는 확실한 지식의 기초를 찾고자 했습니다. 그는 자신이 교육받은 내용들이 서로 모순되는 경우가 많다는 점을 지적하며, "나의 어린 시절부터 받아들인 의견들 중에는 거짓인 것이 많다"고 말했습니다. 이는 단순히 기존 지식을 부정하자는 것이 아니라, 모든 지식을 근본부터 재검토해야 한다는 주장이었습니다.

데카르트가 택한 방법은 꽤나 대담합니다. '방법적 회의'라고 불리는 이 접근법은 "일단 모든 걸 의심해보자"는 것입니다. 여러분, 잠시 상상해보세요. 여러분이 알고 있다고 믿는 모든 것, 심지어 지금 이 글을 읽고 있다고 느끼는 감각까지도 의심한다면 어떨까요? 데카르트는 이런 철저한 의심이 단순한 말장난이 아니라, 튼튼한 지식의 토대를 쌓기 위한 필수 과정이라고 봅니다. 그가 의심한 것들을 살펴보면 꽤 재미있습니다. 먼저, 우리의 감각은 가끔 우리를 속이니 100퍼센트 믿을 수는 없다고 합니다. 그리고 꿈속 경험도 의심의 대상이 됩니다. 여러분도 가끔 꿈인지 현실인지 구분되지 않을 때가 있지 않나요? 데카르트는 여기서 한 발 더 나아가 "혹시 악령이 내 모든 생각을 조종하고 있는 건 아닐까?"라는 다소 극단적인 가정까지 해봅니다.

그런데 말입니다. 이렇게 모든 걸 의심하다 보니 재미있는 사실을 발견하게 됩니다. 바로 "나는 생각한다. 그러므로 존재한다"(Cogito, ergo sum)라는 유명한 문장입니다. 여기서 '코기토'라고 줄여 부르는 단어는 '생각하는 나'를 가리키는 것으로서, 내가 의심하고 있다는 사실 자체가 의심하는 '내'가 존재한다는 것을 증명한다는 뜻이죠. 이 지점에서 데카르트는 "아하!" 하고 외쳤을 겁니다. 이 코기토를 통해 데카르트는 자아 즉 사유하는 주체로서의 '나'를 확립합니다. 이는 마치

폭풍우 치는 바다에서 발견한 단단한 바위 같은 것입니다. 그리고 이 자아를 중심으로 새로운 사유 체계를 구축하려 합니다.

이런 데카르트의 접근은 당시로서는 꽤나 혁명적입니다. 그 전까지는 객관적 진리나 절대적 권위에 의존하던 사고방식이 주를 이루었거든요. 하지만 데카르트는 "잠깐만요, 우리 좀 다르게 생각해볼까요?"라며 주체의 능동적인 사유를 강조합니다.

심신이원론

데카르트는 코기토를 통해 사유하는 주체로서의 자아를 확립하면서 흥미로운 질문 하나를 떠올립니다. "그렇다면 '나'는 과연 무엇일까?" 이 질문에 답하기 위해 그가 내놓은 이론이 바로 심신이원론입니다. 꽤나 복잡해 보이는 이름이지만, 사실 그 내용은 의외로 단순합니다.

데카르트에 따르면, 우리 인간은 크게 두 가지 요소로 이루어져 있습니다. 하나는 '생각하는 실체'(res cogitans) 즉 정신이고, 다른 하나는 '연장[37]을 가진 실체'(res extensa) 즉 물체입니다. 쉽게 말해서 '마음'과 '몸'을 완전히 다른 것으로 보는 것이죠. 데카르트 식으로 표현하자면 "나는 생각하는 실체이고, 내 몸은 그저 공간을 차지하고 있는 물체일 뿐이야"라고 할 수 있겠네요.

이런 구분은 얼핏 보면 당연해 보일 수도 있습니다. 실제로 우리는 종종 "몸은 피곤한데 마음은 즐겁다" 같은 표현을 쓰기도 하니까요.

37. '연장'(延長)이란 길이와 너비를 가지고 특정 공간을 점하는 물체의 속성을 가리키는 용어다. 철학에서는 물질적 실체가 가진 이런 장소적 특성을 연장성이라 한다.

하지만 이 이론은 한 가지 큰 난제를 남깁니다. "그렇다면 이 전혀 다른 두 가지가 어떻게 서로 영향을 주고받을까?"라는 문제입니다. 데카르트는 이 문제를 해결하기 위해 송과선(松果腺)라는 뇌의 특정 부분이 정신과 신체를 연결한다고 설명합니다. 하지만 솔직히 말해서 이 설명은 그리 설득력 있어 보이지 않습니다. 그가 그렇게 열심히 주장하는 이성을 통한 연역적 사고에 의한 것으로는 보이지 않거든요. 실제로 이 주장은 당대에도 꽤 많은 비판을 받습니다.

물론 심신이원론이 갑자기 나타난 것은 아닙니다. 이미 고대 그리스 철학자 플라톤은 영혼과 육체를 구분했고, 중세 기독교 철학에서도 영혼과 육체의 이원론적 구도가 존재했습니다. 그러나 데카르트의 이원론은 이전의 관점들과는 다른 특징을 가집니다.

플라톤의 경우, 영혼은 불멸하며 여러 번 환생한다고 보았고, 육체는 영혼의 일시적 거처로 여겼습니다. 중세 기독교 철학에서는 영혼과 육체가 구분되지만, 둘 다 신의 창조물로 보았죠. 반면 데카르트의 이원론은 보다 철저히 존재론적이며, 과학적 세계관과 연결됩니다. 데카르트의 심신이원론은 단순히 마음과 몸을 구분하는 것 이상의 의미를 가집니다. 이는 근대 철학의 주요 문제 중 하나인 '의식'의 문제를 제기합니다. 생각하는 실체로서의 '나'는 어떻게 자신과 세계를 인식하는가? 이는 이후 인식론 발전의 토대가 됩니다.

물론 심신이원론은 기본적으로 인간을 특별한 존재로 생각하는 한계 속에서 나온 이론이라 볼 수도 있습니다. 사실 저도 그렇게 생각합니다. 기계론적 세계관에서는 개나 말, 원숭이와 인간이 육체적으로는 하나도 다를 게 없으니까요. 그러니 특별한 존재로서의 인간을 '생각하는 존재 혹은 영혼'에서 찾을 수밖에 없지 않았을까요?

과학 사상과 방법론

데카르트는 자연을 하나의 기계로 봅니다. "이 우주 즉 물질적 실체를 하나의 기계로 간주했다"는 그의 말은 당시 떠오르던 기계론적 세계관을 철학적으로 체계화한 것입니다. 이미 갈릴레오, 케플러 등이 자연을 수학적으로 설명하려 했고, 데카르트는 이를 철학적 체계 속에 통합시켰습니다. 이러한 기계론적 자연관은 자연현상을 명확하고 확실한 원리로 설명하고자 하는 그의 철학적 목표와 일치합니다. 데카르트는 이를 통해 아리스토텔레스의 목적론적 자연관에서 벗어나 자연을 수학적으로 이해할 수 있는 대상으로 보았습니다.

이러한 목표를 달성하기 위해 데카르트는 체계적인 방법론을 개발했습니다. 그의 『방법서설』[38]에서 제시된 분석과 종합의 방법은 복잡한 문제를 단순한 요소로 나누고, 이를 다시 체계적으로 재구성하는 과정을 강조합니다. 이는 자연현상을 이해하는 데 있어서도 마찬가지로 적용됩니다. 그 대표적인 예가 바로 그가 창안한 해석기하학입니다. 해석기하학은 기하학적 문제를 대수학적으로 해결하는 방법을 제시합니다. 이는 그의 분석과 종합 방법의 구체적인 적용이라고 볼 수

---

38. 『방법서설』(*Discours de la méthode*)은 1637년 데카르트가 발표한 철학 저서로, 정식 제목은 '이성을 올바르게 인도하고 과학에서 진리를 탐구하기 위한 방법에 관한 담화'이다. 이 책에서 데카르트는 자신의 철학적 방법론을 체계적으로 제시하는데, 그 규칙으로 (1) 명석하고 판명한 것만을 참으로 인정할 것, (2) 문제를 가능한 한 작은 부분으로 나눌 것, (3) 단순한 것에서 복잡한 것으로 사고를 진행할 것, (4) 빠짐없이 검토할 것 등 네 가지 규칙을 제시했다.

있습니다.

그는 우선 평면상의 점을 두 개의 수(x, y)로 표현하는 좌표계를 도입했습니다. 이를 통해 복잡한 기하학적 도형을 간단한 대수 방정식으로 나타낼 수 있게 되었죠. 이 좌표계에 의해 원이라는 기하학적 형태를 원의 방정식 $x^2+y^2=r^2$이라는 대수적 방식으로 표현할 수 있게 됩니다. 즉 원이라는 복잡한 기하학적 형태를 x, y, r이라는 단순한 요소로 분해하고(분석), 이들 사이의 관계를 방정식으로 표현한 뒤, 이를 다시 기하학적으로 해석합니다(종합). 이러한 과정을 통해 원의 성질을 더 쉽게 연구할 수 있게 되었고, 나아가 타원, 포물선 등 다양한 곡선의 성질도 대수적으로 분석할 수 있게 되었습니다. 이러한 방법은 복잡한 현상을 단순한 요소로 분해하고 수학적으로 분석하는 현대 과학의 기본적인 접근 방식에 상당한 영향을 주었다고 볼 수 있습니다.

안티테제로서의 스피노자

데카르트의 사상은 17세기 유럽의 지적 풍경에 철학, 과학, 수학 등 여러 분야에서 변화를 가져옵니다. 먼저 철학적 측면에서, 데카르트의 방법적 회의와 '코기토'는 근대 철학의 한 흐름을 형성합니다. 그의 사상은 인식론과 형이상학에 새로운 관점을 제시하고, 이는 후대 철학자들의 논의 주제가 됩니다. 개인의 이성을 중시하는 그의 관점은 계몽주의 사상과 연결되는 지점이 있습니다. 과학 분야에서 데카르트의 영향은 더 구체적입니다. 그의 기계론적 자연관은 당시 과학자들에게 하나의 연구 방향을 제시합니다. 자연을 수학적 법칙으로 설명할 수 있다는 그의 생각은 갈릴레오, 뉴턴 등 동시대 과학자들의 연구와 맥을 같이 합니다. 뉴턴의 만유인력 법칙은 데카르트의 기계론적 우주관과 일정 부분 연관성을 가집니다.

수학에서는 데카르트의 해석기하학이 주목할 만한 발전을 가져옵니다. 기하학과 대수학을 연결함으로써 그는 새로운 수학적 도구를 만들어내고, 이는 후에 미적분학 발전의 한 토대가 됩니다. 오늘날 우리가 사용하는 좌표계도 데카르트가 제안한 것입니다. 데카르트의 방법론, 특히 복잡한 문제를 단순한 요소로 분해하고 체계적으로 분석하는 방식은 과학적 연구 방법의 한 모델이 됩니다. 이는 실험 과학의 발전과도 연관됩니다.

이렇게 데카르트의 사상은 17세기 유럽 철학계에 큰 반향을 일으키지만, 동시에 강력한 비판의 대상이 되기도 합니다. 이러한 비판자 중 가장 주목할 만한 인물이 바로 바뤼흐 스피노자(Baruch Spinoza)입니다. 네덜란드의 철학자 스피노자는 데카르트의 이원론을 정면으로 반박하며 독자적인 일원론적 세계관을 제시합니다. 스피노자에 따르면, 세상에는 오직 하나의 실체만이 존재하며, 이 실체가 바로 신 또는 자연입니다. 이는 데카르트가 정신과 물질을 별개의 실체로 본 것과는 대조적입니다. 스피노자의 범신론적 일원론은 "신 즉 자연"(Deus sive Natura)이라는 그의 유명한 명제에 잘 나타납니다. 그는 신과 자연을 동일시함으로써 초월적 신의 존재를 부정하고 모든 존재를 하나의 필연적 체계 안에 위치시킵니다. 이러한 관점은 당시로서는 매우 급진적인 것이었으며, 그로 인해 스피노자는 종교적 박해를 받기도 합니다.

스피노자의 사상은 과학적 사고의 발전에도 중요한 영향을 미칩니다. 그의 일원론적 세계관은 자연의 통일성과 법칙성을 강조하는데,

이는 과학자들이 자연현상 이면의 보편적 원리를 탐구하는 데 중요한 철학적 기반을 제공합니다. 특히 스피노자의 결정론적 세계관은 주목할 만합니다. 그에 따르면 모든 사건은 필연적인 인과 관계의 연쇄 속에서 발생합니다. 이는 자연현상을 인과적으로 설명하려는 과학적 접근방식과 맥을 같이 합니다. 실제로 아인슈타인은 스피노자의 결정론으로부터 깊은 영향을 받았다고 알려져 있으며, 그의 상대성이론 구상에 중요한 영감을 주었다고 언급합니다.

또한 스피노자는 심신 문제에 대해서도 새로운 관점을 제시합니다. 그는 정신과 물질을 하나의 실체의 서로 다른 속성으로 보는데, 이는 심리 현상과 물리 현상의 관계를 탐구하는 현대 심리학과 신경과학의 발전에 영향을 미칩니다. 스피노자의 합리주의적 윤리학 또한 주목할 만합니다. 그는 인간의 이성을 통해 자연의 필연적 질서를 이해함으로써 진정한 자유와 행복에 이를 수 있다고 봅니다. 이러한 관점은 계몽주의 사상의 발전에 기여하며, 나아가 근대 민주주의의 철학적 기초를 마련하는 데 일조합니다.

데카르트와 스피노자의 사상은 각각 이원론과 일원론이라는 상반된 입장을 취하고 있지만, 둘 다 17세기 과학혁명의 중요한 사상적 기반을 제공했다는 점에서 의의가 있습니다. 데카르트가 물질세계를 기계론적으로 설명할 수 있는 토대를 마련했다면, 스피노자는 자연의 통일성과 법칙성을 강조함으로써 보편적 자연법칙의 탐구에 철학적 정당성을 부여했습니다. 결론적으로, 스피노자의 사상은 데카르트 철학에 대한 비판적 계승이자 독자적인 발전으로 볼 수 있습니다. 그의 일원론적 세계관과 결정론적 자연관은 이후의 과학 발전에 중요한 철학적 기반을 제공했으며, 오늘날까지도 과학철학과 윤리학 분야에서 활발히 논의되고 있습니다.

8장

천문학 혁명

1. 코페르니쿠스

이탈리아나 프랑스, 영국 등과 비교하면 당시 폴란드는 유럽의 변방이었습니다. 당연히 좀 배우고 형편이 넉넉하면 21세기 대한민국에서 미국으로 유학을 가듯이 이탈리아로 갔지요. 니콜라우스 코페르니쿠스(Nicolaus Copernicus)도 그중 한 명이었습니다. 1496년에서 1501년까지는 볼로냐대학에서, 그 후에는 잠시 파도바대학에서 수학했습니다. 이탈리아 유학은 지금으로 치면 대학원 과정이었습니다. 독일의 대학에서 수학과 천문학을 공부한 후였으니까요. 중세 시대가 그렇듯이 신부인 외삼촌이 유학 비용을 대주었지요. 후계로 삼았다고나 할까요? 그래서 코페르니쿠스도 목표는 신부가 되는 것이었고 대학도 신학부로 입학했습니다.

그러나 다들 아시다시피 코페르니쿠스는 그곳에서 천문학에 대한 다양한 서적과 지식을 접했으며, 또 당시 이탈리아에 유행했던 신플라톤주의의 영향도 받았습니다. 당시 대학들이 대부분 아리스토텔레스에 기초한 학문적 전통을 가지고 있었던 건 사실이지만 이탈리아는 조금 사정이 달랐지요. 이탈리아에서 교황에 맞서 가장 강력한 정치권력과 금권을 행사했던 메디치가가 플라톤에 심취해서 플라톤 아카데미를 만들 정도였으니까요. 더구나 변방의 시골에서 유학 온 코페르니쿠스도 아리스토텔레스적 교리보다는 이전 교부철학의 기초가 되는 플라톤주의가 더 받아들이기 쉬웠을 겁니다.

이탈리아에서 신부 수업도 받고, 천문학에 대한 지식도 충전하고, 신플라톤주의의 세례도 받은 코페르니쿠스는 다시 폴란드로 돌아갑니다. 삼촌과 애초 약속한 대로 신부가 되고, 주교가 된 삼촌의 비서직과 참사회 활동을 합니다. 그러나 그의 마음 속 천문학에 대한 갈망은 사라지지 않았습니다. 그는 낮에는 참사회의 일원으로 교구 관리 일을 하고 밤이면 별을 관측하며 천문학 연구를 계속하지요.

이때 그가 주로 본 책이 레기오몬타누스의 『알마게스트 발췌본』입니다. 이탈리아 볼로냐 대학과 파도바 대학에서 공부할 때 아리스타르코스의 태양중심설을 접했을 수도 있겠지만, 레기오몬타누스의 책에서도 태양중심설에 대한 힌트를 얻었던 것으로 보입니다. 수학과 천문학은 떼어놓을 수 없는 관계지만, 수학과 신플라톤주의도 마찬가지로 꽤나 친숙한 관계입니다. 이후 등장할 갈릴레오 갈릴레이도, 요하네스 케플러도 마찬가지였지요.

우주를 기하학적 우아함으로 설명할 방법을 찾는 것은 피타고라스와 플라톤 이래로 수학과 천문학을 연구하는 이들의 로망이기도 했습니다. 그리고 그 원형은 플라톤의 이데아였지요. 물론 신플라톤주의는 앞서 살펴본 것처럼 원래의 플라톤주의와는 조금 궤를 달리합니다만 기하학적 우아함을 추구한다는 점에서는 동일했습니다.

그런 의미에서 코페르니쿠스에게 아리스토텔레스적 우주관은 목숨 걸고 지켜야 할 것은 아니었지요. 지구 중심의 월하계와 천상계의 나눔은 나름대로 받아들일 수 있는 것이기는 했지만 그보다 더 중요한 것은 기하학적 우아함이었습니다. 만약 둘을 놓고 하나만 선택해야 한다면 기하학적 우아함을 선택하는 것이 신플라톤주의의 세례를 받은 이들의 공통된 마음이었을 것입니다. 더구나 피타고라스의 궤적을 좇은 선배 아리스타르코스의 예가 이미 있으니까요.

그렇다고 코페르니쿠스가 쉽게 선택을 한 건 아닙니다. 그 역시 독일의 대학과 이탈리아 대학들에서 천문학을 공부하면서 프톨레마이오스적인 우주 체계, 즉 아리스토텔레스적 우주관을 받아들였습니다. 이탈리아에서 돌아온 그는 근 20여 년 동안 『알마게스트 발췌본』과 자신이 직접 눈으로 본 것을 계속 대조하며 연구를 계속했고, 그 결실이 무르익은 1529년이 되어서야 집필에 들어갑니다.

프톨레마이오스 체계의 복잡성과 비일관성에 불만이 많았던 그는 이를 해결하려고 새로운 체계를 고안합니다. 하지만 프톨레마이오스의 우주를 완전히 뜯어고치지는 않습니다. 천구도 그대로 있고, 행성과 지구가 천구에 고정되어 도는 것도 그대로입니다. 단 하나 태양과 지구의 위치만 바뀌었습니다. 그가 해결하고자 했던 것은 결국 '기하학적으로 우아한 우주'를 만드는 것이었습니다. 플라톤의 지상 명제 '원으로 현상을 구제하라'는 명령을 충실히 받들었던 것뿐이지요.

그러나 불행하게도 태양과 지구를 맞바꾸는 것만으로 행성 궤도를 완전히 원으로 만들 수는 없었습니다. 애초에 행성들이 원 궤도를 돌지 않았기 때문이지요. 결국 그는 프톨레마이오스적 우주체계에 있던 이심과 주전원 개념을 그대로 도입합니다. 모두 원운동을 위한 것이지요. 그래서 프톨레마이오스 체계의 복잡함을 비판한 그였지만, 코페르니쿠스의 체계 역시 여전히 복합한 구조를 가질 수밖에 없었습니다.

흔히들 '코페르니쿠스적 전환'이라는 말을 많이 씁니다. 기존의 패러다임을 뒤집는 사건에 흔히 붙이지요.[39] 우리로서는 잘 와 닿지 않는 개념입니다. 우린 동아시아적 전통에 사는 사람이니까요. 그러나 수백년 이상을 아리스토텔레스적 세계에서 살아왔던 이들에게는 천지가 개벽하는 일이었습니다. 코페르니쿠스적 전환은 단지 우주의 중심이 지구에서 태양으로 바뀌는 것뿐만 아니라 목적론이 사라지고, 천상계와 월하계의 구분이 없어지고, 생명의 사다리를 빼앗기고, 4원소설이 사라지는 거대한 변화의 시작이니까요. 물론 그 중심에 서있던 코페르니쿠스에겐 우아한 우주를 위한 작은 수정이었을 뿐이지만요.

39. 칸트가 그 대표적 사례다. 칸트는 『순수이성비판』에서 우리 인식의 한계를 대상이 아닌 인식 주체의 문제로 180도 전환하면서, 이런 접근법을 '코페르니쿠스적 전회'라고 불렀다.

2. 튀코 브라헤

가장 눈이 밝았던 자, 그러나 결코 진리를 보는 눈을 뜨지 않았던 자… 케플러의 말대로 현인처럼 살았는지는 모르겠지만 역사상 가장 바보처럼 죽은 자, 튀코 브라헤(Tycho Brahe)입니다. 덴마크 귀족의 장남으로 태어나 역시 귀족인 큰아버지의 양자가 되었지요.

그는 1572년 14개월간의 관측으로 하늘에 새로운 천체가 나타났음을 알립니다. 『신성(新星)에 대하여』(*De Nova Stella*)라는 책이었습니다. 아주 화려한 데뷔 무대였습니다. 그가 누구보다도 밝은 눈을 가졌을 뿐 아니라 끈질기고 꼼꼼하게 하늘을 바라본다는 것을 알렸지요. 특히 그의 화성궤도 관측 자료는 놀라울 정도로 정확했으며, 후에 케플러가 행성 운동법칙을 발견하는 데 결정적인 역할을 합니다.

사실 이 책보다 먼저 그는 점성술로 명성을 쌓았습니다. 1566년에 그는 자신의 점성술로 별점을 쳤고, 당시 오스만튀르크 제국의 술탄 술레이만 1세가 곧 죽을 것이라고 예언을 했지요. 술레이만은 그해 9월 7일에 사망합니다. 사람들은 열광했습니다. 특히나 황제와 왕들이 그에게 지극한 관심을 보였지요. 『신성에 대하여』라는 책을 접한 왕은, 점성술에만 일가견이 있는 줄 알았는데 새로운 별을 가장 정확히 관측한 천문학자로서의 면모도 보이는 이 귀족 혈통의 젊은이에게 그가 가장 기뻐할 선물을 합니다.

그는 1576년 덴마크 북쪽의 섬 벤(Hven)에 천문대를 짓습니다. 덴마크 왕 프레데리크 2세는 벤 섬을 그의 영지로 하사하고 천문대 건설 자금도 제공합니다. 천문대의 운영자금은 그 섬의 소작료를 거두어 쓸

수 있도록 해주었지요. 가장 빛나던 때였죠. 그는 스스로 천문대의 이름을 '빛나는 성'(Uraniborg)이라 짓고 그 성의 성주로 매일 밤하늘을 보며 행복했습니다.

튀코 브라헤는 1577년 발견한 혜성이 움직이는 과정을 관측하여 목성과 토성 사이에 존재한다는 사실을 밝혀내기도 합니다. 그리고 자신감이 붙어서였을까요? 그는 자신만의 우주 모델을 제안합니다. 1587년 『새로운 천문학 입문』을 펴냅니다. 이 책에서 그는 지구를 중심에 두고 다른 행성들이 태양 주위를 도는 독특한 우주 모델을 제안했습니다. 이 모델은 당시 코페르니쿠스의 태양중심설과 전통적인 지구중심설 사이의 타협안으로 여겨졌으며, 관측 데이터와도 잘 맞았습니다.

그러나 1597년 후원자 프레데리크 2세가 사망하자 후원은 끊기고 그는 새로운 후원자를 찾아 당시 유럽의 중심이자 신성로마제국에 속해 있던 프라하로 갑니다. 황제 루돌프 2세의 후원을 얻어 새로 천문대를 만들고 다시 관측을 재개하며, 자신의 부족한 수학 실력을 보충해줄 젊은이 요하네스 케플러(Johannes Kepler)를 만나지요.

케플러는 브라헤의 엄청난 관측 자료와 일정한 수입이 필요했고, 브라헤는 케플러의 뛰어난 수학 실력이 필요했지요. 그러나 그들 사이의 관계는 항상 아슬아슬하고 위태로웠습니다. 그 위태로움도 오래 가지는 못했지요. 프라하로 온 지 2년째인 1601년, 별을 보기 위해 어떠한 일도 마다하지 않았던 튀코 브라헤는 오줌을 참다 방광이 터져서 죽습니다. 젊은 시절 결투에서 생긴 상처로 놋쇠로 된 인조코를 달고 다니던 그는 음, 뭐랄까요? 덧붙일 말이 생각나지 않는 그런 죽음을 맞이했습니다.

그는 당시 천문 관측표의 기록 중 자신의 관찰 결과와 다른 것들을 대부분 수정합니다. 달의 궤도, 별의 위치 등 수없이 많은 목록이 있었지요. 그리고 그가 수정한 것들은 다른 천문학자들에 의해 인정됩니다. 그야말로 육안으로 관측할 수 있는 한계의 끝까지 관측해낸 이로서 그는 엄청난 명성을 누리지요. 그가 작성한 항성 목록의 오차는 25초[40]에 지나지 않았습니다.

타고난 귀족이었던 그는 자신의 의견에 반하는 이들과는 격렬한 논쟁과 실제 싸움 또한 마다하지 않았습니다. 코를 날린 것도 결투에서였지요. 귀족이었고, 양부는 그가 자신을 이어 정치가가 될 것을 바랐지만 오직 별 하나만 바라보는 외골수 기질도 그의 특징입니다.

어찌되었건 그가 발견한 새로운 별은 아리스토텔레스적 우주관에 또 하나의 깊고 굵은 상처를 냅니다. 완전하고 영원한 우주에는 어떠한 새로운 천체도 생길 수 없고, 존재하는 무엇도 사라지지 않아야 하는데, 그는 단 하나이기는 하지만 새로운 별이 생겼다는 사실을 누구도 부정하지 못하게 14개월에 걸쳐 꼼꼼하게 기록해서 내밀었지요.

마찬가지로 혜성의 발견도 아리스토텔레스의 우주관에 커다란 구멍을 냅니다. 혜성이 행성들 사이로 움직이고 있다는 그의 발견은 천구(Celestial spheres)를 무의미하게 만들었습니다. 플라톤에서 프톨레마이오스에 이르기까지, 그리고 코페르니쿠스마저도 행성은 우리 눈에 보이지 않는 투명한 천구에 매달려 하늘을 움직인다고 생각했지요.

---

40. 원을 360등분하면 1°가 된다. 그 1°를 60등분하면 1분이 되고, 그 1분을 다시 60등분하면 1초가 된다. 25초는 반지름 1미터짜리 원을 그리면 원주에서 0.1밀리미터 정도 되는 길이의 각도로, 머리카락 두께 정도일 것이다.

하지만 혜성은 그 믿음을 비웃으며 토성보다 먼 곳에서 토성과 목성을 통과해서 태양을 향해 움직이고 있었던 것이죠. 만약 천구가 있었다면 혜성은 천구에 부딪쳐 튕겨나갔을 텐데 아무 일도 없다는 듯이 말이죠. 거기다가 혜성 자체의 궤도도 원운동이 아닙니다. 행성들의 역행운동도 견디기 힘든데 그보다 더 괴상한 궤도를 도는 녀석이 우주에 있었던 거죠.

사실 그리스 시대라고 혜성이 없었겠습니까? 하지만 아리스토텔레스와 그의 후계자들은 혜성이 천상계에 속한 것이 아니라 월하계에 속한 거라 여겼습니다. 즉 달보다 아래쪽에서 일어나는 현상이라 생각한 것이죠. 마치 별똥별이나 마찬가지라고 주장했습니다만, 이제 눈 밝은 튀코 브라헤에 의해 그마저도 천상계로 복귀하게 되었습니다.

하지만 튀코는 코페르니쿠스의 태양중심설을 받아들이지 않았습니다. 그의 가톨릭 신앙 때문이기도 했지만 관측 결과와도 맞지 않았기 때문입니다. 그는 처음 신성을 발견하고는 14개월 걸쳐 관측하며 연주시차를 측정해보았지만 별의 연주시차를 알 수 없었습니다. 별은 미동도 하지 않는 듯이 보였지요. 또한 지구가 자전한다면 동쪽으로 쏘는 포탄과 서쪽으로 쏘는 포탄이 도달하는 거리가 서로 달라야 하는데 실측을 해보면 그렇지 않다는 점도 그를 지동설에 회의적이게 만들었습니다.

하지만 그에게도 플라톤의 명제는 살아있었습니다. 그는 자신이 할 수 있는 최대한의 고민을 담아 자신의 태양계 모델을 만듭니다. 지구가 우주의 중심인 건 여전하고, 태양은 지구 주위를 돕니다. 그리고, 그리고 말이죠. 다른 다섯 행성은 태양 주위를 돕니다. 스스로는 절묘하다고 생각했을까요? 지구는 여전히 우주의 중심이고, 행성들은 원 궤도를 그리니 말이지요.

그러나 모두를 만족시키려는 답은 모두에게 불만을 안길 뿐입니다. 그의 관측에는 최고의 찬사를 보내던 이들도 그의 태양계 모델에는 시큰둥했을 뿐입니다. 그리고 그가 제안한 모형은 자신이 측정한 행성들의 궤도와도 맞지 않았습니다. 그가 케플러와 계약을 한 것도 바로 이 행성 이론을 자신의 관측과 맞게 수정하려고 했던 거지요. 그러나 이미 지동설을 믿고 있던 케플러와 싸우고 화해하는 사이 죽음 앞에 서게 됩니다. 그의 자료 소유권을 두고 가족들과 케플러가 맞서게 되는데 그의 유언은 제가 생각해도 케플러에게 넘기라고 한 것이 맞을 듯합니다. 일생을 별을 바라보며 살았던 이가 그 관측 자료를 제대로 이해하지도 못하는 가족에게 남길 리가 없지요.

3. 요하네스 케플러

튀코 브라헤가 한창 성가를 올리던 1571년 여관집 딸과 용병 사이에서 요하네스 케플러가 태어납니다. 칠삭둥이로 태어난 그는 어머니와 함께 외할아버지의 여관에서 삶을 시작합니다만 천연두를 앓으면서 더욱 허약한 몸이 됩니다. 가난한 평민, 불구의 손, 시력도 약한 아이였지만 수학적 재능만큼은 타고나서 영재학교로 진학합니다. 어떻게든 능력을 보여 대학까지 진학하고 거기서도 발군의 수학 실력과 점성술을 뽐냅니다. 목사가 되려 했지만 수학과 천문학 교사가 되지요. 이때 이미 코페르니쿠스 지동설의 열렬한 지지자였습니다.

당시 뛰어난 수학자 중 많은 이가 그랬듯이 그 또한 신플라톤주의의 영향을 깊게 받습니다. 그는 성경의 구절과 자신의 수학적 재능을 합쳐 1596년 『우주 구조의 신비』라는 책을 펴냅니다. 초기 케플러에게서 느껴지는 우아한 기하학으로서의 우주를 표현하지요. 고대 그리스 때부터 정다면체는 정사면체, 정육면체, 정팔면체, 정십이면체, 정이십면체의 다섯 개만이 존재할 수 있다는 사실만큼은 알려져 있었습니다. 케플러는 이를 행성의 수와 연관시켰습니다. '태양을 중심으로' 수성, 금성, 지구, 화성, 목성, 토성의 여섯 개의 행성만 존재하는 이유를 정다면체로 풉니다.

제일 안쪽에 수성이 도는 궤도가 있습니다. 그리고 그 원 궤도에 외접하는 정팔면체를 상상합니다. 이제 이 정팔면체에 외접하는 금성의 원 궤도가 놓입니다. 그리고 금성의 궤도에 외접하는 정이십면체, 그에 외접하는 지구의 궤도, 지구 궤도에 외접하는 정십이면체, 그에 외접하는 화성, 화성 궤도에 외접하는 정사면체, 그에 외접하는 목성, 목성 궤도에 외접하는 정육면체와 그에 외접하는 토성을 보여줍니다. 아주 멋진 그림입니다. 플라톤이 원하던 기하학적 우주 그 자체였지요.

그러나 이 그림은 상상 속의 세상입니다. 그는 병약했고 시력도 나빠 실제 관측을 하지 못했습니다. 다른 이들이 작성한 관측 자료를 살필 기회도 없었습니다. 그저 몇 안 되는 자료와 『알마게스트』에 기초해서 그린 플라톤에 대한 헌정물일 뿐이었습니다. 그러나 이 책을 통해 그는 지식인들 사이에서 꽤 하는 천문학자로 인식됩니다.

덕분에 튀코 브라헤와도 연결이 되었지요. 서로 편지를 주고받으면서 둘은 서로가 필요함을 느낍니다. 케플러가 더 급했지요. 그라츠에서 교사로 일하며 근근이 생계를 꾸려가고 있었는데, 그즈음 신교도들에 대한 가톨릭의 박해가 더 심해졌습니다. 결국 추방당한 케플러는 튀코에 합류하고, 1년 뒤 튀코 브라헤가 죽자 그에 뒤이어 신성로마제국의 궁정수학자가 됩니다. 당시 궁정수학자라는 이들이 대개 그랬듯이 그 또한 점성술로 황제를 보필합니다. 그러나 이미 바지사장 정도로 전락한 황제는 그에게 약속한 월급 대부분을 체불하고 케플러는 이전까지의 삶처럼 남은 삶 또한 곤궁에서 벗어나지 못합니다.

그 와중에도 케플러는 자신에게 있는 모든 시간을 쏟아 튀코의 관측 자료를 살핍니다. 특히 화성의 관측 기록을 세밀하게 보았습니다. 화성은 다른 행성에 비해 이심률이 컸기 때문이지요. 튀코가 남긴 20년에 걸친 화성 관측 기록을 몇 년 간 보고 또 보지요. 관측 결과에 맞는 궤도를 이론적으로 만들어보려고 이리저리 고민을 합니다.

앞서 말씀드렸듯이 그는 태양중심설의 지지자였습니다. 애초에 튀코의 모델이든 프톨레마이오스의 모델이든 지구중심설은 염두에 두지도 않았지요. 태양을 중심으로 튀코의 관측 자료를 원운동 궤도로 만드는 것이 그의 목적이었습니다. 겨우 관측 결과와 가장 유사한 모델을 만들어내는 데 성공하지만 케플러 스스로 마음에 들지 않지요.

평균적으로 '2분'의 범위 내에 일치하는 모델이기는 했습니다만 특정 지점에서 8분의 격차가 벌어졌기 때문입니다. 그는 튀코의 다른 점에 대해서는 거의 마음에 들어 하지 않았고 신뢰하지도 않았지만, 그의 관측 능력만큼은 믿었던 거지요. 수십 번에 걸친 계산과 고민이 있었습니다. 8분의 오차. 원을 360등분한 것 중의 하나가 1°이고 그 1°를 다시 60등분한 것 중 8에 해당하는 오차입니다. 지름 1미터짜리 원을 그린다면 볼펜 줄 지나간 두께 정도나 될까요? 무시해버려도 그 자신을 제외하고는 아무도 문제 삼지 않을 수도 있는 문제. 그는 기존에 전해진 천문학적 방법을 모두 동원해보았으나 결국 실패하고 맙니다.

여기서 그는 기존의 과학과 두 가지 의미의 결별을 선언합니다. 하나는 자신의 믿음과 관측 결과가 다를 때 무엇을 따를 것인가에 대한 문제입니다. 그는 관측 결과를 따랐지요. 자신이 온전히 믿고 있던 우아한 기하학의 우주, 그 근본이 되는 원 궤도를 스스로 부정하고 타원 궤도를 도입합니다. 케플러의 제1법칙입니다. '행성은 태양을 그 한 초점으로 하는 타원 궤도를 돈다.'

아무리 케플러가 신플라톤주의자이기는 해도 근대적 의미의 과학자로서의 면모를 잃지 않은 것이지요. 이 당시 영국에서는 유명론이랄까 경험론의 선조쯤 되는 경향들이 새로 나타나지만 케플러가 그런 영향을 받은 것 같지는 않습니다. 그래도 그 역시 주어진 사실을 자신의 주관에 꿰어 맞추는 식의 태도는 더 이상 보이지 않은 것이죠. 갈릴레오와는 조금 다르지만 그 역시 새로운 의미의 과학자로서의 면모를 보이고 있습니다. 우리가 흔히 중고등학교 때 배우는 과학적 방법, 즉 가설을 설정하고 실험 및 관측을 한 후 그 결과가 가설과 다르다면 가설을 의심해야 한다는 과학적 태도에 있어 제가 아는 한 최초의 인물입니다. 그가 발견한 법칙 못지않게 그의 이러한 태도는 그 자체로 커다란 의미가 있습니다.

다른 하나는 제2법칙과 제3법칙입니다. 사실 제2법칙이 케플러의 발견 중 가장 먼저입니다. '행성과 태양을 연결하는 가상적인 선분이 같은 시간 동안 쓸고 지나가는 면적은 항상 같다'는 면적속도 일정 법칙입니다. 등속 원운동은 아니지만 면적속도만큼은 일정하다는 건 케플러에게 나름의 위안이었을지도 모르겠습니다.

제3법칙은 이 둘보다 훨씬 뒤에 밝혀집니다. '행성의 공전주기의 제곱은 궤도의 장반경의 세제곱에 비례한다'는 것이지요. 그에 이르러 수학과 천문학이 만납니다. 아니 물리학과 천문학이 만난다고 해도 과언이 아닙니다. 더 본격적인 만남은 동시대의 갈릴레오에게서 이루어지지만요. 당시 유럽의 대학에서는 수학 교수가 따로 있고 자연철학 교수가 따로 있었습니다. 수학은 일종의 교양과목이었고, 철학(자연철학)은 전공이었지요. 수학 혹은 계산 천문학은 철학보다 훨씬 못한 대우를 받았습니다. 당시 자연철학자들 가운데는 케플러가 수학적 모델을 통해 천문학적 현상을 설명하는 것을 못마땅해 하는 이들이 꽤 많았을 정도입니다.

또 하나 우리가 주목할 부분은 천구입니다. 에우독소스 이래로 천체의 운행은 그 천체가 속박되어 있는 천구의 회전에 의한 것이었습니다. 혜성이 행성의 궤도를 가로질러서 움직인다는 사실을 튀코가 발견함으로써 천구의 존재가 의심스러워졌지만 존재 자체가 완전히 배제된 것은 아닙니다. 케플러에 이르러서야 천구는 아무 의미 없는 관념에 지나지 않게 되었지요. 그러나 여기서 다시 문제가 생깁니다. 만약 천구가 없다면 행성은 무엇에 의해 태양 주위를 공전하는 것인가라는 것이죠. 즉 회전 운동의 원동력이 문제가 됩니다. 이즈음 영국의 길버트는 『자석에 대하여』라는 책에서 지구는 하나의 커다란 자석이라는 주장을 합니다. 케플러도 이 책을 읽었지요.

여기서도 아리스토텔레스적 우주관의 균열이 부분적으로 보입니다. 아리스토텔레스적 우주관에 따르면 천상계는 완전한 곳이라 새로운 것이 생겨나지도 사라지지도 않는다고 했습니다. 이 말을 조금 더 확장해보자면, 운동 또한 마찬가지입니다. 천체는 직접 움직이지 않고, 천구가 운행하는 것 역시 천체가 포함된 우주 전체의 운동으로 보고 '변화'를 부정하는 관점입니다. 즉 우주에 속한 개별 주체—행성이건 별이건 말이지요—가 천상계 자체에 대해 운동하는 것을 부정하는 것이었죠.

그런데 천구가 없으니 이제 행성은 독자적으로 운동해야 합니다. 천상계 자체에 대한 개별 물질의 상대운동이 일어나야 합니다. 이 자체로도 아리스토텔레스적 우주관에 대한 균열이지요. 하지만 더 중요한 것은 행성들이 상대운동을 하기 위해서는 그를 추동하는 힘이 있어야 한다는 사실입니다. 이전 아리스토텔레스적 체계에서는 천상계를 구성하는 에테르 자체의 속성에 의한 '완전한' 원운동이 제안되었지만,

이는 어디까지나 천상계와 천구 자체의 운동이었지요. 그러나 이제 개별 물체의 독자적 운동은 이러한 에테르 이론으로는 설명할 수 없게 되었습니다.

또 하나 자석이 다른 물질을 끌어당기는 힘은 '접촉에 의해서만 전달되는 힘'이라는 아리스토텔레스적 역학의 예외적 존재였습니다. 물론 이에 대한 다양한 가설이 있었습니다만, 다른 힘과 달리 '원격'으로 작용되는 모습은 자석이 가진 신비한 요소였습니다. 이 자석에 대한 길버트의 주장은 한편으로 태양과 행성과의 관계에도 적용해볼 가치가 '당시로는' 있었습니다.

케플러도 이 점에 착안했지요. 행성은 자기력(과 비슷한 힘)을 태양으로부터 받는다고 생각했습니다. 자석이 그러하듯 이런 힘도 거리가 가까우면 세지고 멀면 약해지지요. 그래서 태양에 가까이 가면 속도가 빨라지고, 멀어지면 속도가 느려진다고 보았습니다. 그의 면적속도 일정의 법칙은 이러한 역학의 기반 위에서 제시되었습니다. 또한 태양에서 멀면 그 힘이 약해져서 공전 속도가 느려지고, 가까우면 공전 속도가 빨라진다는 점에서 그의 제 3법칙이 성립합니다. 물론 그는 우주가 에테르로 가득 채워져 있고, 이 에테르에 의해 태양으로부터 나온 힘이 행성에 전달된다고 여겼으니 완전히 '원격'으로 작용하는 힘이라고는 생각하지 않았습니다. 케플러는 이렇게 수학적 계산에 의해 천체 운동을 설명하는 근대 천문학의 기틀을 세웠지만, 여전히 일부 한계를 보여준 채로 그 과제를 다른 인물들에게 넘깁니다.

4. 조르다노 브루노

같은 불빛이라도 멀리서 비추면 작고 어두워 보이고, 가까우면 크고 밝아 보입니다. 누구든 아는 사실이지요. 그러나 그 사실이 천체와 연관이 되면 엄청난 폭발력을 만듭니다. 태양중심설이 과학자들—정확히는 천문학자들과 수학자, 자연철학자들—사이에서 인정을 받으면서 별까지의 거리가 문제가 됩니다. 앞서 이야기했듯이 지구가 태양 주위를 공전한다면 당연히 별을 관찰할 때 연주시차가 관찰되어야 합니다만, 실제로는 관찰되지 않았지요. 태양중심설을 인정한다면 그 이유는 별이 연주시차를 관찰할 수 없을 만큼 아주 멀리 있는 존재이기 때문입니다. 다른 이유는 있을 수 없습니다.

그렇다면 그 별이 태양만큼 가까이 있다면 얼마나 밝을까에 대해 생각하는 사람들이 생겼습니다. 당시에도 불빛이 거리의 제곱에 반비례한다는 건 알려져 있었습니다. 즉 두 배 멀면 네 배 어두워지고, 열 배 멀면 백 배 어두워지는 것이죠. 그렇다면 연주시차를 관찰할 수 없을 만큼 멀리 있는 별이 가까워지면? 당연히 태양만큼 밝습니다. 그렇다면? 하늘의 저 수많은 별들이 사실은 태양과 같다는 것이죠. 즉 이 우주에는 우리의 태양과 같은 수천 개의 별들이 각자 빛나고 있다는 결론입니다. 하지만 이게 끝이 아닙니다. 만약 별과 태양이 동급이라면, 태양이 행성을 거느리고 있듯 저 별들도 각자의 행성을 거느리고 있지 않을까라는 합당한 질문이 나옵니다. 그리고 그 질문의 연장선상에서 그 행성 중에도 지구처럼 생명이 살지 않을까? 그 생명들 중 인간처럼 이성을 가진 존재가 있지 않을까? 이런 생각이 드는 것이 당연하지요.

이런 생각을 처음 말한 이는 영국의 토머스 디기스(Thomas Digges)였습니다. 그러나 큰 반향은 없었습니다. 당시만 하더라도 영국은 먼 변방의 나라였고, 그의 지명도도 떨어졌으니까요. 하지만 같은 주장을 교황이 시퍼렇게 살아있는 이탈리아의 수도사가 했다면? 말이 달라집니다. 조르다노 브루노(Giordano Bruno)입니다. 브루노는 르네상스 시대의 신플라톤주의 철학에 깊은 영향을 받았습니다.

그의 사상은 플라톤의 이데아론과 신플라톤주의의 일원론적 세계관을 바탕으로 하고 있었으며, 이는 그의 무한 우주론으로 이어졌습니다. 조르다노 브루노는 교회의 힘이 기세등등하게 살아있는 이탈리아에서 별은 태양과 같고, 그 별마다 행성이 있으며, 그 행성 중에는 인간과 같은 지성체가 살고 있다는 이단적 주장을 폅니다. 교황과 가톨릭교회의 분노를 산 그는 프랑스로, 스위스로 도피합니다만 그곳에서도 자신의 주장을 거두기는커녕 계속 외치고 다니지요. 그렇게 몇 년을 도피하던 그가 다시 이탈리아로 돌아옵니다. 왜 다시 돌아왔는지에 대해서는 그도 또 다른 누구도 이야기하지 않지만 제 추측으로는 진리에 대한 순교라 여겨집니다.

조르다노 브루노는 과학자는 아니었습니다. 다만 과학자들이 쓴 글을 읽고 그것을 신뢰하고, 논리가 시키는 대로 거침없이 나갔지요. 그 결론은 인간만이 신의 은총을 받는 존재가 아니라는, 당시로서는 엄청난 논리였습니다. 그리고 이탈리아에 머물 형편이 안 되기도 했지만 그는 오히려 그것을 기회삼아 자신의 사상을 전파하기 위해 이탈리아를 떠났던 거죠. 그러나 유럽을 다니면서 자신의 주장을 펼치지만 별 호응을 얻지는 못합니다. 그가 만약 과학자라면 자신의 주장을 뒷받침할 연구를 했겠지요. 그러나 그에게는 주장만 있고, 이를 증명할 과학적 방법론이 딱히 있는 건 아니었습니다. 대신 그는 자신을 죽이려는 율법학자들과 유다인들이 득실거리는 예루살렘으로 들어가는 예수처럼 이탈리아로 다시 돌아갑니다.

1592년 베네치아에서 체포된 브루노는 로마로 이송되어 7년 동안 감금되었습니다. 그는 이단, 신성모독, 마법 등의 혐의로 기소되었습니다. 특히 그의 무한 우주론과 지구중심설 부정, 그리고 예수의 신성 부정 등이 주요 혐의였습니다. 재판 과정에서 브루노는 여러 차례 자신의 주장을 철회할 기회를 얻었지만, 그는 끝까지 자신의 철학적 신념을 지켰습니다. 결국 그는 회개를 거부했다는 이유로 1600년 2월 17일, 로마 '캄포 데이 피오리'(꽃의 들판) 광장에서 화형에 처해졌습니다.

로마 광장에서 화형을 당하면서도 그는 꿋꿋했습니다. 화형 직전, 브루노는 화형에 선고하는 재판관들을 향해 이렇게 말했다고 전해집니다. "이 판결을 선고하는 것을 나보다 너희가 더 두려워하며 떨고 있구나." 그리고 화염 속에서도 한 마리 맹수처럼 주변을 굽어보며 삶을 다했습니다. 1600년 2월 17일의 일이었습니다.

그로부터 300년 후인 1899년 화형당한 그 자리에 그의 동상이 들어섭니다. 이제 300년 전과는 비교할 수 없을 만큼 약해진 교황청과 교황 레오 3세가 강력하게 항의하지만 소용없었지요. 빅토르 위고, 입센로랑, 바쿠닌 같은 당시 유럽의 지식인들이 모여 세운 그 동상에는 다음과 같은 글귀가 적혀 있습니다.

"브루노에게, 그대가 불태워짐으로써 그 시대가 성스러워졌노라."

5. 갈릴레오 갈릴레이

멀리 네덜란드에서 망원경이라는 물건이 만들어졌다는 소식을 듣자마자 갈릴레오(Galileo Galilei)는 무릎을 쳤을 겁니다. '아, 내가 왜 미처 생각을 하지 못했단 말인가! 그 간단한 원리를!' 그는 바로 망원경을 만듭니다. 물론 혼자 힘으로는 힘들었지만 그를 도와줄 사람을 구하는 건 어려운 일이 아니었지요.

이미 세상과의 타협을 어떻게 해야 하는지 알고 있던 그는 자신이 만든 망원경을 후원자들에게 바칩니다. 해안의 망루에 올라 자신이 만든 망원경으로 멀리 떠 있는 군함을 지척에서 보듯이 볼 수 있다는 사실을 후원자들에게 보여주지요. "해안으로 접근하는 적의 군함을 누구보다 먼저 알아차릴 수 있다면 도시의 수비는 훨씬 쉬워질 것입니다. 그뿐이 아닙니다. 선박에서도 망원경을 통해 해적의 출몰을 먼저 알아차릴 수도 있지요." 후원자들로부터 망원경의 제작비용을 조달한 갈릴레오. 하지만 그가 보고자 한 것은 먼 바다의 배가 아니라, 그보다 더 먼 하늘의 천체였습니다.

그가 의도적으로 지동설의 증거를 찾았다는 것은 거의 확실한 듯합니다. 가장 중요한 증거는 금성의 위상변화입니다. 지구가 우주의 중심이라는 천동설에서는 금성은 항상 태양의 앞쪽에서 지구 주위를 돕니다. 그럴 경우 지구에서 보았을 때 금성의 모습은 항상 반달보다 더 얇은 모습일 수밖에 없지요. 하지만 금성과 지구가 태양 주위를 돈다면, 지구에서 봤을 때 태양 뒤쪽에 있는 금성이 보름달 모양으로 동그란 걸 볼 수 있습니다. 지동설의 결정적 증거지요. 행성들의 역행운동

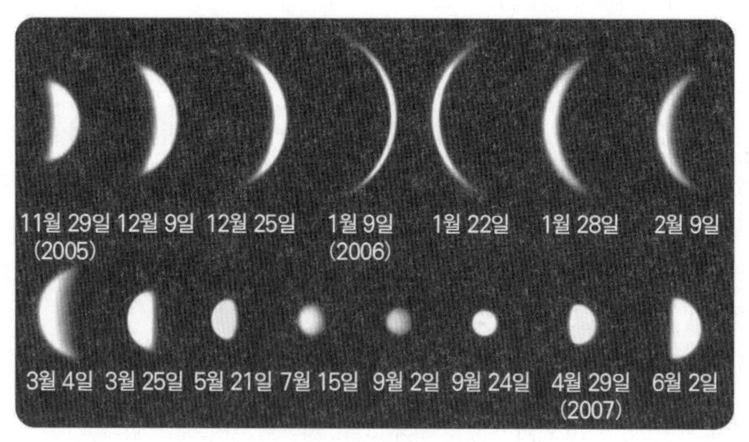

그림 3. 금성의 위상변화

은 억지로라도 맞추면 어찌어찌 천동설로도 설명할 수 있지만 금성의 위상변화는 천동설로는 절대 설명할 수 없기 때문입니다.

그러나 금성이 보름달로 보이는 모습을 관찰하기란 당시로서는 여간 어려운 것이 아닙니다. 지구에서 볼 때 금성이 태양과 거의 같은 직선상에 있을 때입니다. 따라서 태양이 뜨기 전 잠깐 혹은 태양이 지고 난 뒤 잠깐밖에는 관찰할 수 없습니다. 태양이 뜨기 전이라도 혹은 태양이 지고 난 바로 뒤라도 햇빛이 대기권에 굴절되어 어스름한 빛이 있을 때라 더 관찰하기 어렵습니다. 더구나 구름이라도 끼거나 비라도 내리면 그조차 어렵지요. 위 그림처럼 2007년에 보름달 모습의 금성을 관찰할 수 있었던 시기는 7월에서 9월 사이 두 달 정도에 불과합니다. 절반은 해지고 난 뒤, 절반은 해뜨기 전에 관찰한 모습이죠.

지금도 관찰하기가 힘들지만 갈릴레오 시대에는 더 심했습니다. 앞서 말씀드린 것에 더해 망원경의 성능이 지금의 쌍안경 정도보다도 못했지요. 거기에 시야각도 좁습니다. 그럼에도 불구하고 갈릴레오가 금성의 위상변화를 관찰할 수 있었던 것은 그가 그것을 관찰하려는 의도를 가지고 하늘을 봤기 때문입니다. 보다 보니 우연히 관찰한 것이 아니라는 얘기죠. 그는 가장 명확한 지동설의 증거를 찾아야겠다는 목적의식으로 가득한 채 금성을 관찰했을 것입니다. 궤도를 계산하여 언제 금성의 보름달 모습을 볼 수 있을지를 계산하고, 집요하게 금성임을 확인했지요.

그에 비해 목성의 위성 네 개를 발견한 것은 일종의 우연과 목적의식이 겹친 일일 것입니다. 지동설을 확고히 하기 위해 금성의 위상변화와 함께 역행운동을 파악하는 것 또한 중요했습니다. 그중에서도 가장 관찰하기 좋은 행성이 목성과 화성이지요. 그가 목성의 위성을 발견한 것은 아마 목성의 역행 운동을 관찰하기 위해 매일 그 주변을 살피다 일어난 일이겠지요.

지동설 즉 태양중심설을 주장하는 갈릴레오와 교회의 갈등은 오랜 시간에 걸쳐 차츰 고조되었습니다. 1616년 교회는 갈릴레오에게 지동설을 가르치거나 옹호하지 말라는 경고를 했습니다. 그러나 갈릴레오는 1632년 『두 우주 체계에 대한 대화』를 출판하면서 지동설을 암묵적으로 지지했습니다. 이는 교회의 분노를 샀고, 결국 1633년 로마 종교재판소에 불려가게 됩니다. 재판 과정에서 갈릴레오는 심문을 받고 지동설을 포기하라는 강요를 받았습니다. 결국 그는 형식적으로 자신의 견해를 철회했지만, 이는 과학적 진리에 대한 그의 믿음을 완전히 꺾지는 못했습니다.

재판이 끝날 때 갈릴레오가 '그래도 지구는 돈다'라고 혼잣말을 했다고 합니다. 사실이 아닐 확률이 높지요. 하지만 그가 마음속으로는 그리 되뇌었을 것이라고 저도 믿습니다. 기실 그가 생각하기에 자신에게는 재판이 중요했겠지만 지동설에는 별로 중요하지 않았을 거라고 저는 생각합니다. 그는 아마도 이렇게 되뇌었을 겁니다.

"나는 골리앗과 대적하는 다비드처럼 아리스토텔레스와 대적한다고 생각했지. 그러나 저들은 나를 신과 대적한다고 여기는군. 뭐, 저들이 자신의 신앙 안에 지구를 꽁꽁 묶어두는 거야 자유겠지. 하지만 자연철학자들의 지구는 이제 영원히 태양 주위를 돌 수밖에 없어.

내가 무엇을 했는지 저들은 모르지. 나는 전 유럽의 자연철학자들에게 보여주었다네. 진정으로 멈춰있는 것은 태양이라는 사실을 말이야. 내 책이 불타고 지워지는 건 별로 중요하지 않아. 이미 전 유럽의 자연철학자들은 나를 따라 망원경으로 하늘을 보고 있지. 금성의 그 작은 보름달 모습도, 목성 주위를 도는 이오도, 화성과 목성의 궤도도 나와 같이 확인하고, 또 확인하겠지.

아리스토텔레스가 복권되자 신앙이 그를 품었듯이 이제 지동설을 품지 않고는 종교도 버티지 못할 시절이 올 것이야. 나는 이것을 확신해. 교황이 뭐라 한들, 종교 재판관들이 뭐라 한들, 이제 돌이킬 수 없는 거야. 아리스토텔레스의 우주는 영원히 사라졌거든."

9장

역학 혁명

1. 임페투스

"하지만 이 '아리스토텔레스에 대한 관점'은 완전히 잘못된 것입니다. 우리의 관점은 어떤 언어적 주장보다 더 효과적인 실제 관찰에 의해 완전히 입증될 수 있습니다. 만약 당신이 무게가 다른 두 개의 물체를 같은 높이에서 떨어뜨린다면 몇 배 더 무거운 물체가 움직이는 데 필요한 시간의 비율이 무게에 전적으로 의지하지 않는다는 것을 볼 수 있을 것이며 시간의 차이는 아주 조금일 것입니다."(그 자체의 무게에 반비례하는 낙하 물체의 소요 시간에 대한 필로포노스의 반박)[41]

레우키포스와 데모크리토스는 앞서 말한 바와 같이 세계는 더 이상 나누어지지 않는 원자로 이루어졌다고 생각했습니다. 그리고 운동이 일어나는 것은 원자 자체가 가진 고유한 성질 때문이라고 생각했지요. 따라서 원자의 운동에는 외부의 힘-작용인이 필요하지 않았습니다.

---

41. Morris R. Cohen and I. E. Drabkin (eds. 1958), *A Source Book in Greek Science* (p. 220), with several changes. Cambridge, MA: Harvard University Press.

또한 이 세상의 변화는 이들 원자들의 우연하고 맹목적인 운동에 의해 일어나는 기계적인 현상에 불과했지요. 즉 어떤 목적도 배제하는 것이었습니다.

플라톤은 이에 반대했죠. 지적인 계획을 통해 우주의 질서를 바로잡는 신이 있다고 주장합니다. 아리스토텔레스는 여기에 물체는 각자 자신이 원래 있어야 할 장소로 되돌아가려는 속성이 있다고 생각했습니다. 이에 기인한 자연스러운 운동은 작용인을 내재하고 있는 것이지요. 반대로 부자연스러운 운동은 외부의 작용인에 의해 일어나는 운동이었습니다. 그리고 이후 중세 후기에 이르기까지 아리스토텔레스의 역학 이론은 유럽을 지배했습니다. 더구나 13세기 토마스 아퀴나스에 의해 가톨릭 교리와 결합함으로써 그 권위는 더 강화되었지요. 그러나 고대 그리스에도 그 이후에도 아리스토텔레스의 역학 이론만이 존재했던 것은 아닙니다.

아리스토텔레스의 이런 주장에 대해 반대한 이가 있습니다. 필로포노스(Johannes Philoponos, 약 490~575년)라는 6세기 알렉산드리아의 철학자이자 신학자입니다. 그는 먼저 천사들이 등급별로 하늘의 별을 움직인다는 주장에 대해 반대합니다. 정확히 이야기하자면 별들이 붙어 있는 '천구'를 천사들이 움직인다는 것이지만요. 물론 천사 이야기는 아리스토텔레스의 것이 아닙니다. 6세기쯤 되면 이미 유럽은 기독교화되었고, 천상의 운동에 대한 아리스토텔레스적 서술, 좀 더 정확하게는 플라톤적 우주관이 기독교와 결합하면서 반쯤은 신화화되었기 때문에 나타난 생각이었습니다.

그는 신이 천사 대신 '임페투스'(Impetus) 즉 기동력을 주었다고 주장합니다. 즉 움직이는 물체가 그 움직임을 지속하는 것은 외부에서 계속 힘을 주기 때문이 아니라 비물체적인 움직임을 지속시키는 임페투스가 있어서라는 것이죠. 천체가 계속 원운동을 할 수 있는 것도 신이 영원히 없어지지 않는 임페투스를 주었기 때문이라는 것입니다. 임페투스는 원래 '세'(勢)라는 뜻으로 현재의 운동량과 비슷한 개념입니다. 그는 이를 통해 자연스러운 운동과 부자연스러운 운동을 통일하려고 했지요. 즉 무거운 물체가 아래로 떨어지는 운동을 지속하는 것은 외부의 힘이 계속 작용해서가 아니라 지구가 물체에 전달한 임페투스에 의해서이고, 활에서 떠난 화살이 계속 움직이는 것 또한 활에서 화살로 처음에 전달된 임페투스에 의해 가능하다는 것입니다.

이렇게 되면 물체는 진공에서도 움직일 수 있게 됩니다. 아리스토텔레스가 진공을 부정했던 가장 큰 이유는 신의 부재라기보다는 힘의 지속적 전달이 불가능해서였는데 그 문제가 해결된 것이죠. 그는 자신의 생각을 확장해서 아래로 내려가는 운동에서도 무게에 따라 그 추락 속도가 달라진다는 아리스토텔레스의 주장도 부정합니다. 어차피 임페투스는 물체가 어떤 것이냐에 좌우되는 것이 아니라 외부에서 주어지는 것이니 물체의 무게가 가볍든 무겁든 상관이 없다는 것이지요.

필로포노스의 이론은 신플라톤주의와 일정한 연관성이 있는 듯 보입니다. 비물질적인 힘인 임페투스가 물체의 운동을 지속시킨다고 본 것은 물질보다 정신을 우위에 두는 신플라톤주의의 관점과 일맥상통합니다. 필로포노스는 순수한 아리스토텔레스주의자라기보다는 플라톤주의와 아리스토텔레스주의를 융합하려 한 것으로 평가되기도 하는데, 여기에는 신플라톤주의의 영향이 작용했을 것으로 보입니다.

또한 필로포노스가 기독교 신학자였다는 점도 주목할 만합니다. 초기 기독교 교부들은 신플라톤주의의 영향을 받아 기독교 교리를 세웠는데, 필로포노스 역시 이러한 전통 속에서 신학과 철학을 접목시키려 했던 것으로 보입니다. 그가 아리스토텔레스의 이론을 반박하면서 신의 역할을 강조한 것도 이와 무관하지 않을 것입니다. 어찌되었건 그의 주장은 별 주목을 받지 못한 채 묻힙니다. 물론 나중에 갈릴레오가 자신의 저서에 필로포노스의 이론으로부터 영향을 받았다고 썼고, 지금은 그에 대해 이전과는 다른 좀 더 정당한 평가가 이루어지고 있지만 말입니다.

필로포노스의 이론은 10~11세기 페르시아의 이븐 시나에 의해 부활합니다. 이븐 시나는 당시 이슬람 사회 최고의 철학자이자 과학자로, 임페투스 이론의 발전에 중요한 기여를 합니다. 그가 '마일'(mayle)이라는 개념을 도입했다는 것은 앞에서도 이야기한 바 있는데, 이는 임페투스와 유사한 개념으로 물체의 운동이 지속되는 이유를 설명하기 위한 것이었습니다. 그는 또 아리스토텔레스와 달리 공기가 물체의 운동을 지속시키는 매질이라기보다는 운동을 방해하는 요소라고 생각했지요. 그래서 마일이 공기로 흩어지면서 물체가 자신의 속도를 줄이다 정지하게 된다고 생각했습니다. 만약 공기가 없다면, 즉 진공이라면 마일이 흩어지지 않고, 물체는 자신의 운동을 지속하게 된다고 여겼지요. 또한 물체의 무게가 클수록 마일도 크다고 주장합니다. 쉽게 생각하면 무게가 큰 물체는 멈추기가 힘들다는 이야기이지요. 상식적으로 당연해 보이는 이야기입니다. 이븐 시나의 이론은 중세 유럽의 학자들에게 큰 영향을 주었고, 후대의 임페투스 이론 발전에 중요한 토대가 되었습니다.

이제 역학은 다시 유럽으로 돌아옵니다. 13세기 오컴의 윌리엄이 필로포노스의 이론을 재조명하고 발전시켰습니다. 윌리엄은 임페투스를 '물체에 부여된 힘'으로 정의하고, 이 힘이 물체의 운동을 지속시킨다고 주장했습니다. 그의 해석은 임페투스 이론을 중세 스콜라철학의 맥락에서 재해석하는 데 중요한 역할을 합니다.

그리고 14세기, 마침내 임페투스 이론의 전성기가 시작됩니다. 프랑스의 신부로 철학자이자 과학자였던 장 뷔리당(Jean Buridan)에 의해서지요. 그는 임페투스를 물체의 질량과 속도의 곱으로 정의합니다.[42] 마침내 임페투스가 정량적으로 측정가능해지지요. 이에 따라 임페투스는 물체의 질량이 크면 클수록, 속도가 빠르면 빠를수록 커집니다. 정확히 말하자면 임페투스는 외부에서 주어진 운동을 가능케 하는 원인인데, 그 양은 물체의 속도와 질량에 의해 측정된다는 의미입니다. 즉 같은 속도로 움직이는 두 물체가 있다면 질량이 큰 물체가 그만큼 더 큰 임페투스를 받았다는 것이고, 같은 질량의 두 물체가 서로 다른 속도로 움직인다면 속도가 더 빠른 물체가 더 큰 임페투스를 받았다는 것이죠.

그는 이 이론으로 다양한 운동을 설명합니다. 대포에서 발사된 쇠공의 운동이 대표적이지요. 쇠공은 대포로부터 임페투스를 받습니다. 그래서 임페투스의 힘으로 애초에 쏘아졌던 방향으로 운동을 합니다. 다만 아리스토텔레스의 자연스러운 운동—쇠공의 경우 수직낙하운동이

42. 질량에 속도를 곱한 값은 현대 물리학에서 운동량에 해당한다. 그러나 같은 정의이기는 해도 당시 장 뷔리당의 임페투스는 지금의 운동량과는 다른 개념이었다.

되겠지요—이 결합하면서 점차 낙하하게 됩니다. 이 두 운동이 합해져서 포물선을 그리며 떨어진다는 거죠. 따라서 쇠공을 처음부터 더 빠른 속도로 쏘면 동일한 낙하시간 동안 더 먼 거리를 가게 됩니다.

그가 아리스토텔레스의 이론을 논박한 무기는 팽이입니다. 아리스토텔레스는 물체가 계속 움직이는 이유로, 물체가 움직인 뒤쪽에 진공이 생기는 것을 막기 위해 공기가 짓쳐들어오고, 그 공기가 들어온 힘으로 물체를 밀치기 때문이라는 점을 듭니다. 그러나 팽이가 제자리에서 회전운동을 하는 동안 팽이가 차지하는 공간은 변하지 않습니다. 따라서 어떤 공간도 열리지 않으니 공기가 들어오면서 팽이를 칠 리가 없다는 거죠. 그래도 팽이는 한참을 계속 돕니다. 팽이를 돌리던 채찍이 사라진 뒤에도 한참을 외부의 어떠한 힘도 주어지지 않은 상황에서 말이지요. 이는 채찍으로부터 팽이에게로 무언가 운동을 지속할 힘을 부가했기 때문이라 볼 수밖에 없다는 것이죠. 그리고 투창의 예도 듭니다. 앞쪽이 똑같이 뾰족하고 길이도 동일한 두 개의 투창이 뒤편만 다릅니다. 하나는 뒤도 뾰족하고 다른 하나는 뭉툭합니다. 아리스토텔레스에 따르면 뒤편이 뭉툭해야 부딪치는 공기가 많아 더 오랫동안 운동이 지속되어야 하는데, 실제로는 별반 차이가 없다는 겁니다. 이런 뷔리당의 논박은 당시 사람들에게 대단히 합리적으로 들렸고, 최소한 역학에서 아리스토텔레스의 대안이 되기에 충분했습니다.

뷔리당의 임페투스 이론은 작센의 알베르트(Albert of Saxony)에 의해 더 확장됩니다. 알베르트는 낙하하는 물체의 속도가 점점 더 빨라진다는 점에 주목합니다. 그는 원래의 물체가 가진 임페투스에 그것이 본래 가지고 있던 코나투스(conatus)가 더해짐으로써 생긴다고 주장합니다. 여기서 '코나투스'는 물체가 원래의 자기 위치로 가려는 경향을 의미합니다. 즉 아직 아리스토텔레스적인 개념이지요. 그럼에도 물체의 속도가 빨라지는 이유를 임페투스 이론에 기초해서 설명해내지요.

그리고 무거운 물체가 가벼운 물체보다 빨리 떨어지는 이유에 대해서도 원자론에 입각하여 설명하죠. '모든 물체는 기본입자로 이루어져 있는데 무거운 물체는 가벼운 물체보다 기본입자가 더 많이 모인 것이다. 따라서 무거운 물체는 더 많은 임페투스를 가지기 때문에 더 빨리 떨어진다'라는 겁니다.

물론 임페투스 이론이 가진 한계는 분명합니다. 임페투스는 현재의 운동량과 동일해 보이지만 의미는 완전히 다릅니다. 현재의 운동량은 운동하는 물체가 가진 물리량일 뿐입니다. 물론 외부의 힘이 작용하지 않으면 유지되는 '운동량 보존의 법칙'이 가지는 의미는 대단히 크지만요. 그러나 임페투스는 물체의 운동을 지속시키는 보이지 않는 힘으로 지금의 관성과 오히려 유사한 개념입니다.

임페투스 이론은 아리스토텔레스적 역학이 가지는 한계를 극복했다는 점에서 중요한 의미가 있습니다. 외부의 힘이 지속적으로 작용하지 않아도 물체가 운동을 지속할 수 있는 근거를 제시했지요. 이를 통해 손을 떠난 돌멩이가, 활을 떠난 화살이, 총구를 나간 총알이 계속 운동하는 이유를 보다 합리적으로 설명할 수 있게 되었습니다.

더불어 이를 통해 진공의 존재도 가능하게 되었습니다. 아리스토텔레스적 역학에서는 운동하는 물체가 그 운동을 지속하기 위해서는 주변이 매질로 꽉 차 있어야 했고, 이는 진공을 받아들일 수 없는 가장 중요한 이유였지요. 물론 진공은 이후로도 꽤 오랜 기간 동안 사람들에게 인정받지 못한 개념이었지만 그 단초는 열었다는 뜻입니다. 그리고 이는 지구를 벗어난 천체에도 해당되는 것이었습니다. 모든 천체들은 자체의 임페투스를 가지고 원운동을 하고 있다는 얘기죠. 따라서 천체가 박혀 있어야 하는 천구도, 그 천구를 돌리는 천사도 필요 없어졌습니다. 더구나 천체들이 자리하는 우주에 매질이 있어야 할 이유도 없어졌지요. 다만 아직 사람들은 천체를 채우는 에테르를 버릴 생각은 하지 못하고 있었지요.

게다가 임페투스는 질량과 속도의 곱이라는 정량적 물리량이었습니다. 역학에서 정량적 계산이 가능한 단계로 나아가는 하나의 징표였습니다. 정량적 계산이 가능해졌다는 것은 어떤 의미로는 근대의 시작이라 볼 수 있습니다. 정성적 과학은 고대 그리스 과학 그리고 중세까지의 가장 중요한 특징이라 할 수 있습니다. 물질이나 현상의 특징을 구분하고 그 원리를 파악하고자 하는 것은 똑같지만 어느 정도나, 어디까지나, 얼마만큼이나 등에 대한 답은 내놓지 않았을 뿐 아니라 아예 그런 질문이 왜 필요한지에 대한 고민조차 거의 없었던 것이지요. '정량적'이란 말은 이제 실험을 통해서 더 구체적으로 확인할 수 있고, 예측할 수 있는 단계로 나아갔다는 뜻입니다.

임페투스는 아리스토텔레스에서 근대 역학으로 넘어가는 중간 역할을 나름대로 충실히 수행한 이론으로 기억되어야 할 것입니다. 물론 그렇다고 임페투스 이론이 당시 유럽의 대세가 된 것은 아닙니다. 여전히 대학에서는 신과 더불어 아리스토텔레스를 도그마로 삼고 있었습니다.

하지만 갈릴레오는 뷔리당의 아이디어를 바탕으로 관성 개념을 발전시켰으며, 이는 결국 뉴턴의 제1운동법칙으로 이어졌습니다. 뷔리당이 임페투스를 질량과 속도의 곱으로 정의한 것은 현대 물리학의 운동량 개념과 유사하며, 이는 뉴턴 역학의 기초가 되었습니다. 이처럼 임페투스 이론은 중세에서 근대로 넘어가는 과도기적 개념으로서, 고전 역학의 발전에 중요한 역할을 합니다.

2. 윌리엄 길버트

앞서 7장 '새로운 철학, 새로운 방법론'에서 길버트의 재현 가능성과 실험적 방법에 대해 잠시 소개한 바 있습니다. 이번에는 역학에서의 역할을 살펴볼 차례입니다. 길버트 이전의 자석에 대한 이해는 상당히 제한적이었습니다. 고대 그리스의 탈레스가 자석의 인력을 처음 언급한 이후, 자석은 주로 신비한 힘을 지닌 물체로 여겨졌죠. 중세 시대에는 자석의 특성을 질적으로 기술하는 수준에 그쳤고, 자기력의 본질에 대한 과학적 설명은 부재했습니다.

이런 상황에서 길버트는 자석 연구에 전혀 새로운 접근을 시도합니다. 그는 자석의 성질을 실험과 관찰을 통해 규명하고자 했죠. 길버트가 보기에 자석에 대한 기존의 담론은 추측과 상상에 불과한 것이었습니다. 그는 오직 경험적 증거에 근거해서만 자석의 본성을 이해할 수 있다고 생각했습니다.

길버트의 연구는 체계적인 실험과 정밀한 관찰로 특징지어집니다. 그는 다양한 모양과 크기의 자석을 직접 제작하고, 이들의 성질을 꼼꼼히 관찰합니다. 예컨대 그는 자석을 둥글게 깎아 테렐라(terrella) 곧 '작은 지구'라 부르는 구 모양의 자석을 만들었는데, 이를 통해 자기력의 분포를 체계적으로 연구했습니다.

또한 길버트는 정량적 측정을 강조했습니다. 이는 당시로서는 획기적인 발상이었죠. 그는 자석의 인력을 저울로 측정하고, 자침의 편각을 각도로 기록하는 등 실험 데이터를 수치화하려 노력했습니다. 길버트는 이렇게 수집한 실험 데이터를 바탕으로, 자기력에 대한 이론을 구축해 나갔습니다.

길버트의 이론 구축 과정은 '자기 소용돌이' 개념에서 잘 드러납니다. 그는 자석 주위에서 쇳가루가 동심원 모양의 선을 그리며 배열되는 현상에 주목했죠. 길버트는 이를 '자기 소용돌이'(magnetic effluvia)라 명명하고, 자기력이 소용돌이 모양으로 자석에서 방출된다고 생각했습니다. 비록 이 아이디어가 후대에 수정되기는 했지만, 자기장의 존재를 시각화했다는 점에서 큰 의의가 있습니다. 길버트의 이런 연구는 자기력의 본질에 대한 이해를 크게 진전시킵니다. 자석이 인력과 척력을 동시에 가진다는 사실을 규명하고, 자기력이 자석 내부에 균일하게 분포한 것이 아니라 극(pole)을 중심으로 작용한다는 점을 밝혔죠. 길버트는 또한 자석을 둥글게 깎은 '테렐라'를 통해, 자기력의 분포가 구 모양을 따른다는 사실도 발견했습니다.

길버트의 가장 큰 업적 중 하나는 지구 자기장의 발견입니다. 그는 지구 자체가 하나의 거대한 자석이며 이로 인해 나침반이 북쪽을 가리킨다는 가설을 세우고, 테렐라 실험을 통해 이를 증명합니다. 그는 테렐라 주위에 나침반을 놓으면, 자침이 테렐라의 극을 향해 정렬된다는 사실을 관찰했습니다. 이는 마치 지구 주위의 나침반이 북극을 가리키는 것과 같았죠.

길버트는 또한 자기 경사(magnetic dip)와 편각(declination)에 대해서도 중요한 발견을 했습니다. 자기 경사란 나침반 자침이 수평면과 이루는 각도를, 편각이란 자침이 진북(true north)과 이루는 각도를 말하죠. 길버트는 이들 각도가 위치에 따라 달라진다는 사실을 관찰하고 지구 자기장의 기하학적 특성과 관련지었습니다.

한편 길버트는 전기 현상에 대한 연구도 수행했습니다. 그는 호박을 문지르면 가벼운 물체를 끌어당기는 현상에 주목했는데, 이를 자기력과 구분되는 별도의 힘으로 파악합니다. 그는 이 힘을 '전기력'(electric force)이라 명명하고, 그 특성을 탐구했습니다. 원래 광물 호박을 의미하는 그리스어 'elektron'을 과학적 맥락에서 처음 사용한 사람입니다. 그는 자석과 달리 전기력은 극성을 갖지 않으며, 유리나 황 같은 비전도체를 통해서도 작용한다는 사실을 발견합니다.

길버트는 전기 현상의 원인으로 '전기 유체'(electric effluvia)라는 개념을 제안했습니다. 그는 물체가 마찰할 때 이 유체가 끌어당겨지면서 전기력이 생긴다고 생각했죠. 비록 이 생각이 후대에 수정되기는 했지만, 전기 현상을 하나의 독립적인 연구 대상으로 확립했다는 점에서 의미가 있습니다.

길버트의 연구는 자기학과 전기학에 획기적 발전을 가져왔지만, 동시에 일정한 한계와 오류도 내포하고 있습니다. 우선 그는 자기력과 전기력의 본질을 '유체'로 파악하는 등, 일부 추측적 개념을 사용했죠. 이는 엄밀한 기계론적 설명과는 거리가 있는 것이었습니다. 또한 길버트는 자기력이 진공 중에서도 작용한다고 생각했는데, 이는 후대에 맥스웰 등에 의해 수정이 이루어집니다.

길버트의 이론에는 정량적 한계도 있었습니다. 그는 자기력의 세기를 체계적으로 측정하는 데까지 나아가지는 못했죠. 쿨롱의 법칙과 같은 수학적 관계식을 도출하기에는 길버트의 실험 기법이 충분치 않았던 것입니다. 또 그의 연구는 자기력의 근원을 궁극적으로 설명하지 못했다는 한계도 있습니다. 그는 자기력을 물체 내부의 '자기 소용돌이'에서 찾았지만, 이는 현대 물리학의 관점에서 보면 불완전한 설명이었죠.

하지만 이런 한계에도 불구하고, 길버트의 연구는 17세기 자기 과학에 지대한 영향을 끼쳤습니다. 그의 저서 『자석에 대하여』는 출간 직후부터 유럽 지식인 사회에 널리 읽혔고, 많은 후속 연구를 촉발했죠. 특히 길버트가 개발한 '테렐라'는 이후 자기 연구의 표준 도구가 되었고, 그의 실험 결과는 오랫동안 참조되었습니다.

케플러, 갈릴레오, 데카르트 등 17세기를 대표하는 과학자들도 길버트의 연구에 큰 관심을 보였습니다. 케플러는 길버트와 직접 서신을 주고받으며, 그의 자기 이론을 천문학에 적용할 것을 제안하기도 했죠. 이처럼 길버트의 연구는 당대 과학계에 활발히 수용되며, 자기학의 지평을 크게 넓혔다고 평가할 수 있습니다.

3. 관성의 개념

갈릴레오의 고민 중 하나는 천상의 운동과 지상의 운동을 하나로 통일시키는 것이었습니다. 이미 그의 마음속에는 태양 중심설이 확고하게 자리 잡았지요. 그의 마음속에서 지구는 이미 우주의 중심이 아니었습니다. 우리가 사는 세계를 지구와 우주로 나누는 식의 생각은 사라졌지요. 우주는 지구를 포함하고, 지구는 우주의 한 부분일 뿐이었습니다. 따라서 아리스토텔레스처럼 지구의 운동과 우주의 운동이 서로 다른 원리를 가진다는 건 불가능한 일이었습니다. 우주와 지구 전체를 아우르는 새로운 역학 체계가 필요했지요.

다들 중학교 때 관성의 법칙을 배웠던 기억이 있을 겁니다. 그때 관성의 법칙은 뉴턴이 세웠지만 그 이전에 갈릴레오에 의해 관성이란 개념이 도입되었다는 걸 배운 기억도 나시나요? 혹시 그런 기억이 없다면 아래 그림을 한 번 보죠. 마찰이 없는 기울어진 철판의 A위치에서 쇠구슬을 굴립니다. 내려갔다가 다시 B까지 올라오겠지요. 이번엔 기울기를 더 완만하게 해서 굴리면 역시 C 위치까지 올라옵니다. 다시

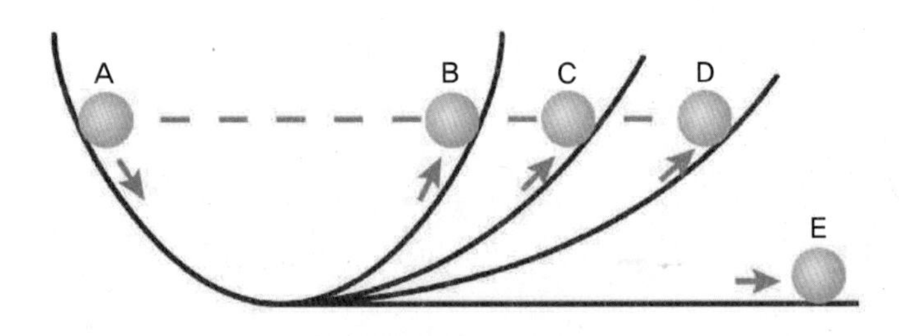

그림 4. 관성에 관한 갈릴레오의 사고실험

더 완만하게 하면 D까지 올라오지요. 점점 더 완만하게 해도 항상 A와 같은 높이까지 올라옵니다. 그리고 그 사이 움직인 길이는 점점 더 길어지지요.

그렇다면 아주 긴 철판을 놓고 양쪽 끝만 저리 기울이고 중간은 평평하게 한다면 어떻게 될까요? 그러면 아주 먼 곳에서 다시 A 높이까지 올라올 때까지는 계속 움직이게 됩니다. 그리고 중간의 평평한 면에서는 E처럼 계속 같은 속도로 운동을 하겠지요. 이것이 갈릴레오가 한 사고실험(thought-experiment)입니다. 갈릴레오라고 해서 실제로 실험해보고 싶지 않았던 것은 아닙니다. 그리고 비슷한 실험을 실제로 행하기도 했지요. 그러나 마찰이 없는 빗면을 만든다는 것 자체가 이미 현실적으로 불가능했고, 아주 긴, 정확하게는 무한히 긴 판을 만드는 것도 불가능하니 실제 실험 결과를 가지고 사고실험을 한 것입니다. 어찌되었건 저 실험을 통해서 갈릴레오는 '운동하는 물체는 자신의 운동 상태를 계속 유지하려는 성질이 있다'는 결론을 내립니다.

이는 임페투스 이론의 영향이 크지요. 앞에서도 잠깐 언급했지만 갈릴레오는 자신의 저서에서 필로포노스에게 영감을 얻었다고 써놓기도 했고요. 어찌되었건 갈릴레오는 최초로 '관성'이라는 개념을 제시합니다. 관성을 뜻하는 'inertia'라는 용어를 처음 사용한 것은 케플러입니다. 그는 『신천문학』에서 물체가 자신의 위치를 유지하려는 경향 즉 타고난 저항을 설명하려고 사용합니다. 즉 정지한 상태와 관련하여 사용한 거지요. 'inertia'는 라틴어로 'iners'입니다. 앞쪽 'iner-' 때문에 '안쪽 혹은 내부의'라는 뜻에서 온 것처럼 착각할 수도 있습니다. 물체 내부에 있는 고유한 속성 뭐 이렇게 말이지요. 그러나 라틴어의 뜻은 '게

으르다, 쉬다'라는 뜻입니다. 즉 변하지 않으려는 속성이니 게으르고 정체된 것이라 붙인 거지요. 이를 갈릴레오가 우리가 이해하는 '원래의 운동 상태를 계속 유지하려는 경향'으로 확장한 거죠. 그런데 갈릴레오의 관성은 지금 우리가 배우는 관성과는 좀 달랐습니다. 갈릴레오에 있어 관성운동이란 등속 원운동입니다. 즉 움직이는 물체는 외부의 작용이 없으면 계속 등속 원운동을 한다는 뜻이지요.

언뜻 생각하면 이해가 되지 않습니다. 아니 왜 뜬금없는 원운동이야, 직선운동이 아니고? 하지만 갈릴레오에게 등속 원운동은 엄청난 중요성을 가지고 있었습니다. 아리스토텔레스의 전 체계—'전 체계'라고 해도 천문학과 역학에 한정된 것이긴 하지만—를 전복하려는 갈릴레오로서는 일단 지구와 우주라는 대립항을 없애버릴 필요가 있었습니다. 그의 태양중심설에 의하면 지구는 우주의 한 부분에 불과하니까요. 따라서 우주의 운동과 지구의 운동이 구분될 수도 없고 되어서도 안 되는 것이죠. 그 첫 번째가 바로 관성이었습니다.

앞서 말했듯이, 아리스토텔레스는 모든 천체가 원운동을 한다고 보았습니다. 이는 비단 아리스토텔레스만의 주장이 아니었죠. 플라톤도 그렇게 말했고, 히파르코스도 그렇게 주장했습니다. 하늘의 천체가 원운동을 하지 않는다고 한 이가 없을 정도지요. 그러니 갈릴레오에게도 하늘의 천체가 원운동을 하는 것은 당연한 일이었습니다. 그리고 이러한 원운동이 천체에 내재된 속성이라는 점도 한 점 의심의 여지가 없었지요. 따라서 갈릴레오에게는 하늘의 기본적 속성인 원운동이 지상에서도 구현된다는 것을 증명할 필요가 있었습니다. 물론 이런 필요에 의해서만은 아니었지요. 그가 생각하는 포물선 운동에 대한 설명에도 필요한 요소이기도 했습니다. 이 부분은 조금 뒤에 관성에 대한 설명을 끝내고 다시 이야기하기로 합니다.

그런데 사고실험이라든가 포물선에서 설명하는 것은 모두 직선인데 무슨 원운동이냐는 의문을 가질 법합니다. 갈릴레오에게 직선은 원의 근사적 표현일 뿐이기 때문입니다. 아주 큰 원의 아주 작은 부분을 확대해보면 마치 직선처럼 보이는 것과 같지요. 갈릴레오가 생각할 때 이는 당연한 것이었습니다. 지구 자체가 어마어마하게 큰 구(sphere)이기 때문이지요. 우리도 평소에 도로를 걸으면서 도로가 직선으로 나 있다고 생각하지 지구를 따라 굽어있다고 생각하지는 않지요. 갈릴레오도 우리처럼 끝까지 가면 원이지만 우리가 관찰하는 한도 안에서는 거의 직선처럼 보인다고 생각한 겁니다. 따라서 지구에 사는 우리 모두도 누군가 건드리지 않으면 지구가 자전하는 것과 동일하게 자전하고, 지구가 공전하는 그대로 같이 공전하는 관성을 가지고 있다고 주장합니다.

그리고 이는 태양중심설의 중요한 무기이기도 합니다. 고대 그리스 때부터 내려오는 문제제기이지요. 만약 지구가 태양 주위를 원 궤도로 돈다면 왜 우리는 원심력을 느끼지 못하느냐는 첫 번째 문제와, 왜 지구가 원 궤도를 도는데 우리는 지구로부터 떨어져나가지 않느냐는 두 번째 문제에 대한 해결책인 겁니다.(첫 번째 문제는 8장 '천문학 혁명'에서 다룬 연주시차입니다.) 하늘의 천체처럼 그리고 지구처럼 우리도 모두 외부의 힘이 작용하지 않으면 한 번 시작된 원운동을 계속하려는 '관성'을 가지고 있기 때문이라는 것이지요. 이처럼 고대 때부터 이어진 태양중심설에 대한 지구중심론자들의 가장 강력한 무기 하나를 관성으로 무력화시킨 것입니다.

갈릴레오로서는 대단히 만족스런 결론입니다. 지구와 우주가 하나의 관성, 등속 원운동의 관성을 가지고 있다는 것도 만족스럽고, 지구가 원운동을 할 때 일어날 것이라 지구중심론자들이 주장하는 현상이 왜 일어나지 않는지에 대한 설명으로도 훌륭하니까요.

데카르트의 관성

관성운동을 원에서 직선으로 바꾼 것은 데카르트입니다. 먼저 데카르트는 아리스토텔레스의 우주관, 즉 지상계와 천상계를 구분하고 지상계에서는 직선운동을, 천상계에서는 원운동을 자연스러운 운동으로 보는 이원론적 우주관을 거부했습니다. 그는 우주 전체를 하나의 물질로 가득 찬 연속체로 파악했지요. 이 우주를 가득 채운 물질을 그는 에테르라고 불렀습니다.

데카르트에 따르면, 에테르는 끊임없이 소용돌이치는 운동을 하고 있으며, 이 에테르의 소용돌이에 의해 물체의 운동이 결정됩니다. 그런데 만약 어떤 물체가 에테르의 영향을 받지 않는다면, 그 물체는 직선운동을 할 것이라고 그는 주장했습니다. 즉 데카르트는 관성운동을 '외부의 힘이 작용하지 않을 때 물체가 계속 유지하려는 운동 상태'로 파악했고, 이를 직선운동으로 규정한 것입니다.

데카르트가 관성운동이 직선이라 생각한 데는 크게 보아 세 가지 이유가 있습니다. 먼저 단순성의 원리죠. 데카르트는 자연의 기본 법칙이 단순하다고 생각했습니다. 그의 수학적 접근 방식은 이런 단순성을 선호하죠. 수학적으로 가장 단순하게 표현할 수 있는 운동은 직선입니다. 반면 원운동은 매순간 방향이 바뀌는 복합적인 운동이고 수학적으로도 복잡하지요. 또 하나는 연속성의 개념입니다. 데카르트는 물체가 운동할 때 매 순간마다 그 순간의 방향으로 계속 움직이려는 경향이 있다고 여깁니다. 이 경향이 지속된다면 결국 직선이 될 수밖에 없습니다. 우리는 앞에서 데카르트가 아리스토텔레스라는 도그마를 어떻게 거부했는지 살펴보았는데, 그 도그마에는 아리스토텔레스의 자연적 장소 이론도 포함됩니다. 그에 따라 천상계에서는 원운동이 자연스러운 운동이라는 개념 또한 거부한 거죠.

물론 데카르트의 에테르 이론 자체는 후대에 부정되었습니다. 하지만 그가 제시한 '관성운동은 직선운동'이라는 아이디어는 이후 뉴턴의 관성 법칙의 기초가 되었습니다. 뉴턴은 제1법칙에서 "외력이 작용하지 않는 물체는 등속 직선운동을 한다"고 명시했는데, 이는 데카르트의 관성 개념을 계승한 것이라 할 수 있습니다.

4. 낙하 운동의 분해

근대 역학에 대한 갈릴레오의 기여는 여기서 끝나지 않습니다. 그는 운동을 분해하고 합성할 수 있다는 점을 발견하고 이를 통해 포물선운동을 새롭게 설명합니다. 복잡한 운동을 단순한 요소로 나누어 분석하는 이런 접근법은 이후 물리학에서 벡터 분석의 기초가 됩니다. '벡터'(vector)란 운동을 x, y, z 세 방향으로 나누고 그 크기도 세 방향으로 나눈 것을 말합니다. 흔히 좌표 위에 가로, 세로, 앞뒤 방향의 화살표로 표시하죠.

예를 들어 대포에 포탄을 넣고 공중으로 비스듬히 쏩니다. 포탄은 공중으로 올라갔다가 떨어져서 멀리 떨어진 과녁에 박힙니다. 이런 궤적을 포물선이라 합니다. 포탄의 포물선 운동을 설명하는 방식은 이전에도 있었습니다만 갈릴레오에게는 아무래도 불만족스러웠습니다. 아리스토텔레스의 설명은 당연히 불만족스러웠고, 임페투스 이론에 입각한 필로포노스의 설명도 마찬가지였지요. 갈릴레오는 관성이라는 개념을 임페투스 이론으로부터 일정 부분 도움을 받아 만들었지만 그렇다고 해서 임페투스라는 개념 자체에 동의한 것은 아니었으니까요. 그는 포물선 운동을 세로 방향의 운동과 가로 방향의 운동으로 나누는 방식으로 해석합니다.

자, 이제 포물선 운동을 갈릴레오처럼 두 가지로 해석해보도록 하지요. 일단 가로 방향 운동은 갈릴레오의 관성의 법칙을 적용할 수 있습니다. 앞서 말씀드린 것처럼 지구 자체가 워낙 거대해서 정확히는 원운동이지만 근사적으로 수평으로 이루어지는 것이 관성이라고 했으니까요. 따라서 포물선 운동의 가로 방향 운동은 같은 시간 동안 같은 거리를 가는 등속 직선운동이 됩니다.

그리고 세로 방향 운동을 생각해보지요. 갈릴레오도 아리스토텔레스의 역학에서 완전히 벗어날 수는 없었습니다. 그에게도 세로 방향의 운동은 지구 중심을 향한 '자연스러운 운동'일 수밖에는 없었습니다. 대신 그는 이 세로 방향의 자연스러운 운동이 우주의 모든 천체마다 존재하기 때문에 지구에 국한된 운동은 아니라고 생각했지요. 그런 의미에서 이 또한 지구와 우주의 경계를 허문 것이기도 합니다.

어찌되었건 세로 방향의 운동은 모든 물체의 기본적인 속성에 의한 운동입니다. 그리고 이 낙하 운동은 그 움직인 거리가 시간의 제곱에 비례해서 커지는 운동이라는 점도 실험으로 확인합니다. 그래서 아래로 내려가는 운동은 외부의 방해가 없다면 시간이 지날수록 속도가 점점 빨라지게 되지요. 쏘아 올린 물체가 올라가는 동안은 점점 속도가 느려지다가 내려올 때는 점점 속도가 빨라지는 현상을 이렇게 확인합니다. 이제 이 세로 운동과 가로 운동을 매 시간마다 합치면 아주 자연스러운 포물선 운동이 나타납니다.

대포에서 쏘아진 포탄으로 다시 돌아가 보죠. 대포에서 포탄이 빠져나오는 순간부터 추적해봅니다. 포탄의 운동을 동일한 시간 간격으로 쪼개봅시다. 같은 시간 간격이니 옆으로 움직인 거리는 각 구간별로 모두 같습니다. 하지만 수직으로 움직인 길이는 다르지요. 처음 대포에서 나와 솟구칠 때는 꽤나 높이 올라갑니다. 그러나 물체가 가진 아래로 향하는 자연스러운 운동의 결과 그 다음 구간에서는 올라간 높이가 줄어듭니다. 그 다음 구간에서도 다시 줄어들지요. 그러다 가장 높

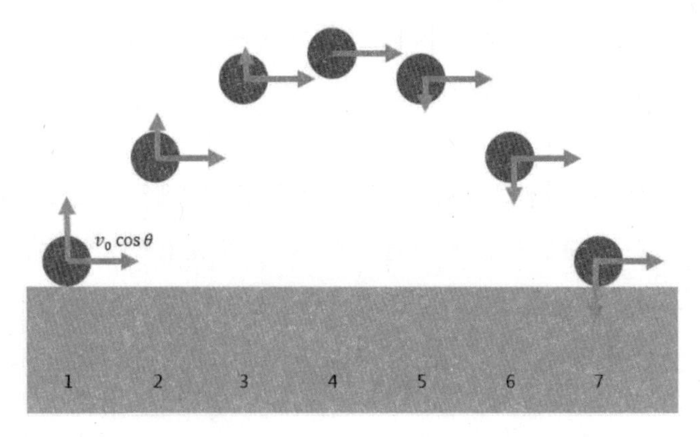

그림 5. 세로 방향과 가로 방향으로 벡터 분석한 포물선 운동

은 곳까지 가서는 이제 아래 방향으로 움직입니다.

아래 방향으로 움직이는 동안은 시간이 지날수록 내려가는 길이가 점점 길어집니다. 이 수직 방향 운동과 수평 방향 운동을 합하면 자연스럽게 포물선 운동이 됩니다. 이때 시간 간격을 촘촘하게 하면 할수록 더욱 매끄러운 곡선이 되지요. 즉 포물선 운동은 물체의 관성에 의한 수평 운동과 물체의 내부 속성에 따른 '자연스런 운동'의 합성을 통해 이루어진다는 사실을 확인할 수 있는 겁니다.

갈릴레오 하면 또 하나 떠오르는 것이 피사의 사탑입니다. 모양과 크기가 같고 무게가 다른 두 공을 피사의 사탑에 올라 같은 높이에서 떨어뜨리니 똑같이 땅에 떨어졌다는 것이죠. 실제 사탑에 오른 건 아니고 다른 형태의 실험과 사고실험을 한 것으로 보입니다.

그 방법으로, 앞서 소개했듯이 비스듬한 매끄러운 면에 공을 굴린 거죠. 자유낙하를 시켜서 동일한 속도로 떨어지는지에 대해 실험을 하는 것보다 훨씬 정교한 실험이었습니다. 비스듬한 면에 굴린 이유는 수직낙하로는 물체가 워낙 빨리 떨어져서 당시 기술 수준으로는 시간을 재기 힘들어서였습니다.

갈릴레오의 아버지는 음악가였고, 갈릴레오도 음악에 조예가 깊었습니다. 덕분에 그는 자신의 맥박을 이용해서 시간을 측정할 수 있었습니다. 그리고 비스듬한 평면에 쇠구슬을 굴리지요. 처음 높이에서 바닥에 내려올 때까지의 시간을 잽니다. 그리고 높이를 두 배로 올려서 다시 바닥까지 내려오는 시간을 잽니다. 세 배, 네 배… 계속 확인을 하지요. 같은 실험을 쇠구슬의 질량을 바꿔서 반복합니다. 빗면의 기울기를 바꿔서 또 동일한 실험을 반복합니다. 앞서 포물선에서 갈릴레오는 수직 방향의 운동과 수평 방향의 운동으로 물체의 운동을 분해했다고 말씀드렸습니다. 이번에도 마찬가지였습니다. 수평 방향의 운동은 움직인 거리가 시간에 비례하는 것을 확인하고, 수직 방향의 운동은 시간의 제곱에 비례한다는 결론에 도달합니다.

물론 갈릴레오가 처음부터 이를 예측한 것은 아닙니다. 실험을 시작하기 전 그는 수직 운동에서 움직인 거리도 시간에 비례한다고 생각했지요. 그러나 움직인 거리는 시간에 비례하지 않았고 시간의 제곱에 비례했습니다. 그렇다면 시간에 비례하는 것은 무엇일까요? 바로 시간당 움직인 거리 즉 속도가 시간에 비례한다는 사실을 발견합니다.

이제 사고를 확장해봅시다. 수평 운동에서 움직인 거리는 시간에 비례하고, 따라서 이런 운동은 속도가 일정한 운동 즉 '등속운동'이라 합니다. 수직 운동에서는 속도가 시간에 비례합니다. 이런 운동을 시간에 따른 속도의 변화 즉 가속도가 일정한 운동으로 '등가속도운동'이라 합니다.

이쯤 되면 뉴턴의 방정식이 생각나는 것이 보통입니다. '외부에서 주어진 힘이 일정하면 그에 따른 가속도는 일정하다, 혹은 가속도는 힘에 비례한다'는 그 유명한 $F=ma$ 공식이죠. 그러나 갈릴레오에게는 여기까지였습니다. 그가 낙하 운동을 중력이라는 외부 힘에 의한 운동이 아니라 물체에 내재된 속성에 의한 '자연스러운 힘'이라고 생각했기 때문입니다. 그래서 그는 물체에 내재된 속성—지구를 향하는—은 속도와 연관된 것이 아니라 가속도와 연관된 것이라고 결론내리는 데 그칩니다. 그렇게도 전복시키려 했던 아리스토텔레스 역학의 또 다른 한계 안에 그도 갇혀 있었던 겁니다. 그래서 외부의 힘에 의한 물체의 가속도 변화라는 지점까지는 가지 못한 거죠.

그렇지만 이 실험과 분석을 통해 아리스토텔레스가 무거운 물체가 더 빨리 떨어진다고 주장한 것에 대해서는 틀렸다는 결론을 내립니다. 즉 물체에 내재된 속성은 물체의 가속도를 일정하게 유지하는데, 이는 물체의 무게와는 무관하다는 것입니다. 그렇다면 왜 깃털은 쇠구슬보다 늦게 떨어지는 걸까요? 갈릴레오 또한 이 문제를 고심하고 물을 통해 해결합니다. 어떤 물체를 물 표면에 가져다 놓고 손을 놓으면 물체는 물 아래로 떨어집니다. 물론 물속이니까 공기 중보다 더 느리게 떨어지지요. 그리고 이때 밀도가 높은 물체가 더 빨리 떨어지고 밀도가 낮은 물체는 더 천천히 떨어집니다. 물보다 밀도가 낮으면 아예 물속으로 들어가지 않지요. 이 원리는 갈릴레오가 처음 발견한 것이 아니라 헬레니즘 시대 아르키메데스가 발견하지요. 그 유명한 "유레카!"를 외치게 한 발견입니다.

갈릴레오는 이 부력으로부터 새로운 해석을 내놓습니다. 물체가 낙하 운동을 할 때 그 공간을 채운 매질로부터 낙하를 방해하는 힘을 받는다고 주장한 것이지요. 그에 따르면 매질의 밀도가 크면 클수록 낙하를 방해하는 힘도 커집니다. 물은 공기보다 밀도가 크니 낙하를 방해하는 힘도 커서 물체의 낙하속도가 더 느린 것입니다. 또 하나 낙하하는 물체의 밀도가 작으면 내려가려는 힘은 작은 반면 이를 방해하는 힘이 커서 물체의 낙하 속도가 더 작아집니다. 낙엽과 쇠구슬처럼 밀도의 차이가 큰 경우 우리 눈으로 봐도 낙하 속도가 확연히 차이가 난다는 것이죠. 따라서 매질이 희박할수록 물체의 밀도에 따른 낙하속도의 차이는 줄어들고, 만약 진공이라면 낙하를 방해하는 매질이 없으니 낙하속도의 차이가 없다는 것이 갈릴레오의 결론입니다. 앞서 제가 피사의 사탑 실험이 실제로 행해지지 않았을 것이라고 한 것도 이 때문입니다. 갈릴레오 스스로가 매질이 있는 곳에서는 밀도에 따른 속도 차이가 날 것이라고 하면서 공기 중에서도 당연히 낙하속도 차이가 있다고 했는데 무슨 실험을 할 필요가 있었을까요?

5. 상대성 원리

상대성 원리의 개념을 처음 떠올린 사람도 갈릴레오입니다. 갈릴레오는 '절대적인 운동'이라는 개념을 버리고, 모든 운동을 '상대적'으로 바라보아야 한다고 말합니다. 이는 지구라는 절대적인 운동의 기준에 따른 우리 일상의 직관과는 다르지만, 우주의 작동 원리를 이해하는 데는 매우 중요한 개념입니다. 갈릴레오는 배 안에서의 물체의 운동에 대한 사고실험을 통해, 배가 정지해 있을 때나 등속으로 움직일 때나 물체의 운동은 차이가 없음을 보여 주었지요. 즉 배 안에서 공을 떨어뜨리면 배의 운동 상태와 무관하게 공은 배 안의 똑같은 지점에 떨어진다는 것입니다.

이런 사고실험은 그의 저서 『두 가지 새로운 과학에 대한 대화』에서 찾아볼 수 있습니다. 이 책에서 그는 살비아티, 사그레도, 심플리치오 세 사람의 대화를 통해 자신의 생각을 펼칩니다. 살비아티는 배 안에서의 물체의 운동에 대해 다음과 같이 말합니다. "당신이 배 안에 갇혀 있어서 바깥을 볼 수 없다고 가정합시다. 이제 배 안에서 물체를 떨어뜨려 보세요. 당신은 배가 움직이든 정지해 있든, 물체가 똑같은 속도로 똑같은 지점에 떨어지는 것을 관찰할 것입니다. 당신은 물체의 낙하 운동으로부터 배가 움직이는지 정지해 있는지 알 수 없습니다."

배 안에서의 기계적 현상은 배의 운동 상태와 무관하게 동일하게 일어난다는 의미입니다. 살비아티는 이 사고실험을 확장하여 다음과 같이 말합니다. "이제 배 안에서 물체를 수직으로 던져 올려보세요. 물체는 위로 올라갔다가 다시 떨어질 것입니다. 이때 물체가 떨어지는 지점은 배가 정지해 있을 때나 등속으로 움직일 때나 동일할 것입니다."

이 사고실험은 배의 운동이 배 안에서 위로 던져진 물체의 운동에도 영향을 주지는 않음을 보여줍니다. 살비아티는 이를 통해 지구의 운동이 지구상에서의 물체의 운동에 영향을 주지 않는다는 것을 주장합니다. "만약 지구가 자전하지 않는다면, 위로 던져진 물체는 던져진 지점으로 다시 떨어질 것입니다. 그런데 실제로 물체는 지구가 자전함에도 불구하고 던져진 지점으로 다시 떨어집니다. 이는 지구 자전의 영향이 물체의 운동에 미치지 않음을 보여주는 것입니다."

이 사고실험들은 운동의 상대성이라는 혁명적 개념을 직관적으로 보여줍니다. 갈릴레오는 이를 통해 코페르니쿠스의 지동설을 옹호할 수 있었지요. 지구가 움직인다 하더라도 지구상에서의 물체의 운동은 지구가 정지해 있다고 가정했을 때와 다를 바 없다는 것입니다. 이 개념을 발전시킨 이는 하위헌스(Christiaan Huygens)입니다. 하위헌스는 17세기 네덜란드의 수학자이자 물리학자로, 진자시계 개발, 파동설, 상대성 원리 등 다양한 분야에서 업적을 남겼습니다. 그중에서도 특히 상대성 원리에 대한 그의 생각은 매우 중요한 의미를 갖습니다. 하위헌스는 갈릴레오의 사고실험을 더욱 발전시켰습니다. 갈릴레오는 배 안에서 일어나는 현상은 배가 정지해 있든, 등속으로 움직이든 차이가 없다는 사고실험을 제시했지요. 하위헌스는 이를 좀 더 일반화해서, 등속 직선운동하는 좌표계 안에서 일어나는 모든 역학적 현상은 정지한 좌표계에서와 동일한 법칙을 따른다고 주장했습니다.

예를 들어, 배 안에서 공을 떨어뜨리면, 배가 정지해 있을 때나 등속으로 움직일 때나 공은 같은 지점에 떨어집니다. 또한 배 안에서 진자

시계를 작동시키면, 배의 운동 상태와 무관하게 진자시계는 같은 주기로 진동합니다. 하위헌스는 이를 통해 물체의 운동은 절대적인 것이 아니라 기준계(좌표계)에 따라 상대적일 수 있다는 상대성 원리를 제시한 것입니다. 뉴턴은 하위헌스의 상대성 원리를 받아들여, 관성계에서는 역학 법칙이 동일한 형태로 성립한다는 '운동의 상대성 원리'를 주장했지요. 그렇다면 우리가 일상에서 겪는 일로 다시 예를 들어 봅시다. 버스 안에서 손에 든 공을 살짝 위로 던집니다. 공은 올라갔다가 다시 내려와 내 손에 들어옵니다. 버스가 정지해 있든, 아니면 등속으로 움직이든 마찬가지입니다. 물론 버스가 출발하거나 정지할 때 혹은 코너를 돌 때 이런 실험을 하면 옆 사람을 맞힐 수도 있습니다. 가속운동에는 통하지 않는 원리니까요. 그리고 이를 버스 밖에서 보는 사람 입장과 직접 공을 던지는 사람 입장에서는 공이 다르게 운동하는 걸로 보입니다. 직접 던지는 사람의 시각에서는 공이 수직으로 오르락내리락 하지만, 만약 버스가 등속 운동을 하고 있다면, 밖에서 보는 사람 입장에선 공이 포물선 운동을 하는 것으로 보이죠.

이런 등속 운동의 상대성 원리는 나중에 갈릴레오 변환이라는 식으로 정리됩니다. 이는 뉴턴 역학의 기본 원리 중 하나이며 또한 '공간'이라는 절대적 기준이 실재한다는 기존 관념에 의문을 제기합니다. 그리고 좌표계 변환이 가능하게 만들었는데 이는 모든 관성계에서 물리 법칙이 동일하게 적용된다는 걸 보여줍니다. 이는 물리 법칙의 보편성을 나타내는 현대 물리학의 아주 중요한 개념이죠.

6. 갈릴레오와 실험물리학의 탄생

스스로는 잘 느끼지 못했을지도 모르지만 갈릴레오는 물리학의 역사에 대단히 중요한 또 하나의 변곡점을 만들었습니다. 그것은 바로 자신의 가설을 실험과 관측을 통해 증명했다는 점입니다. 많은 물리학자들과 과학사학자들이 바로 이 점 때문에 갈릴레오를 근대 물리학의 시작이라 여깁니다. 고대 그리스에서 중세에 이르기까지 자연에 대해 설명하는 중요한 이론들이 많이 제시되었고, 그중 많은 이론이 대단히 중요한 지점을 다루고 있습니다만 이들 대부분을 관통하는 한계는 바로 검증하지 않았다는 점입니다.

어찌 보면 당연하다고 할 수 있습니다. 고대 그리스 이래의 전통이 '부정확한 감각에 기대지 않고 인간의 이성으로 세계의 진리를 꿰뚫어 보자'는 거니까요. 물론 사물에 대한 세계의 진리를 꿰뚫어보기 위해서는 불완전한 감각에 기대어서나마 실제 일어나는 현상을 관찰하긴 해야 합니다. 다만 이는 어디까지나 이성에 의한 합리적 논리 전개를 통해 진리에 도달하기 전 상황일 뿐입니다. 그 이후는 오직 논리의 힘이죠. 연역을 통해 세상의 진리에 이르러야 한다는 겁니다.

따라서 이들에게 있어 '검증'이란 별 의미가 없는 행위입니다. 물론 그렇다고 하더라도 실제 일어나는 현상을 면밀히 관찰한 뒤에 이른 결론이니 실제의 현상을 잘 설명하는 경우도 많습니다. 마찬가지로 이들은 실험에 대해서도 별로 필요 없다는 정도가 아니라 하면 안 된다고 주장하지요. 자연스러운 세계에서 일어나는 일을 가지고 논하는데 억지스런 조건을 만들어 증명해봤자 그게 무슨 소용이 있느냐는 것이죠.

이런 풍토가 점차 바뀌기 시작한 것이 16~17세기입니다. 그리고 대표적 인물이 갈릴레오였지요. 물론 최초는 아닙니다. 갈릴레오에게 커다란 영향을 주었던 윌리엄 길버트가 있습니다. 누차 언급했지만, 그는 『자석에 대하여』에서 다른 사람들이 실험하기 편하도록 자신의 과학적 방법을 서술해나갑니다. 책에는 길버트가 행한 실험이 아주 구체적으로 서술되어 있어서 누구나 그 실험을 재현해볼 수 있도록 해놓았지요.

더구나 그는 책의 서문에 다음과 같이 씁니다. "비밀스러운 것들의 발견에서, 그리고 숨겨진 원인들의 탐구에서 더 강력한 이유들은 철학적 사색가들의 그럴듯한 추론이나 의견이 아닌 확실한 실험과 증명된 논증에서 나온다." 과연 영국 경험론의 전통에 서 있는 사람이 쓴 글답습니다.

갈릴레오는 『자석에 대하여』의 실험을 실제로 실행해보기도 했을 정도로 커다란 영향을 받습니다. 길버트에 대해 자신의 책에서 '최초의 과학자'라고 칭하기도 했지요. 물론 갈릴레오의 과학적 방법론이 온전히 길버트로부터 감화 받은 것이라고 볼 수는 없습니다. 길버트를 알기 전에도 갈릴레오는 자신의 연구를 그만의 방법론으로 수행하고 있었으니까요. 아마도 시대가 과학 방법론의 새로운 변화를 요구하고 있었고, 거기에 호응한 대표적인 사람들이 그들이라고 보는 것이 올바를 것입니다. 그리고 그런 서로에게 호의를 표한 것이지요. 길버트와 갈릴레오에서부터 이제 과학자들은 자신의 '가설'을 증명하기 위해 실험을 하기 시작합니다.

이러한 변화는 과학의 발전 속도를 획기적으로 높였습니다. 실험과 관측을 통한 검증은 잘못된 이론을 빠르게 걸러내고, 더 정확한 이론의 발전을 촉진합니다. 후대의 뉴턴 역학, 열역학, 전자기학 등 근대 물리학의 핵심 분야들이 빠르게 발전할 수 있는 토대가 되었습니다.

더 나아가, 이러한 과학적 방법론의 변화는 과학의 성격 자체를 바꾸어 놓았습니다. 과학은 이제 누구나 재현 가능한 객관적이고 보편적인 지식체계로 자리 잡습니다. 결국 갈릴레오와 그의 동시대인들이 시작한 이 새로운 과학적 방법론은 근대 과학의 근간이 되었고, 오늘날까지도 과학의 기본 원칙으로 자리 잡고 있습니다.

10장

뉴턴

1. 뉴턴의 우주

과학혁명의 과정에서 케플러, 갈릴레오, 데카르트, 하위헌스 등의 과학자, 철학자들은 행성의 운동을 설명하기 위해 다양한 이론을 제시했습니다.

먼저 케플러는 튀코 브라헤의 천문 관측 데이터를 분석하여 행성 운동에 관한 세 가지 법칙을 발견했습니다. 첫째, 행성은 태양을 한 초점으로 하는 타원 궤도를 따라 운동한다는 것, 둘째, 행성과 태양을 잇는 선분이 같은 시간 동안 쓸고 지나가는 면적은 같다는 것, 셋째, 행성의 공전 주기의 제곱은 타원 궤도 장반경의 세제곱에 비례한다는 것이었죠. 케플러는 이 법칙들을 튀코 브라헤의 관측 데이터에 기초하여 도출했지만, 그 물리적 원인을 제시하지는 못했습니다.

갈릴레오는 망원경 관측을 통해 목성의 위성을 발견하고 천체의 운동에 관한 새로운 사실들을 확인했습니다. 그는 또한 중력의 개념을 도입하여 물체의 낙하 운동을 설명하려 했죠. 갈릴레오는 중력을 지구

중심을 향한 일종의 끌어당기는 힘으로 보았지만, 이것이 행성의 운동과 어떻게 관련되는지에 대해서는 명확히 설명하지 못했습니다. 사실 갈릴레오의 중력은 아리스토텔레스의 아래를 향한 자연스러운 힘에 가까웠지요.

한편 데카르트는 우주를 에테르로 가득 찬 공간으로 보고, 이 에테르의 소용돌이 운동이 행성을 포함한 천체들을 움직인다고 주장했습니다. 그는 우주를 하나의 거대한 유체로 보고, 그 안에서 일어나는 소용돌이와 압력의 변화가 천체의 운동을 일으킨다고 생각했죠. 하지만 데카르트의 이론은 케플러의 법칙을 정확히 설명하지 못했고, 에테르의 존재를 입증하기도 어려웠습니다.

하위헌스는 행성의 타원 운동을 설명하기 위해 행성이 태양으로부터 주기적인 충격을 받는다고 가정했습니다. 그는 이 충격이 행성의 속도를 변화시켜 타원 궤도를 만든다고 보았죠. 하위헌스의 이론은 케플러의 제1법칙을 역학적으로 설명하려 한 최초의 시도였지만, 충격의 물리적 메커니즘이 명확하지 않다는 한계가 있었습니다.

이렇게 17세기 과학자들은 행성 운동을 설명하기 위해 다양한 아이디어를 제시했지만, 그 어느 것도 완전히 만족스러운 것은 아니었습니다. 케플러는 행성 운동의 법칙성을 발견했지만 그 원인을 설명하지 못했고, 갈릴레오는 중력의 개념을 도입했지만 이를 천체 운동과 연결짓지 못했죠. 데카르트와 하위헌스의 이론은 각각 에테르와 충격이라는 새로운 개념을 제시했지만, 그 물리적 실체가 불분명했습니다. 이런 상황에서 아이작 뉴턴(Isaac Newton)은 새로운 종합을 시도하게 됩니다.

만유인력

뉴턴은 이전 과학자들의 행성 운동 이론을 비판적으로 검토하고, 이를 종합하여 만유인력의 법칙을 정립했습니다. 그는 케플러의 법칙을 수학적으로 증명하고, 갈릴레오의 중력 개념을 확장하며, 데카르트와 하위헌스의 이론적 한계를 극복하고자 했죠.

먼저 뉴턴은 케플러의 법칙이 암시하는 바를 물리학적으로 해석했습니다. 그는 행성이 타원 궤도를 따라 운동하고 태양에 가까울수록 속도가 빨라지는 것이, 행성이 태양으로부터 끌어당기는 힘을 받기 때문이라고 보았죠. 뉴턴은 이 힘을 만유인력, 즉 질량을 가진 모든 물체 사이에 작용하는 인력이라고 가정했습니다. 다음으로 뉴턴은 갈릴레오의 중력 개념을 확장했습니다. 갈릴레오가 중력을 지구 중심을 향한 힘으로 본 반면, 뉴턴은 중력을 모든 질량 사이의 상호작용으로 일반화했죠. 그는 사과가 나무에서 떨어지는 현상과 달이 지구 주위를 도는 현상을 같은 힘 즉 만유인력으로 설명할 수 있다고 주장했습니다.

한편 뉴턴은 데카르트의 에테르 이론과 하위헌스의 충격 이론의 문제점을 지적했습니다. 우선 데카르트 우주론에 대한 비판을 보죠. 우선 케플러의 제3법칙인 행성의 공전 주기의 제곱이 궤도 장반경의 세제곱에 비례한다는 부분은 수학적 관계로 설명하기가 매우 어렵습니다. 그리고 행성이 왜 타원 궤도를 도는지도 설명하기 쉽지 않지요. 또한 혜성처럼 불규칙한 운동을 하는 천체의 경우 소용돌이 모델을 적용하기 힘들죠. 이외에도 뉴턴은 데카르트 이론의 물리적 실체에 대해서도 의문을 제기했습니다. 데카르트는 에테르를 우주를 가득 채운 실재하는 유체로 가정했지만, 뉴턴은 그런 에테르의 존재를 입증하기 어렵다고 보았죠. 그는 에테르가 행성의 운동에 영향을 주지 않는다면, 그것을 굳이 가정할 필요가 없다고 주장했습니다. 물론 에테르의 존재를 부정한 것은 아닙니다.

또한 그는 행성이 주기적인 충격을 받는다는 하위헌스의 가정이 불필요하다고 주장했습니다. 행성의 타원 운동은 만유인력과 관성의 조합으로 충분히 설명될 수 있었습니다. 하위헌스는 행성이 태양에 의해 주기적으로 충격을 받아 타원 궤도를 그린다고 설명했지만, 뉴턴은 이러한 충격의 물리적 메커니즘이 불분명하다고 지적했습니다. 그는 하위헌스의 이론이 충격의 원인이나 크기, 방향 등을 명확히 규명하지 못한다고 보았죠. 또한 뉴턴은 하위헌스의 이론으로는 행성의 속도 변화를 정확히 예측하기 어렵다고 생각했습니다. 그는 행성의 가속도가 태양과의 거리에 따라 일정한 법칙을 따른다는 것을, 하위헌스의 충격 이론으로는 보여주기 힘들다고 판단했습니다.

뉴턴은 미적분학을 사용하여 만유인력에 의한 물체의 운동 방정식을 유도했죠. 이 방정식으로부터 그는 케플러의 세 법칙을 모두 증명할 수 있었습니다. 또한 그는 혜성의 운동, 조석 현상 등 다양한 천문 현상을 만유인력으로 설명하는 데 성공했습니다. 이로써 뉴턴은 이전까지의 행성 운동 이론을 종합하고 극복한, 보편적인 역학 법칙을 확립했습니다. 또한 만유인력 이론은 지상에서 일어나는 자유낙하운동이나 경사면 운동, 포물선 운동에도 적용됩니다.

뉴턴이 등장하는 그림에 흔히 사과와 달이 나옵니다. 이는 지상의 운동과 천상의 운동이 하나의 원리 만유인력으로 모두 설명됨을 상징하는 거죠. 드디어 지상과 천상이 하나의 원리로 통합되었습니다. 아리스토텔레스 이래 유지되었던 천상계와 지상계라는 구분은 최소한 역학에서는 더 이상 의미가 없어졌습니다.

뉴턴이라는 사람

뉴턴은 참으로 성마른 사람이었습니다. 타인에 대한 불신에 가득 찬 사람이었고, 타인과의 교류를 즐기지 않았으며, 스스로 가진 바를 드러내기를 싫어했지요. 자신에 대한 공격이라 여겨지는 것에 대해 폭발적인 분노를 드러냈고, 논쟁을 싫어했습니다. 하지만 뉴턴은 천재적 직관력과 집중력을 타고난 사람이기도 했습니다. 그는 겉으로는 영국 국교를 믿는 척했지만 사실 삼위일체를 부정하는 사람이었죠. 그가 쓴 글, 그가 투자한 시간을 보면 물리학과 광학은 그의 인생에 있어 십분의 일, 이십분의 일도 안 되어 보입니다. 그는 일생의 대부분을 성경에 대한 해석과 연금술에 받쳤지요.

그는 가설을 주장하지 않겠다고 했습니다. 여기서의 가설이란 '왜 질량을 가진 물체들은 서로 끌어당기는지'에 대해, 그리고 '왜 물체의 가속도는 질량에 반비례하고 외부에서 주어진 힘에 비례하는 지'에 대해 논하지 않겠다는 것이었죠. 그에게 그 질문은 답할 수 없는 것이었습니다. 실험을 통해서 또는 관측을 통해서 알아낼 수 없는 것이었으니까요. 그는 그 질문에 대답할 수 없다는 사실이 답답했을지도 모르지만—그렇게 생각하는 분들도 있지요—사실은 그저 '신의 섭리'에 맡긴 채 태연했을 거라 생각합니다. 일종의 '판단중지'라고 할까요? 그래서 그는 태연히 '선언'합니다. 질량을 가진 물체는 서로의 질량의 곱에 비례하고 거리의 제곱에 반비례하는 인력을 가진다. 모든 물체는 자신의 질량에 반비례하고 외부에서 작용하는 힘에 비례하는 가속도를 가진다.

그가 말했다는 "거인의 어깨에서 세상을 바라본다"는 말은 어찌 보면 그와 불구대천의 원수지간이었던 로버트 훅[43]을 조롱하는 이야기일 수 있습니다만 그 자체로 맞는 말이기는 합니다. 그는 케플러와 갈릴레오, 데카르트와 하위헌스, 그리고 그가 그리도 증오했던 훅으로 이어지는 역학에 대한 긴 연구의 연속선에 있던 사람입니다. 그리고 또 한편으로는 유명론에서 경험론으로 이어지는 영국 과학철학의 전통에 서 있는 사람이기도 했지요. 물론 그가 거인의 어깨 위에 서 있었다는 사실이 그의 과학적 위대함을 훼손하지는 않습니다. 거인의 어깨까지 올라갈 수 있었던 건 뉴턴이기에 가능했다는 점이 그의 위대함을 크게 드러내니까요.

---

43. 뉴턴이 발표한 만유인력 법칙과 관련하여, 어떤 힘(중력)의 크기는 거리의 제곱에 반비례한다는 '역제곱 법칙'을 로버트 훅이 먼저 발견했는데, 그의 서신을 받은 뉴턴이 이 내용을 훔쳤다고 비난함으로써 둘은 매우 적대적인 관계가 된다. 실제로 훅이 역제곱 법칙을 더 먼저 주장한 것은 사실이다.

2. 힘과 가속도

갈릴레오 갈릴레이로부터 아이작 뉴턴에 이르는 17세기는 힘과 운동에 대한 이해가 급격히 발전한 시기였습니다. 이 시기 과학자들은 각자의 아이디어와 발견을 통해 역학의 기초를 다졌습니다.

갈릴레오는 낙하 운동과 관성에 대한 연구를 통해 운동 법칙의 기반을 마련했습니다. 그는 실험을 통해 자유낙하하는 물체의 속도가 시간에 비례해 증가한다는 사실을 발견했죠. 또한 그는 관성의 개념을 도입하여, 물체가 외력의 작용 없이는 등속운동을 유지한다고 주장했습니다. 다만 갈릴레오는 관성운동을 원운동으로 생각했습니다. 그는 지구가 구형이기에, 관성에 의한 운동은 직선이 아닌 원운동이 되어야 한다고 보았던 것이죠.

이에 반해, 르네 데카르트는 관성운동이 직선운동이라고 주장했습니다. 그는 우주를 가득 채운 에테르의 소용돌이 운동으로 천체의 운동을 설명하려 했는데, 이 과정에서 관성에 의한 직선운동의 개념을 발전시켰습니다. 데카르트는 물체가 외부 힘의 작용 없이는 속도와 방향을 유지하며 직선운동을 한다고 보았죠. 이는 갈릴레오의 관성 개념을 한 단계 더 발전시킨 것이었습니다. 또한 데카르트는 이 과정에서 '운동의 양'이라는 개념을 도입합니다. 오늘날 운동량의 초기 개념이죠.

한편, 크리스티안 하위헌스는 탄성 충돌과 진자 운동에 대해 연구했습니다. 그는 완전 탄성 충돌에서 운동에너지가 보존된다는 사실을 발견했습니다. 그는 운동에너지 대신 생동력(vis viva)라는 용어를 썼지만 운동에너지 보존 법칙의 첫 번째 사례로 볼 수 있습니다. 하지만 하위헌스는 이를 일반적인 역학 법칙으로 정립하지는 않았습니다. 하위헌스의 운동에너지에 대한 생각은 라이프니츠와 벤저민 톰슨 등에 의해 발전되었고, 19세기에 이르러서야 역학적 에너지 보존 법칙으로 확립되었습니다.

이와 함께, 로버트 훅(Robert Hooke)은 탄성력에 대한 연구를 통해 역학 발전에 기여했습니다. 그는 용수철의 변형이 그것에 가해진 힘에 비례한다는 훅의 법칙을 발견했죠. 이는 탄성체의 운동을 이해하는 데 중요한 발견이었습니다. 갈릴레오, 데카르트, 하위헌스, 훅 등의 과학자들은 각자의 방식으로 힘과 운동에 대한 이해를 넓혔습니다. 하지만 이들의 성과는 개별적이고 제한적이었습니다. 갈릴레오와 데카르트의 관성 개념은 서로 달랐고, 하위헌스의 운동에너지 보존 아이디어는 일반화되지 못했습니다.

힘이 가속도를 만든다

아이작 뉴턴은 갈릴레오, 데카르트, 하위헌스 등의 역학적 성과를 비판적으로 계승하면서, 이를 통합하고 확장하여 근대 역학의 기초를 확립합니다.

먼저, 뉴턴은 데카르트의 관성 직선운동 개념을 받아들여 이를 운동 제1법칙으로 정립했습니다. 관성의 법칙인 뉴턴 제1법칙에 따르면, 물체는 외부 힘이 작용하지 않는 한 등속 직선운동을 유지합니다. 다음으로, 뉴턴은 갈릴레오의 낙하 운동 연구를 발전시켜 가속도의 법칙인 운동 제2법칙을 도출했습니다. 그는 물체의 가속도가 힘에 비례하고 질량에 반비례한다는 사실을 수학적으로 정식화했죠. 이는 힘과 운동의 관계를 정량적으로 규명한 획기적 성과입니다. 또한 뉴턴은 작용과 반작용의 법칙이라고 부르는 운동 제3법칙을 통해, 물체들 사이의 상호작용을 역학적으로 설명했습니다. 그는 두 물체 사이에 작용하는 힘은 크기가 같고 방향이 반대라는 사실을 밝혔죠. 이는 데카르트와 하위헌스의 충돌 연구를 일반화한 것으로 볼 수 있습니다.

뉴턴은 이러한 운동 법칙을 바탕으로 천체 운동에 대한 종합적 설명을 시도했습니다. 그는 앞서 만유인력의 법칙을 통해 지상과 천상의 운동을 하나의 원리로 통합했죠. 뉴턴은 만유인력이 거리의 제곱에 반비례한다는 사실을 수학적으로 증명하고, 이를 케플러의 행성 운동 법칙과 연결시켰습니다. 이로써 뉴턴은 이전까지 개별적으로 연구되던 역학의 여러 분야를 하나의 통합된 체계 속에서 설명할 수 있게 되었습니다. 그의 운동 법칙과 만유인력 법칙은 근대 물리학의 두 기둥이 되었고, 이후 역학 발전의 토대가 되었죠.

물론 뉴턴의 역학도 한계는 있었습니다. 그는 절대 시공간을 전제했고, 중력의 속도를 무한대로 가정했죠. 이러한 한계는 아인슈타인의 상대성이론에 의해 극복되었습니다. 하지만 뉴턴의 업적은 그 자체로 위대한 것이었고, 현대 물리학도 그의 역학 위에 서 있다고 할 수 있습니다.

뉴턴의 역학은 갈릴레오와 데카르트, 하위헌스, 코페르니쿠스와 튀코 브라헤, 케플러와 갈릴레오로 이어지는 과학혁명의 두 축 역학혁명과 천문학혁명의 모든 성과를 단 두 가지 명제로 완성합니다.

‘모든 물체는 서로의 질량의 곱에 비례하고 거리의 제곱에 반비례하는 힘으로 서로를 끌어당긴다.’

‘물체의 가속도는 물체에 작용하는 힘에 비례하고, 물체의 질량에 반비례한다.’

이로부터 새로운 물리학과 천문학이 시작됩니다.

3. 빛은 입자다

아이작 뉴턴 이전까지 광학은 다양한 과학자들에 의해 점진적으로 발전해 왔습니다. 먼저, 고대 그리스의 유클리드가 기하 광학의 기초를 닦았습니다. 그는 『광학』(*Optikē*)이라는 저서에서 빛의 직진성, 반사 법칙 등을 다룹니다. 중세 이슬람 세계에서는 이븐 알 하이삼이 광학 연구를 한 단계 발전시킵니다. 그는 빛의 반사와 굴절에 대해 체계적으로 연구하고, 굴절 법칙을 실험적으로 검증했죠. 알 하이삼의 저서『광학 서설』은 유럽 광학 연구에 큰 영향을 끼쳤습니다. 그리고 17세기 과학혁명이 본격화되는 시점에서 광학 연구도 활발해집니다. 망원경과 현미경의 발견도 영향을 끼쳤고 해석기하학 등의 수학의 발전에도 힘입은 바가 크지요. 또 항해나 측량 등에 필요한 정밀 광학기기 수요가 증가한 것도 한 이유입니다.

케플러와 동시대 인물인 빌레브로르트 스넬(Willebrord Snell)은 빛의 굴절에 대한 연구를 진행했습니다. 그는 입사각과 굴절각의 관계를 규명하고, 오늘날 '스넬의 법칙'으로 알려진 굴절 법칙을 발견했죠. 다만 스넬은 이 법칙을 수학적으로 정식화하지는 않았습니다. 이를 수학적으로 완성한 것은 르네 데카르트였습니다. 데카르트는 스넬의 연구를 계승하여, 굴절 법칙을 사인 함수를 사용해 표현했죠. 또한 그는 빛이 매질을 통과할 때 속도가 변한다고 주장하죠.

반면, 피에르 드 페르마(Pierre de Fermat)는 빛이 한 점에서 다른 점으로 이동할 때 가장 빠른 경로를 택한다는 '최소 시간의 원리'를 제안했습니다. 이는 광선 이론에 역학적 설명을 도입한 것으로, 후대 광학 연구에 중요한 영향을 주었죠. 이탈리아의 과학자 프란체스코 그리말디(Francesco Maria Grimaldi)는 빛의 회절 현상을 발견했습니다. 그는 빛이 작은 구멍을 통과할 때 굴절하며 퍼져나가는 현상을 관찰했죠. 그리말디의 발견은 파동설에 유리한 증거가 되었습니다.

이 과정에서 빛이 입자냐 아니면 파동이냐에 대한 입장이 서로 갈리면서 논쟁이 시작됩니다. 빛의 직진성이나 반사와 굴절을 바라보면 입자설이 맞는 것 같고, 반면 빛의 간섭현상 같은 경우에는 파동으로 설명하는 것이 더 쉬웠죠. 그리고 이 또한 뉴턴에 의해 일시적으로나마 정리됩니다. 뉴턴은 자신이 관여한 대부분의 영역에서 논쟁 종결자였던 셈이죠.

뉴턴의 빛

뉴턴은 1666년 무렵 자신의 방에서 프리즘을 사용해 빛의 색에 대한 실험을 진행했습니다. 그는 창문의 작은 구멍을 통해 들어온 햇빛을 프리즘에 통과시켰죠. 그 결과, 프리즘을 통과한 빛은 벽에 길게 늘어선 색띠 즉 스펙트럼을 형성했습니다.

이 실험에서 뉴턴은 몇 가지 중요한 사실을 발견했습니다. 첫째, 백색광은 여러 색의 빛으로 구성되어 있다는 것이죠. 프리즘은 백색광을 빨강, 주황, 노랑, 초록, 파랑, 남색, 보라색으로 분해했습니다. 둘째, 빛의 색은 굴절률에 따라 결정된다는 사실입니다. 뉴턴은 프리즘을 통과할 때 빨간색 빛이 가장 적게 굴절되고, 보라색 빛이 가장 많이 굴절된다는 것을 관찰했죠. 이를 통해 그는 색이 빛의 고유한 속성이며, 매질과의 상호작용에 의해 결정되는 것이 아니라고 결론지었습니다.

뉴턴은 이러한 발견을 더 정교한 실험으로 확인했습니다. 그는 스펙트럼의 특정 색을 분리해 또 다른 프리즘에 통과시켰죠. 이때 두 번째 프리즘은 색을 더 이상 분해하지 않고 들어온 빛과 같은 색의 빛만 내보냅니다. 이를 통해 뉴턴은 색이 빛의 혼합에 의해 만들어지는 것이 아니라, 빛 자체의 속성이라는 사실을 증명했습니다. 또한 뉴턴은 스펙트럼의 여러 색을 다시 합쳐 백색광을 만드는 실험도 진행했습니다. 그는 분해된 색들을 렌즈를 사용해 한 점에 모았고, 그 결과 다시 백색광이 만들어지는 것을 관찰했죠. 이는 색들의 혼합으로 백색광이 만들어진다는 뉴턴의 주장을 뒷받침하는 결정적 증거였습니다.

뉴턴의 프리즘 실험은 광학의 역사에 큰 획을 그었습니다. 그는 실험을 통해 빛의 색이 파장에 따라 결정된다는 사실을 밝혔고, 백색광의 구성요소를 규명했죠. 물론 뉴턴만 프리즘으로 실험한 건 아닙니다. 앞서 살펴본 과학자들 중에서 그리말디나 로버트 훅, 데카르트도 모두 프리즘으로 실험을 합니다. 그러나 확실히 뉴턴은 달랐던 거죠. 뉴턴의 색 이론은 그의 저서 『광학』(*Optics*)에 자세히 기술되었고, 이후 광학 연구의 기반이 되었습니다. 비록 뉴턴이 색과 파장의 정확한 관계를 규명하지는 못했지만, 그의 연구는 분광학의 출발점이 되었습니다. 또한 뉴턴의 색 이론도 예술과 과학 전반에 걸쳐 큰 영향을 끼쳤습니다.

이런 뉴턴 광학 연구에서 핵심 중 하나는 빛의 입자설입니다. 그는 빛의 여러 현상을 설명하기 위해, 빛이 미세한 입자의 흐름이라는 아이디어를 제시합니다. 뉴턴의 입자설은 당시 지배적이었던 데카르트의 파동설에 도전하는 것이었죠.

뉴턴은 우선 빛의 직진성을 입자의 운동으로 설명했습니다. 그는 빛 입자가 매우 빠른 속도로 직선운동을 한다고 보았죠. 이는 빛이 직선으로 전파되는 현상을 잘 설명합니다. 또한 빛의 반사와 굴절도 입자설로 해석했습니다. 그는 반사를 입자가 매질 표면에서 튕겨 나오는 현상으로, 굴절을 입자가 매질에 끌려 들어가는 현상으로 설명했죠. 특히 뉴턴은 빛 입자가 밀도가 높은 매질에 끌려 들어가면서 속도가 감소한다고 주장했습니다. 이는 스넬의 법칙, 즉 빛이 밀도가 높은 매질로 들어갈 때 굴절각이 커지는 현상을 설명하려는 시도이기도 했습니다.

이러한 뉴턴의 설명은 데카르트의 파동설과는 큰 차이가 있었습니다. 데카르트는 빛을 압력의 전파로 보고, 굴절을 빛이 매질 경계에서 속도가 변하는 현상으로 해석했죠. 반면 뉴턴은 빛의 속도 변화가 아니라, 입자에 작용하는 힘으로 굴절을 설명하려 한 것입니다. 사실 빛의 직진과 반사, 굴절은 이전에도 입자설로 충분히 설명 가능한 부분이었습니다. 하지만 뉴턴은 빛의 회절과 간섭 현상도 입자설 안에서 해석하고자 합니다. 그는 회절을 빛 입자가 장애물의 가장자리를 스치면서 경로가 휘는 현상으로 보았습니다. 또한 간섭은 빛 입자들 사이의 인력과 척력의 상호작용으로 인해 밝고 어두운 무늬가 생기는 것으로 설명했고요.

하지만 뉴턴의 입자설은 회절과 간섭을 완벽히 설명하지는 못했습니다. 특히 간섭 현상에 대한 그의 설명은 다소 모호한 측면이 있었죠. 빛 입자 사이의 인력과 척력이라는 개념은 실험적 증거가 부족했고, 간섭 무늬의 규칙성을 잘 설명하지 못했습니다. 이러한 한계에도 불구하고, 뉴턴의 입자설은 광학 연구에 큰 영향을 미칩니다. 18세기 내내 뉴턴의 권위는 절대적이었고, 많은 과학자들이 그의 입자설을 받아들이게 됩니다. 파동설은 상대적으로 주목받지 못했고, 빛의 본성에 대한 논의는 주로 입자설의 틀 안에서 이루어집니다.

그러나 19세기 들어 토머스 영(Thomas Young)의 이중 슬릿 실험, 오귀스탱 프레넬(Augustin Fresnel)의 회절 연구 등이 나오면서 파동설이 다시 부각되기 시작했죠. 특히 프레넬은 회절과 간섭을 설명하는 데 있어 파동설이 입자설보다 우위에 있음을 보여주었습니다. 이로써 빛의 본성에 대한 논쟁은 새로운 국면을 맞게 됩니다.

4. 뉴턴의 시공간

시간과 공간에 대한 인류의 탐구는 오랜 역사를 가지고 있습니다. 고대 그리스부터 17세기에 이르기까지 늘 철학자들과 과학자들의 관심사였죠. 플라톤은 시간을 '영원의 움직이는 이미지'(moving image of eternity)로 표현했습니다. 그의 관점에서 시간은 영원한 이데아 세계의 불완전한 반영이었습니다. 우리가 경험하는 시간이란 완벽하고 불변하는 영원의 세계를 모방하려는 것이라 보았죠. 이는 그의 이데아론과도 밀접하게 연관되어 있으며, 현실 세계를 이데아 세계의 그림자로 보는 그의 철학적 입장을 반영합니다.

아리스토텔레스는 시간을 운동의 척도로 정의했으며, 공간을 '장소'의 개념과 관련지었습니다. 그는 진공의 존재를 부정했습니다. 아리스토텔레스에게 시간은 '이전'과 '이후'에 관한 운동의 기준이었습니다. 그는 시간이 운동과 분리될 수 없다고 믿었으며, 모든 것은 그것의 '자연적 장소'를 향해 움직인다고 주장했습니다. 진공에 대한 그의 부정은 '자연은 진공을 혐오한다'는 유명한 격언으로 표현됩니다. 이러한 아리스토텔레스의 견해는 중세 때까지 큰 영향력을 발휘했습니다.

중세 시대의 아우구스티누스는 시간을 주관적 경험으로 보았으며, 과거와 미래가 모두 현재의 의식 속에 존재한다고 주장했습니다. 그의 『고백록』에서 아우구스티누스는 과거는 기억을 통해, 현재는 직접적인 지각을 통해, 미래는 기대를 통해 우리의 의식 속에 존재한다고 보았습니다.

토마스 아퀴나스는 시간을 운동의 척도로 보면서도, 이를 신의 영원성과 대비했습니다. 운동의 척도로 본다는 측면에서 아리스토텔레스의 영향을 알 수 있죠. 하지만 그는 시간이 창조된 세계의 특성이라고 보았으며, 이를 초월적이고 영원한 신의 존재와 대조했습니다. 아퀴나스에게 신은 시간 밖에서 모든 시간을 동시에 경험하는 존재입니다.

17세기의 르네 데카르트는 공간을 물질의 본질적 속성인 '연장'(延長)으로 보았습니다.[44] 그는 또한 좌표계 개념을 발전시켰습니다. 데카르트의 '연장' 개념은 물질이 공간을 차지한다는 것을 의미하며, 이는 그의 이원론적 철학의 핵심이었습니다.

비슷한 시기의 프랑스 과학자 피에르 가상디(Pierre Gassendi)는 고대 그리스의 원자론을 재해석하여 빈 공간의 존재를 주장했습니다. 가상디는 에피쿠로스와 루크레티우스의 원자론을 부활시키려 했습니다. 그는 우주가 원자와 빈 공간으로 이루어져 있다고 주장했으며, 이는 아리스토텔레스의 연속체 이론에 대한 도전이었습니다. 가상디의 이론은 후에 뉴턴의 입자론적 우주관에 영향을 주었습니다.

하지만 전반적으로 시간과 공간에 대해서는 아리스토텔레스적 입장이 주류를 이루고 있었습니다. 즉 시간은 운동의 척도일 뿐이고, 공간은 '장소' 혹은 '관계'로 각 물체는 그것의 '자연적인 장소'를 움직이며, 물체들 사이의 관계가 곧 공간이라고 여겼습니다. 여기에 더해 기독교의 영향으로 시간은 창조된 것으로 신의 영원성과 대비되며, 우주는 유한하고 그 바깥에는 신의 영역이 있다고 여겨졌습니다.

그리고 뉴턴이 등장합니다. 17세기 후반, 아이작 뉴턴은 시간과 공

---

44. 이 책 212쪽 각주 37번 참조.

간에 대한 새로운 개념을 제시하죠. 그의 역학 이론은 '절대 시간'과 '절대 공간'이라는 두 가지 핵심 개념을 전제로 합니다. 뉴턴에게 있어 시간과 공간은 모든 물질적 존재와 독립적으로 존재하는 절대적 실체입니다. 절대 시간은 균일하게 흐르며, 외부의 어떤 것에도 영향을 받지 않습니다. 절대 공간은 그 안에 존재하는 물체와 무관하게 항상 동일하고 부동의 상태로 존재합니다.

이러한 개념을 바탕으로 뉴턴은 '절대 운동'의 개념을 발전시켰습니다. 그에 따르면, 물체의 운동은 이 절대 공간에 대해 측정될 수 있으며, 이는 '참된' 운동입니다. 상대적 운동과는 달리, 절대 운동[45]은 객관적이고 보편적인 것으로 간주되었습니다. 뉴턴의 역학은 이런 전제가 성립할 때만 가능한 것이었죠. 뉴턴의 절대 시공간 개념은 이후 약 200년간 물리학의 기본 전제로 받아들여졌습니다. 그러나 이 개념은 동시에 철학적, 과학적 논쟁의 대상이 되었고, 특히 라이프니츠와의 논쟁은 시공간의 본질에 대한 근본적인 질문을 제기했습니다.

고트프리트 빌헬름 라이프니츠(Gottfried Wilhelm Leibniz)는 시간과 공간에 대해 뉴턴과는 근본적으로 다른 관점을 제시합니다. 그는 시간을 사건들의 연속 순서로 이해했습니다. 아리스토텔레스적이죠. 그에게 시간은 독립적으로 존재하는 실체가 아니라, 사건들 사이의 관계에 의해 정의됩니다. 공간 역시 라이프니츠에게는 관계적 개념입니다. 그는 공간이 물체들 사이의 상대적 위치 관계로 정의된다고 보았습니다. 즉 공간은 물체와 독립적으로 존재하는 것이 아니라, 물체들 간의 관

45. 그렇다고 해서 뉴턴이 갈릴레오의 상대성 원리를 부정한 것은 아니다.

계에 의해 생성된다는 것입니다. 라이프니츠의 관계적 시공간 개념에서는 모든 운동이 상대적입니다. 그에 따르면, 절대적인 운동이란 존재하지 않으며 모든 운동은 다른 물체에 대한 상대적 운동일 뿐입니다. 이는 우주에서의 '절대적 위치'나 '절대적 운동'의 개념을 부정하는 것이죠.

라이프니츠의 관점을 잘 보여주는 사고실험이 있습니다. 우주에 단 하나의 물체만 있다면 그 물체의 위치나 운동을 말할 수 없다는 것입니다. 위치와 운동은 다른 물체와의 관계에서만 의미를 가진다고 보았기 때문입니다. 라이프니츠의 이론은 '충족이유율'이라는 철학적 원리에 기반을 두고 있습니다. 이 원리에 따르면, 모든 것에는 그것이 그렇게 있고 다르게 있지 않은 이유가 있어야 합니다. 라이프니츠는 이 원리를 적용하여, 절대 공간에서의 위치나 방향은 구별할 수 있는 이유가 없기 때문에 의미가 없다고 주장했습니다.

둘의 시공간 개념 논쟁은 17세기 말에서 18세기 초에 걸쳐 전개되었습니다. 1686년 뉴턴이 『프린키피아』에서 절대 시간과 절대 공간 개념을 제시하면서 논쟁이 시작되었습니다. 라이프니츠는 이에 대해 비판적 입장을 취했고, 1715년부터 1716년 사이 뉴턴의 지지자 새뮤얼 클라크와 서신을 교환하며 논쟁이 본격화되었습니다.

이 논쟁의 핵심 쟁점 중 하나가 '회전하는 물통 실험'입니다. 뉴턴이 제시한 이 실험은 다음과 같습니다. 물을 담은 통을 줄에 매달아 회전시킵니다. 처음에는 물의 표면이 평평하지만, 점차 물통이 회전하면서 물의 표면이 오목해집니다.

뉴턴은 이 현상을 절대 공간의 존재 증거로 해석했습니다. 물 표면

이 오목해지는 것은 절대 공간에 대한 회전 때문이며, 이는 물통과 물의 상대적 운동만으로는 설명할 수 없다고 주장했습니다. 반면 라이프니츠는 이 현상을 관계적 관점에서 설명했습니다. 물 표면의 변화는 물과 우주의 다른 부분들 사이의 상대적 운동 때문이라고 보았습니다. 물통의 회전은 우주의 나머지 부분에 대한 상대적 운동이며, 이것이 물의 표면 형태를 결정한다고 주장했습니다.

이 논쟁은 더 깊은 철학적 질문으로 이어졌습니다. 우주에 물통 하나만 존재한다면 어떻게 될까요? 라이프니츠의 관점에서는 이 경우 물통의 회전 여부를 결정할 수 없습니다. 뉴턴의 관점에서는 절대 공간이 존재하므로, 그에 대한 물통의 운동 상태를 여전히 정의할 수 있다고 봅니다. 당시에는 뉴턴의 견해가 더 설득력 있는 것으로 받아들여졌습니다. 뉴턴의 이론이 관찰 가능한 현상들을 더 잘 설명했고, 절대 공간과 절대 시간을 전제로 한 그의 역학이 워낙 압도적이었기 때문이죠.

20세기에 들어서면서 시간과 공간에 대한 우리의 이해는 다시 근본적으로 변합니다. 이러한 변화는 19세기 말 에른스트 마흐의 사상에서 시작되어 아인슈타인의 상대성이론으로 이어집니다. 마흐의 원리에 따르면, 국소적인 관성 효과는 우주의 전체 물질 분포와 관련이 있습니다. 이는 뉴턴의 회전하는 물통 실험에 대해 새로운 해석을 제공합니다. 물의 표면이 오목해지는 현상은 물통과 우주의 나머지 부분 사이의 상대적 회전 때문이라는 것입니다. 이 관점은 절대 공간의 개념에 의문을 제기하며, 공간을 물체들 사이의 관계로 이해하는 라이프니츠의 견해와 유사합니다.

이어서 1905년, 아인슈타인의 특수상대성이론이 등장합니다. 이 이론은 시간과 공간이 서로 독립적이지 않고 관찰자의 운동 상태에 따라 상대적으로 변한다는 것입니다. 이는 뉴턴의 절대 시간과 절대 공간 개념을 뒤집는 혁명적인 아이디어였습니다. 1915년에 발표된 일반상대성이론은 시공간과 물질, 에너지 간의 깊은 상호작용을 밝혀냅니다. 이 이론에 따르면, 물질과 에너지는 시공간의 구조를 왜곡하고, 이렇게 왜곡된 시공간은 다시 물질의 운동에 영향을 미칩니다. 이는 시공간을 더 이상 고정된 무대로 보지 않고, 물질과 에너지와 함께 역동적으로 상호작용하는 실체로 이해하게 만듭니다.

시간과 공간에 대한 인류의 오랜 탐구는 이상과 같이 아리스토텔레스의 관계적 시공간 개념에서 출발하여, 뉴턴의 절대 시공간이라는 고비를 넘어, 마침내 아인슈타인의 상대적 시공간 개념이라는 종착지에 도달하게 되었다고 정리할 수 있겠습니다.

11장

데모크리토스의 후예들

1. 갈릴레오와 토리첼리—신과 진공

이탈리아의 물리학자로 갈릴레오의 오랜 친구인 조반니 바티스타 발리아니(Giovanni Battista Baliani)가 갈릴레오에게 보낸 서신이 시작이었습니다. 제노바의 유력자였던 발리아니는 갈릴레오에게 아래쪽의 물을 퍼 올려서 자신의 저택에 공급하기 위해 사이펀의 원리를 이용하려 하는데, 높이 차가 대략 10미터 이상 나니 영 뜻대로 되지 않더라는 얘기를 씁니다. 그러면서 아마 대기 중의 공기가 미는 힘이 물을 끌어 올리는 데는 10미터 한계를 넘지 못하는 것 같다고 합니다. 갈릴레오는 곰곰이 생각하다 진공이라는 개념에 다다릅니다. 좁은 관을 통해서 물을 퍼 올리면 위로 올라온 물과 미처 올라오지 못한 물 사이에 빈 공간 즉 진공이 있게 되는데, 자연은 진공을 싫어하니 이를 메우려고 아래쪽의 물이 끌려 올라오는 것이라 생각했지요. 진공이라는 개념이 다시 떠오르는 순간입니다.

갈릴레오로서는 지동설 외에도 아리스토텔레스와 싸울 일이 아직 남아있었던 것입니다. 하지만 스스로도 알았겠지요. 이 싸움은 자신이 주인공이 아니라는 사실을. 그는 이 싸움을 자신의 마지막 제자 에반젤리스타 토리첼리(Evangelista Torricelli)에게 넘겨주고자 했습니다. 자신처럼 수학자로 시작한 토리첼리가 새로운 복음을 전파하는 전도자가 되기를 바랐을 수도 있겠습니다. 자신은 이미 눈도 거의 멀었고 살날도 그리 남지 않았으니 후일은 뒷사람이 도모해야 한다고 생각했겠지요.

진공이라니, 갈릴레오는 웃음을 지었을 수도 있습니다. 태양중심설만큼이나 불온한 단어지요. 진공은 이미 로마교황청에 의해 삿된 단어로 공인되었습니다. 진공을 주장하는 자 그 누구든 용서치 않겠다고 했지요. 진공을 말한 자가 어떤 이들이었던가요? 데모크리토스와 에피쿠로스와 루크레티우스입니다. 하나같이 불신자의 상징적 존재인 세 명이 주장한 것이 진공이었습니다. 아리스토텔레스가 극히 혐오했던 것 또한 진공이었습니다. 세월을 뛰어넘어 이제 다시 진공이 등장했습니다. 갈릴레오는 생각했을 겁니다. '일찍이 코페르니쿠스가 고대의 아리스타르코스를 소환하여 태양중심설을 다시 부활시켰고, 자신이 부활의 증거를 명백히 했듯이, 이제 자신이 다시 진공을 소환하고 토리첼리가 그를 명백히 할 것이다.'

진공은 예로부터 불신자의 상징이었습니다. 그들은 신으로 가득 찬 세상을 부정하여 물질과 물질 사이에 진공을 두었습니다. 아무것도 없는 공간, 신조차 존재하지 않는 공간이 진공이었지요. 그들에 따르면 이 세상은 물질보다 더 많은 진공으로 에워싸인 곳입니다. 더구나 이들은 이 세상이 만들어진 이유가 단순히 '우연'이라고 주장한 자들 아니었던가요? 진공 속에서 신으로부터 어떠한 의미도 부여받지 않은 입자들이 주어진 바대로 움직이고, 부딪치고, 만나서 결합하고, 헤어지면서 이 세상이 만들어졌다고 주장하는 자들이었습니다. 거기에 빵과 포도주가 어떻게 예수의 살과 피가 되냐는 힐난에까지 이르면 교회로서도 답이 없지요. 거의 불구대천의 원수나 다름없었습니다. 일찍이 플라톤을 받아들일 때도 아리스토텔레스를 받아들일 때도 몇 가지 갈등이 있었지만, 그들은 이처럼 스스로 신에게 적대한 자들은 아니었기에 품을 수 있었습니다. 만약 당시 교황청이 받아들일 수 없는 자 다섯을 꼽으라면 그중 셋이 데모크리토스, 에피쿠로스, 루크레티우스였을 겁니다.

토리첼리는 갈릴레오가 기대한 대로 명민했습니다. 발리아니와 갈릴레오의 이야기를 듣고 곧 확인을 위해서는 10미터가 넘는 길이의 물을 담을 파이프가 필요하다는 사실을 알았지만, 내부의 물 흐름을 파악하기 위해서는 파이프가 투명해야 했고 따라서 유리여야 했습니다. 하지만 당시의 누구도 그런 길이의 파이프를 만들 수 있는 기술을 가지고 있지는 못했지요. 스승 갈릴레오는 뭔가를 빨아들이는 진공의 힘이야말로 물을 높이 올리는 힘이라고 생각했고, 토리첼리 자신은 발리아니처럼 공기가 미는 힘 때문이라 생각했지만 둘 중 무엇이 맞든 물을 가지고 실험을 할 수는 없었습니다. 만약 물보다 비중이 큰 액체라면? 진공의 힘이든 공기의 힘이든 더 무거운 물체를 밀어내거나 빨아들이는 정도가 더 작을 수밖에 없을 것이고, 짧은 유리관으로도 이것을 확인할 수 있을 터였습니다. 그래서 토리첼리는 물보다 아주 무거운 액체가 필요하다고 생각했겠지요.

대안은 수은이었습니다. 수은은 물보다 10배가 훨씬 넘는 비중의 액체 금속. 만약 자신의 가설이 맞는다면 1미터 정도의 관으로도 충분히 실험이 가능할 터였습니다. 결론이 나자 토리첼리는 바로 실험에 나섭니다. 1미터의 관을 마련하고 수은을 가득 채웁니다. 넓은 바닥의 그릇에도 수은을 채웁니다. 이제 관의 한쪽을 막고 넓은 그릇에 담긴 수은 속에 관 입구 쪽을 아래로 하여 세웁니다. 관 속의 수은이 그릇으로 내려가다 멈춘 곳의 높이는 76.3센티미터. 진공의 힘이든 공기의 힘이든 그만큼의 힘이 수은이 내려가지 못하게 막고 있는 것이죠.

토리첼리는 연이어 실험을 합니다. 수은이 담긴 유리관의 모양을 여러 가지로 변형시켜 실험을 하지요. 아래는 굵고 위는 좁은 관을 만듭니다. 진공에 의한 힘이라면 위쪽 진공의 부피가 작고 아래 수은의 양은 많으니 수은이 내려가는 높이가 더 낮아져야 할 겁니다. 그러나 수은기둥의 높이는 요지부동이었습니다. 여러 다양한 실험을 통해 토리첼리는 관 속의 수은이 밑으로 흘러내리지 못하게 막고 있는 것은 그릇의 수은을 누르고 있는 공기의 힘이라는 사실을 확인합니다. 더불어 유리관의 위쪽 수은이 빠져나간 곳은 진공이 되었다는 것도 알았지요.

그러나 토리첼리는 갈릴레오의 예상만큼 명민했기에 자신이 한 실험이 미칠 파장도 예상했습니다. 그는 아주 친한 단 한 명을 제외하고는 입을 다뭅니다. 일찍이 조르다노 브루노가, 그리고 스승 갈릴레오 갈릴레이가 교황청과 싸워 어떠한 결과를 얻었는지 알고 있던 그였으니까요.

2. 스코틀랜드의 기체화학자들

갈릴레오의 진공에 대한 생각을 이어갈 사람은 보일(Robert Boyle)이었습니다. 아일랜드 백작의 아들이었지만 옥스퍼드에 주로 머물면서 '보이지 않는 대학'(Invisible College)이라는 영국 왕립학회의 전신격인 모임에 참가하면서 과학에 대한 열의를 불태웁니다. 그때 프랑스의 블레즈 파스칼이 마침내 수은이 아니라 물과 포도주로 실험을 해서 공기의 압력을 계산합니다. 이와 함께 파스칼은 높은 산에 올라가면 대기가 누르는 힘이 약해진다는 사실까지도 밝혀내지요.

뒤이어 1657년 독일 마그데부르크 시장 오토 폰 게리케가 그 유명한 진공구 실험을 합니다. 지름이 50센티미터 정도 되는 구리 반구 두 개를 만들어 붙이고 진공 펌프로 그 안의 공기를 빼냅니다. 그리고 양쪽에서 말로 반구를 잡아당기지요. 수많은 시민들과 귀족들이 보는 광장에서 말이지요. 말 두 마리가 아무리 잡아끌어도 반구는 떨어지지 않았습니다. 말을 두 마리씩 계속 더 묶어도 요지부동이었지요. 마침내 양쪽에 16마리씩을 묶어서 끌고 나서야 반구는 엄청난 소리를 내며 떨어졌습니다.

보일은 이 두 사건을 전해 듣고는 갈릴레오와 토리첼리가 떠올랐을 겁니다. 그는 로버트 훅에게 실험에 필요한 진공펌프를 제작해줄 것을 의뢰하지요. 당대 최고의 과학자이자 기술자였던 훅이 제작해준 진공펌프는 이제 보일의 아주 강력한 무기가 됩니다. 이탈리아의 토리첼리가 자신의 발견을 숨긴 것과 달리 보일은 적극적이었습니다. 물론 로마로부터의 거리도 멀고 종교도 다르니 별다른 두려움도 없었겠지요.

그는 새로운 진공펌프를 이용해 진공 상태가 존재한다는 사실을 확고부동하게 입증합니다. 그렇게 하여 발표한 논문이 「공기 용수철에 관한 새로운 물리-역학적 실험」[46]입니다. 이 책을 통해 그는 진공의 존재를 확연히 드러내고 데모크리토스를 소환하게 됩니다. 그는 나아가 진공 상태에서는 소리가 전달되지 못하지만 빛은 진공을 뚫고 진전할 수 있다는 사실도 확인하지요. 이제 진공은 더 이상 불신자의 단어가 아니게 되었습니다.

연이어 그는 『회의적 화학자』(*The Sceptical Chymist*)라는 책을 출판합니다. 책 제목에 유의하십시오. '연금술사'(Alchymist)의 'Al-'이 떨어져 나가고 '화학자'(Chymist)가 되었습니다. 더구나 '회의하는'(Sceptical)이라는 단어도 붙였습니다. 그는 연금술의 전통과 결별하고 회의하는 과학으로서의 화학을 제목을 통해 선언합니다. 아리스토텔레스의 4원소설을 거부하지요. 파라켈수스가 제안한 3요소[47]도 거부합니다. 그는 세상 만물이 더 이상 다른 물질로 분해되지 않는 원자로 구성되어 있다고 이야기하지요. 그리고 혼합물과 달리 화합물은 원소들이 결합하여 만들어진 것이라 이야기합니다.

진공에 이어 원자론까지! 2,000년의 시간을 사이에 두고 데모크리토스가 과학의 세계로 완전하게 소환됩니다. 물론 그의 원자론은 당시 사람들에게 흔쾌히 받아들여지지 않습니다. 그는 원자를 정의했지만

---

46. 가브리엘 워커, 『공기 위를 걷는 사람들』, 이충호 옮김, 웅진싱크빅 2008년, 44쪽에서 재인용.

47. 파라켈수스(Paracelsus)는 르네상스기의 스위스 의사, 연금술사, 점성술사다. 그는 가연성과 기름기를 상징하는 유황, 휘발성과 유동성을 상징하는 수은, 고체성과 안정성을 상징하는 소금을 모든 물질의 기본 구성요소라고 주장했다.

무엇이 원소인지 말하지 못했습니다. 어떤 실험을 통해 무엇이 원자이고 아닌지 밝혀내기까지는 조금 더 기다려야 했지요. 시대적 한계이자 기술적 한계였습니다.

어찌되었건 보일을 기점으로 아리스토텔레스의 4원소설과 진공은 이제 흘러간 옛 노래가 되었다고 할 수 있으면 좋겠지만 꼭 그렇지는 않습니다. 아직도 아리스토텔레스는 과학과 철학 종교의 이곳저곳에 커다란 그림자를 드리우고 있었지요. 그 와중에도 변화는 이어집니다. 보일의 뒤를 잇는 이들이 있었으니 스코틀랜드의 기체화학(pneumatic chemistry) 전통을 잇는 이들이었습니다. 18세기 에딘버러는 스코틀랜드의 수도이자 대학도시였습니다. 데이비드 흄, 애덤 스미스, 제임스 허턴 등 기라성 같은 인물들이 있었지요. 그런 곳에서 당연히 과학에 몰두하는 이들도 있을 수밖에요. 그들에 대한 이야기를 하기 전 먼저 플로지스톤에 대해 살펴봐야 합니다.

플로지스톤설

연소 현상에 대한 인류의 탐구는 오래전부터 이어져 왔습니다. 고대 그리스의 아리스토텔레스는 불을 근본 원소 중 하나로 보았고, 중세 연금술사들은 '유황의 원리'를 통해 연소를 설명하려 했습니다. 이러한 시도들은 당시의 세계관과 지식 체계 안에서 나름의 설득력을 가졌습니다. 17세기 말에 이르러, 실험 기술의 발전과 함께 기존 이론으로는 설명하기 어려운 현상들이 관찰되기 시작했습니다. 특히 정량적 측정이 가능해지면서, 연소 과정에서의 질량 변화 같은 현상들이 주목받게 되었습니다. 이는 새로운 설명 체계의 필요성을 제기합니다.

이러한 배경에서 1703년, 게오르크 슈탈이 제안한 플로지스톤설은 당대 과학계에 신선한 충격을 주었습니다. 이 이론의 핵심은 모든 가연성 물질에 '플로지스톤'(phlogiston)이라는 물질이 내재해 있다는 것입니다. 연소는 이 플로지스톤이 물질에서 빠져나가는 과정이라는 얘기였죠. 플로지스톤설은 당시 관찰된 여러 현상들을 일관되게 설명할 수 있었습니다. 예를 들어, 밀폐된 공간에서 촛불이 꺼지는 현상은 공기가 플로지스톤으로 포화되어 더 이상 연소를 지속할 수 없게 되는 것으로 해석되었습니다. 이는 왜 밀폐된 공간에서 불이 오래 타지 못하는지에 대한 그럴듯한 설명을 제공했죠.

금속의 하소와 환원 과정 또한 이 이론으로 설명될 수 있었습니다. 금속이 가열되어 산화물이 되는 과정(하소)은 금속에서 플로지스톤이 빠져나가는 것으로, 반대로 산화물이 다시 금속으로 환원되는 과정은 플로지스톤이 다시 공급되는 것으로 이해되었습니다. 이는 당시 야금술 분야에서 관찰된 현상들과 잘 들어맞았습니다. 더 나아가 호흡과 식물의 생장까지도 플로지스톤설의 틀 안에서 해석할 수 있었습니다. 동물의 호흡은 공기 중의 플로지스톤을 제거하는 과정으로, 식물의 생장은 플로지스톤을 흡수하는 과정으로 설명되었죠. 이는 왜 식물이 공기를 정화하는 것처럼 보이는지, 그리고 왜 동물이 밀폐된 공간에서 오래 살 수 없는지에 대한 답을 제공했습니다.

이처럼 플로지스톤설은 단순히 연소 현상만을 설명하는 데 그치지 않고, 당시 알려진 다양한 자연현상들을 하나의 통일된 체계로 설명할 수 있었습니다. 그래서 플로지스톤설은 단순한 추측이 아닌, 체계적인 과학 이론으로 인정받습니다. 당시 과학자들에게 이 이론은 자연 세계의 복잡한 현상들을 이해하는 데 큰 도움을 주는 강력한 도구였던 거죠. 그러나 모든 과학 이론이 그렇듯이 플로지스톤설 역시 한계를 지니고 있었습니다. 특히 금속의 산화 과정에서 질량이 증가하는 현상은 이 이론으로 설명하기 어려웠습니다. 일부 과학자들은 플로지스톤에 음(−)의 질량을 부여하는 등의 방법으로 문제를 해결하려 했지만, 이는 근본적인 해결책이 되지 못했습니다. 플로지스톤설은 약 80년 이상 화학계를 지배했지만, 결국 새로운 발견들과 더 정교한 실험 결과들 앞에서 그 한계를 드러내게 됩니다.

스코틀랜드의 기체화학자들

18세기 중반, 스코틀랜드는 과학사에 중요한 족적을 남기게 됩니다. 이른바 '스코틀랜드 계몽주의'의 맥락에서 등장한 일군의 화학자들이 기체에 관한 연구를 통해 새로운 지평을 열었기 때문입니다. 이들의 업적은 플로지스톤설의 한계를 드러내고, 근대 화학의 토대를 마련하는 데 결정적인 역할을 하게 됩니다. 조지프 블랙(Joseph Black)은 이런 움직임의 선구자라 할 수 있습니다. 그는 1754년 '고정된 공기'(현재의 이산화탄소)를 발견하고 그 특성을 상세히 연구했습니다. 블랙의 연구는 기체가 단일한 물질이 아니라 다양한 종류가 존재할 수 있다는 인식의 전환점이 되었습니다. 그의 정량적 접근 방식은 이후 화학 연구의 표준이 되었습니다. 그리고 하나 더, 블랙이 고정된 공기를 발견함으로써 '공기'는 근본적인 물질이 아니라 여러 기체의 혼합물이라는 사실의 파편 하나가 나타납니다.

대니얼 러더퍼드(Daniel Rutherford)의 연구는 또 다른 중요한 진전을 가져왔습니다. 1772년, 그는 연소와 호흡 후 남은 공기(현재의 질소)를 분리해냈습니다. 당시 그는 이를 '플로지스톤화된 공기'라고 불렀지만, 이 발견은 공기의 복합적 성질을 이해하는 데 기여를 했습니다. 비록 스코틀랜드 출신은 아니지만 조지프 프리스틀리(Joseph Priestley)의 업적 또한 주목할 만합니다. 1774년 그가 발견한 '탈플로지스톤화된 공기'는 사실 산소였습니다. 프리스틀리는 평생 플로지스톤설을 지지했지만, 역설적으로 그의 발견은 이 이론의 약점을 드러내는 데 결정적 역할을 했습니다. 마찬가지로 스코틀랜드 출신은 아니지만 헨리 캐번디시(Henry Cavendish)의 연구는 기체 화학에 또 다른 차원을 더했습니다. 그는 '가연성 공기'(수소)를 분리하고 그 특성을 밝혀냈으며, 이 기체가 연소할 때 물이 생성된다는 사실을 발견했습니다. 이는 물이 원소가 아니라 화합물이라는 인식의 전환점이 되었습니다. 아리스토텔레스가 말했던 근본적인 요소 공기와 물이 근본적이지 않다는 거죠.

이들 스코틀랜드 기체화학자들의 연구는 몇 가지 중요한 의의를 지닙니다. 첫째, 그들은 정밀한 실험과 정량적 측정을 통해 화학 연구의 새로운 표준을 제시했습니다. 둘째, 다양한 기체의 발견과 특성 규명을 통해 물질의 본질에 대한 이해를 크게 증진시켰습니다. 그리고 비록 의도하지는 않았지만, 그들의 발견은 특히 당시 각광받던 플로지스톤설의 한계를 드러내고 새로운 화학 이론의 필요성을 제기합니다. 프리스틀리가 발견한 '탈플로지스톤화된 공기'(산소)는 연소를 더욱 활발하게 만들었는데, 이는 플로지스톤을 흡수하는 공기의 능력이 이미 극대화되었다는 기존 이론과 모순되었습니다. 또한 캐번디시의 수소 연소 실험은 플로지스톤을 제외하고 수소와 산소만으로 연소가 일어남을 보여주었죠. 물론 어떻게든 플로지스톤설로 설명하려는 시도는 있었지만요. 이렇게 화학계의 뉴턴이라 할 수 있는 라부아지에를 위한 준비가 끝납니다.

3. 라부아지에

1794년 5월 8일 파리 혁명광장. 51세의 앙투안 라부아지에(Antoine-Laurent de Lavoisier)가 단두대 위에 섰습니다. '인민의 적'으로 18세기 최고 화학자의 생은 막을 내렸습니다. 수학자 조제프 루이 라그랑주가 "이 머리를 떨어뜨리는 데는 한 순간이면 충분했지만, 100년이 지나도 똑같은 머리가 나오지 않을 것"이라고 안타까워할 정도로 라부아지에는 뛰어난 화학자였지만, 동시에 특권층의 일원이었고 논란의 여지가 있는 일을 했죠. 라부아지에는 당시 지탄의 대상이던 프랑스 왕실 산하 세금징수 기관인 페름 제네랄의 일원이었고 이를 통해 상당한 부를 축적했습니다. 혁명 세력의 입장에서는 타파해야 할 구체제였던 거죠. 그러나 짧은 생애를 살았고 비극적인 최후를 맞은 그는 과학혁명에서는 꼭 기억해야 할 사람입니다.

앞서 살펴본 것처럼 연소 문제는 당시 화학에서 가장 중요한 문제 중 하나였습니다. 플로지스톤설은 가장 유력한 이론이었죠. 25세이던 1768년, 라부아지에도 파리의 가로등 개선 프로젝트에 참여하면서부터 연소에 대한 깊은 관심을 갖게 되었습니다. 이후 스코틀랜드 기체 화학자들의 성과를 흡수하면서 플로지스톤설에 대해 의구심을 가지게 되지요. 이후 라부아지에는 당시 로버트 훅 등이 수행한, 인이나 황과 같은 물질은 연소 후 질량이 오히려 늘었다는 실험 결과를 전해 듣고 같은 실험을 재현합니다. 과연 증가하지요. 플로지스톤설을 대신할 다른 이론이 필요하다고 느낍니다. 그러던 중 영국의 화학자 조지프 프리스틀리가 발견한 '탈플로지스톤 공기(산소)'에 대해 알게 됩니다. 그는 이 새로운 기체를 이용해 다양한 실험을 수행했고, 1777년에 이르러 연소가 물질과 이 기체(산소)의 결합이라는 새로운 이론을 발표합니다.

라부아지에의 연구는 다음 단계로 나갑니다. 1783년, 그는 동료 과학자 피에르 시몽 라플라스(Pierre Simon Laplace)와 함께 물의 조성을 밝히는 실험을 수행했습니다. 붉게 달군 주석관을 통해 수증기를 통과시키는 과정에서, 주석이 산화되어 무게가 증가하고 동시에 수소 기체가 발생하는 현상을 관찰했습니다. 물의 열분해 실험이지요. 이를 통해 물이 수소와 산소로 이루어진 화합물이라는 사실을 밝혀냈습니다. 물론 이전에 캐번디시가 수소의 연소 실험에서 이를 이미 관찰한 적이 있습니다. 그렇다고 라부아지에의 가치가 떨어지는 건 아닙니다. 그는 물의 분해와 합성 모두를 통해 물이 산소와 수소로 구성되어 있다는 점을 명확히 했습니다. 또 이 실험 자체도 그의 연소이론 체계 안에서 설명할 수 있게 된 것이죠.

1789년 프랑스 대혁명의 소용돌이 속에서 라부아지에는 대표작 『화학 원론』(*Traité élémentaire de chimie*)을 출판합니다. 이 책에서 그는 33종의 원소를 제시합니다. 물론 그 이전에 다른 이들이 각기 18~23종의 원소 목록을 제시합니다. 라부아지에는 이런 원소 목록을 체계화하고 확장한 것이죠. 라부아지에의 원소 목록은 이전 목록에 비해 포괄적이고 체계적이었기 때문에 당시 널리 받아들여졌습니다. 물론 빛(Light)이나 열(Caloric), 석회 등 에너지이거나 화합물인 것도 있었지만 이는 시대적 한계라고 봐야 할 겁니다. 또한 그는 이 책에서 화학 명명법을 체계화했습니다. 산소와 결합된 물질을 '산화물'이라 부르고, '-화'나

'-산'과 같은 접미사를 사용해 화합물의 성질을 나타내는 등의 방식은 현대 화학의 기초가 되었습니다. 즉 이산화탄소, 황산구리와 같은 화학식은 라부아지에에 의해 탄생한 것이죠. 고정된 기체는 탄산, 생명의 공기는 산소, 플로지스톤화 공기는 질소, 유황의 기름은 황산, 이런 식으로 뭔가 낭만은 사라진 것 같지만 물질의 구성과 특성을 명확하게 하면서 화학 지식을 체계화하고 학자들끼리의 소통을 크게 개선하죠.

라부아지에의 실험실은 당대 최고의 장비들로 채워져 있었습니다. 특히 0.0001그램까지 측정할 수 있는 정밀 저울은 그의 연구에 결정적인 역할을 했습니다. 이를 통해 그는 화학 반응 전후의 물질의 질량을 정확히 측정할 수 있었고, "자연에서는 어떤 것도 창조되거나 소멸되지 않는다"는 질량 보존의 법칙을 확립했습니다. 다만 이런 최고의 실험실을 구축하기 위해 그가 세리로서 얻은 수입이 큰 역할을 했다는 점 또한 기억해야겠죠. 호의호식을 한 게 아니라 연구에 투자했다고 잘못이 사라지는 건 아니니까요. 이런 과정에서 라부아지에는 화학을 근본적으로 변화시킵니다. 그의 산소 이론은 연소뿐만 아니라 호흡, 산화 등 다양한 화학 반응을 통합적으로 설명할 수 있는 틀을 제공했습니다. 예를 들어, 호흡이 일종의 연소 과정이며, 체내에서 음식물이 산소와 결합하여 열과 에너지를 만들어낸다는 설명은 생명 현상에 대한 새로운 이해를 가능케 했습니다.

라부아지에는 실험과 이론을 통해 화학 혁명을 이끌었을 뿐만 아니라, 새로운 화학 지식을 보급하는 데도 중요한 역할을 했습니다. 그는 자신의 연구 결과와 아이디어를 집대성하여 1789년에 『화학 원론』을 출판합니다. 이 책은 단순한 연구 논문 모음이 아니라, 화학을 처음 배우는 학생들을 위한 교과서로 라부아지에가 확립한 새로운 화학 이론과 방법론을 체계적으로 정리한 책이었습니다. 그는 이 책에서 물질의 상태 변화, 기체의 성질, 연소와 호흡, 유기 화합물의 분석 등 다양한 주제를 다루었습니다. 각 주제에 대해 라부아지에는 자신의 실험 결과와 그에 기초한 이론적 설명을 상세히 제시했습니다. 또한 그는 실험 도구와 절차를 상세히 설명하고, 정량 분석의 중요성을 강조했습니다.

또한 라부아지에는 화학식과 화학 반응식을 도입하여 화학 표기법을 표준화했습니다. 그는 원소를 문자 기호로 나타내고, 이들의 조합으로 화합물을 표현했습니다. 화학 반응은 화살표를 사용하여 반응물과 생성물의 관계를 나타냈습니다. 이는 화학 반응을 시각적으로 표현하고 양적 관계를 명확히 하는 데 기여했습니다. 『화학 원론』은 출간 즉시 유럽 전역에서 널리 읽혔고 많은 언어로 번역됩니다. 이 책은 이후 수십 년간 화학 교육의 표준 교재로 사용됩니다.

4. 돌턴

원자론의 개념이 고대 그리스 시대부터 존재했다는 것은 이미 수차례 말한 바 있습니다. 데모크리토스는 물질이 더 이상 나눌 수 없는 작은 입자로 이루어져 있다고 주장했죠. 이 원자론은 오랫동안 철학적, 형이상학적 이론에 머물러 있었지만, 17세기에 이르면서 본격적으로 과학적 탐구의 대상이 되기 시작합니다.

앞서 살펴본 것처럼 원자론은 로버트 보일로부터 시작되어 라부아지에에 이르기까지 화학자들을 중심으로 점차 힘을 얻기 시작합니다. 이 시기에 조제프 루이 프루스트(Joseph Louis Proust)는 화합물을 구성하는 원소들의 질량비가 항상 일정하다는 일정 성분비의 법칙을, 존 돌턴(John Dalton)은 두 원소가 여러 가지 화합물을 만들 때, 한 원소와 결합하는 다른 원소의 양이 간단한 정수비를 이룬다는 배수 비례의 법칙을 발견합니다. 이러한 법칙들은 화학 반응에서 물질들이 일정한 비율로 결합한다는 것을 보여주었지만, 이를 설명할 수 있는 이론적 기반이 필요했지요. 그것은 당연히 원자론일 수밖에 없었습니다.

이러한 배경에서 존 돌턴은 근대적 의미의 원자론을 체계적으로 정립할 필요성을 느낀 거죠. 1808년 돌턴이 쓴 『화학 철학의 새로운 체계』(*A New System of Chemical Philosophy*) 첫 권이 나옵니다. 그는 이 책에서 체계적인 원자론을 제시합니다. 주요 내용은 우리가 중학교 때 배운 것처럼 다음과 같습니다.

- 모든 물질은 더 이상 쪼개지지 않는 작은 입자인 원자로 구성되어

있다.

- 같은 종류의 원자는 질량을 포함한 모든 성질이 같고, 다른 종류의 원자는 서로 다른 성질을 가진다.
- 화학 반응은 이 원자들의 분리와 결합, 재배열을 통해 일어나는데 이 과정에서 원자는 생성되거나 소멸하지 않는다.
- 서로 다른 원소의 원자들은 간단한 정수비로 결합하여 화합물을 만든다.

돌턴의 원자론은 당시 알려진 화학 법칙들을 잘 설명할 수 있었습니다. 일정 성분비의 법칙은 화합물이 일정한 비율의 원자들로 구성되기 때문에 나타나는 현상으로 설명되었고, 배수 비례의 법칙은 원자들이 여러 가지 정수비로 결합할 수 있기 때문에 나타나는 현상으로 이해되었습니다. 질량 보존의 법칙은 화학 반응에서 원자들이 재배열되기만 할 뿐 생성되거나 소멸하지 않기 때문에 성립한다고 설명됩니다. 돌턴의 원자론은 화학계에서 큰 호응을 얻었습니다. 예를 들어, 스웨덴의 화학자 베르셀리우스는 돌턴의 이론을 바탕으로 더 정확한 원자량 표를 만들었고, 화학식 표기법을 개선했습니다. 프랑스의 게이뤼삭은 기체 반응의 부피 관계를 연구하여 돌턴의 이론을 뒷받침했습니다.

반면, 같은 시기 많은 물리학자들은 원자론에 회의적이었습니다. 19세기 말과 20세기 초, 많은 물리학자들이 원자론에 회의적인 태도를 보인 데는 여러 가지 복합적인 이유가 있습니다. 우선, 당시의 기술로는 원자를 직접 관찰할 수 없었습니다. 물리학자들은 직접 관찰할 수 없는 존재를 과학 이론의 기초로 삼는 것에 대해 철학적 거부감을 가졌습니다. 특히 에른스트 마흐와 같은 실증주의 철학자들은 이러한 입장을 강하게 주장했습니다. 또한, 당시 물리학의 주류 이론들인 열역학과 전자기학은 연속적인 물질과 장(field) 개념에 기반하고 있었습니다. 불연속적인 원자 개념은 이러한 연속성 개념과 충돌하는 것처럼 보였죠. 19세기 후반에는 에너지 보존 법칙의 발견으로 에너지를 더 근본적인 개념으로 여기는 경향도 있었습니다.

원자의 존재를 직접적으로 증명하는 결정적인 실험적 증거도 부족했습니다. 브라운 운동과 같은 현상도 초기에는 원자의 존재를 확실히 증명하지 못했습니다. 게다가 초기의 단순한 원자 모델로는 새로 발견된 방사능이나 스펙트럼선과 같은 현상들을 완전히 설명하기 어려웠죠. 한편, 열역학과 전자기학 같은 기존의 연속체 기반 이론들이 많은 현상을 성공적으로 설명하고 있었기 때문에, 새로운 원자 개념의 필요성을 크게 느끼지 못하는 물리학자들도 있었습니다. 그럼에도 물리학자들이 원자론을 수용하기 시작한 것은 볼츠만의 새로운 열역학, 통계역학에서부터입니다.

5. 볼츠만과 마흐

19세기 초반 열역학은 빠르게 발전합니다. 사디 카르노(Sadi Carnot)는 1824년 열기관의 효율성에 대한 연구를 통해 열역학의 기초를 마련했고, 이후 줄, 마이어, 헬름홀츠 등이 에너지 보존 법칙을 확립했습니다. 클라우지우스와 윌리엄 톰슨[48]은 1850년대에 열역학 제2법칙을 정립했으며, 클라우지우스는 1865년 엔트로피 개념을 도입합니다. 하지만 이러한 열역학의 발전은 주로 거시적 현상에 초점을 맞추고 있었고, 물질의 미시적 구조에 대한 가정 없이 이루어졌습니다.

19세기 후반, 열역학의 발전과 함께 원자론을 둘러싼 논쟁이 새로운 국면을 맞이했습니다. 이 시기에 오스트리아의 물리학자 루트비히 볼츠만(Ludwig Boltzmann)은 열역학과 원자론을 결합하여 통계역학을 정립했습니다. 볼츠만의 접근은 물질이 원자나 분자로 구성되어 있다는 원자론적 가정을 전제로 합니다. 아직 물리학자들에게 원자론이 수용되기 전이었기에 당시로는 대담한 가정이었습니다. 그는 이 가정을 바탕으로 기체 분자 운동론을 발전시키면서 열역학 법칙을 통계적으로 해석합니다. 그는 기체를 수많은 분자의 집합으로 보고, 이들의 운동을 통계적으로 분석해 온도, 압력, 엔트로피 등 열역학적 물리량을 설명합니다.

특히 볼츠만은 엔트로피 개념을 통계역학적으로 해석하는 데 성공했습니다. 그는 엔트로피를 분자의 무질서도를 나타내는 척도로 보고,

---

48. '켈빈' 톰슨이라고도 하며, 전체 이름은 켈빈 남작 윌리엄 톰슨(William Thompson, 1st Baron Kelvin)이다. 절대온도 단위인 켈빈(K) 척도를 만든 인물.

이를 분자 배열 상태의 확률로 표현했습니다. 예를 들어, 한 상자 안에 있는 기체 분자들이 상자의 한쪽으로 몰려 있을 확률은 매우 낮기 때문에, 이런 상태는 낮은 엔트로피를 가집니다. 반면, 분자들이 상자 전체에 고르게 퍼져 있을 확률은 매우 높기 때문에, 이런 상태는 높은 엔트로피를 가집니다. 이러한 해석은 열역학 제2법칙을 확률의 언어로 재해석한 것입니다.

볼츠만의 통계역학은 원자의 존재를 전제로 하고 있기 때문에, 그의 이론의 성공은 간접적으로 원자론을 지지하는 증거가 되었습니다. 그의 작업은 미시적 세계와 거시적 세계를 연결하는 중요한 다리 역할을 했으며, 이후 원자론이 물리학계에서 널리 받아들여지는 데 중요한 역할을 했습니다.

그러나 볼츠만의 스승이었던 에른스트 마흐(Ernst Mach)는 원자론에 철저히 반대하며 과학에서의 실증주의를 강조했습니다. 마흐는 과학적 지식이란 오로지 관찰과 실험을 통해 얻어진 것이어야 한다는 실증주의 철학을 견지했습니다. 그에게 원자와 분자는 직접 관찰할 수 없는 존재였기에 과학 이론의 기초가 될 수 없었습니다.

마흐는 원자론이 과학을 지나치게 추상화하고 현상의 본질에서 멀어지게 한다고 비판했습니다. 그는 과학의 목표는 관찰 가능한 현상들 사이의 관계를 기술하는 것이지, 관찰 불가능한 실체를 상정하는 것이 아니라고 주장했습니다. 예를 들어, 마흐는 열을 분자의 운동에너지로 설명하는 대신, 단순히 온도계의 눈금 변화로 정의하는 것이 더 과학적이라고 보았습니다.

볼츠만과 마흐의 논쟁은 과학에서의 이론과 실재의 문제, 그리고 원자론의 지위에 대한 근본적인 질문을 던집니다. 이는 단순히 물리학 이론의 문제를 넘어 과학철학의 중요한 주제가 되죠.

20세기 초에 이르러 원자의 실재성이 점차 확인되기 시작했습니다. 1905년 아인슈타인은 브라운 운동을 설명하면서 원자의 존재를 강력히 지지했고, 1911년 장 바티스트 페랭은 실험을 통해 아인슈타인의 이론을 검증했습니다. 이러한 발견들로 인해 원자론은 과학계에서 널리 받아들여지게 되었습니다. 볼츠만의 통계역학은 이후 물리학의 한 분야로 발전했습니다. 그의 이론은 열역학 법칙을 미시적 관점에서 설명하는 데 성공했으며, 이는 20세기 초 양자역학 발전 과정에서 참고가 되었습니다. 예를 들어, 볼츠만의 통계적 방법은 양자 통계역학의 기초가 되었습니다.

볼츠만과 마흐의 논쟁은 과학 이론의 성격과 목적에 대해 서로 다른 관점을 제시했습니다. 볼츠만은 직접 관찰할 수 없는 원자와 같은 개념을 사용하여 현상을 설명하는 것이 유효하다고 주장했고, 마흐는 직접 관찰 가능한 현상만을 과학의 대상으로 삼아야 한다고 주장합니다. 마흐의 이런 실증주의적 관점은 20세기 초 과학철학에 상당히 커다란 영향을 미칩니다. '과학적 실재론 논쟁'이 그것입니다.

루돌프 카르납을 비롯한 논리실증주의자들은 마흐의 아이디어를 발전시켜 과학적 지식은 경험적으로 검증 가능해야 한다고 주장하죠. 또한 여기서 더 나아가 과학적 개념은 그것을 측정하는 방법에 의해 정의되어야 한다는 입장을 취한 퍼시 브리지먼 같은 조작주의자들 또한 마흐에게서 큰 영향을 받습니다. 물론 많은 과학자들은, 과학이 다루는 대상이 눈에 보이거나 직접 경험되지 않는다 해도 이 세계 안에 실재한다는 실재론의 입장을 명시적으로 또는 암묵적으로 취한 것도 사실입니다. 과학철학에서도 힐러리 퍼트넘을 비롯한 과학적 실재론자들은 논리실증주의에 반대하여, 경험할 수 없는 대상에 대해서도 여전히 과학이 근사적 진리에 도달할 수 있다고 주장합니다.

12장

생물학 혁명

1. 혁명 이전

서양 생물학의 역사도 아리스토텔레스에서부터 시작합니다. 그의 저서 『동물지』(*Historia Animalium*)에는 500여 종의 동물이 등장하는데, 모기의 번식에서부터 문어의 먹물, 딱정벌레의 날개에 이르기까지 자연에서 나타나는 동물의 모습들을 묘사하고 있죠. 서양 최초의 체계적인 동물학 연구로 평가받습니다. 그중에는 이런 대목도 있습니다. "모기는 물이 고여 있는 곳에서 발생한다. 그런 곳에는 벌레가 생기는데, 이 벌레에게서 모기가 나온다." 여기서 그는 모기의 번식 과정을 설명하고 있는 셈입니다.

아리스토텔레스의 생물 연구는 그의 형이상학적 세계관에 기반을 두고 있었습니다. 그는 모든 자연물이 목적을 가지고 존재한다고 보았죠. 생물도 마찬가지로 각자의 목적을 향해 발전하고 완성된다고 여겼습니다. 그래서 아리스토텔레스는 생물의 특징과 행동을 설명할 때, 그것이 어떤 목적을 위한 것인지를 중요하게 생각했습니다. 가령 "식물에는 잎이 있는데, 이는 열매를 보호하기 위함이다." 잎의 목적을 기어이 밝히는 거죠.

그는 또한 생물들 사이에는 위계가 존재한다고 보았습니다. 그는 생물을 복잡성과 완성도에 따라 '생명의 사다리'로 나타냅니다. 이 사다리의 가장 아래에는 무생물이 있고, 그 위로 식물, 동물, 인간의 순서로 배치됩니다. 아리스토텔레스는 인간을 가장 완벽한 존재로 여겼고, 다른 생물들은 인간에 이르는 과정에 있다고 생각했습니다. 이러한 위계적 사고방식은 중세 기독교 세계관에도 연결되어, 신의 창조물 중 인간이 최고라는 인간중심주의로 이어집니다.

또한 아리스토텔레스는 종(species)의 불변성을 믿었습니다. 그는 각각의 생물종은 영원하고 변하지 않는다고 보았습니다. 『형이상학』에서 그는 "사람은 사람을 낳고 말은 말을 낳는다"라고 말하는데, 같은 종 내에서의 개체 차이는 인정했지만 근본적으로 한 종이 다른 종으로 변할 수 있다고는 생각하지 않았습니다.

아리스토텔레스 생물학은 후대 학자들에 의해 더욱 발전됩니다. 특히 테오프라스토스는 식물학 분야를 크게 발전시켰죠. 그의 책 『식물지』(*Historia Plantarum*)와 『식물의 원인에 관하여』(*De Causis Plantarum*)는 고대 최초의 체계적인 식물학 연구로 평가받습니다. 테오프라스토스는 약 500여 종의 식물을 관찰하고 기록했으며, 식물의 구조와 생리, 생태를 상세히 설명했습니다.

헬레니즘 시대에 이르러 알렉산드리아가 학문의 중심지로 떠오르는데 헤로필로스와 에라시스트라토스는 인체 해부학 분야에서 두각을 나타냅니다. 그들은 당시로서는 획기적인 인체 해부를 통해 뇌와 신경계, 심장과 혈관계의 구조를 상세히 관찰하고 기록했죠. 헤로필로스는 뇌가 지성의 중심이라는 사실을 밝혀냈고, 에라시스트라토스는 심장 판막의 기능을 처음으로 설명했습니다.

이 시기 식물학 분야에서는 디오스코리데스의 업적이 두드러집니다. 그의 저서 『약물에 관하여』는 약 600여 종의 식물과 1,000여 가지의 약물을 기술하고 있는데, 이는 중세 시대까지 의학과 약학의 기본 교과서로 사용되었습니다.

동물학 분야에서는 클라우디우스 아엘리아누스의 『동물의 본성에 관하여』가 주목할 만합니다. 그는 다양한 동물들의 행동과 습성을 기록했는데, 비록 일부 내용은 전설이나 소문에 바탕을 둔 것이었지만, 당시의 동물에 대한 지식을 집대성했다는 점에서 의의가 있습니다.

그러나 이 시기의 연구들도 여전히 아리스토텔레스의 목적론적 관점에서 크게 벗어나지는 못했습니다. 생물의 구조와 기능을 관찰하고 기록하는 데는 큰 진전이 있었지만, 그 이면의 원리를 설명하는 데는 한계가 있었죠. 이러한 한계를 극복하고 새로운 관점을 제시하는 첫 변화는 르네상스 시기에 나타납니다. 당시 유럽에서는 박물학에 대한 관심이 크게 높아집니다. 고대 그리스와 로마의 지적 유산이 재발견되고, 신대륙 탐험을 통해 신기한 동식물들이 속속 유입되면서 이를 연구할 필요가 생긴 거죠.

이 시기 각국에서는 약초원과 식물원이 속속 문을 열었는데, 이곳이 주요 연구 무대가 됩니다. 예를 들어, 1545년 이탈리아 피사에 설립된 '피사 식물원'은 유럽에서 가장 오래된 대학 식물원 중 하나입니다. 1593년 독일의 하이델베르크 대학에 설립된 '약초원'은 의학 연구를 위한 중요한 장소였습니다. 또한 1621년 영국 옥스퍼드에 설립된 '옥스퍼드 식물원'은 오늘날까지도 중요한 연구 기관으로 유지되고 있습니다.

스위스 출신의 박물학자 콘라트 게스너, 프랑스의 자연학자 피에르 벨롱, 이탈리아의 자연학자 울리세 알드로반디 등이 바로 그 주역들이죠. 이들은 이러한 식물원과 약초원을 활용하여 동식물을 관찰하고 채집하며 지식을 축적해 나갑니다. 게스너의 『동물지』에는 4,500여 종에 이르는 동물들이 묘사되어 있죠. 피에르 벨롱의 『물고기의 자연사』는 어류학의 선구적 저작으로 평가받고, 알드로반디는 광물과 식물, 동물 표본을 수집하며 자연사 연구의 외연을 넓혔습니다. 이들의 저작에는 정교한 삽화가 함께 실려 시각적 혁명을 불러왔어요. 한편 피에르 벨롱은 동물 해부를 통해 비교해부학의 토대를 닦습니다. 박물학은 경험적 관찰과 실증적 연구를 바탕으로 점차 독립된 학문으로 발돋움합니다. 이 과정에서 자연은 신의 피조물이 아닌 그 자체로 탐구 대상이 됩니다.

16~17세기를 거치며 방대한 자료가 축적되면서 점차 분류의 문제에 부딪히게 됩니다. 존 레이, 조제프 피통 드 투른포르는 식물의 구조적 유사성에 주목하며 분류 체계 정립에 힘썼는데 특히 투른포르는 꽃과 열매의 특징을 기준으로 새로운 분류법을 고안했죠. 이는 훗날 린네로 이어집니다.

그뿐만 아니라 이 시기 박물학의 발전은 전통적인 종 개념에도 변화를 가져왔죠. 신대륙의 생물들은 기존의 분류로는 쉽게 설명될 수 없는 것들이었거든요. 예를 들어, 아메리카 대륙에서 발견된 주머니쥐나

아르마딜로는 유럽의 분류 체계에 맞지 않았습니다. 여기에 화석 연구는 멸종한 생물들의 존재를 알려줍니다. 조르주 퀴비에가 발견한 매머드나 마스토돈 화석은 현존하지 않는 생물의 증거였습니다. 또한 로버트 훅이 관찰한 암모나이트 화석도 마찬가지였죠. 이는 곧 종이 불변하지 않을 수 있음을 시사하는 것이기도 했죠. 예를 들어, 자연주의자 조르주 루이 뷔퐁은 환경에 따라 종이 변할 수 있다는 아이디어를 제시했습니다. 이러한 관찰과 연구들은 후에 찰스 다윈의 진화론으로 이어지는 초석이 되었습니다.

2. 베살리우스와 하비

베살리우스의 인체 연구

중세 시대에는 인체 해부가 금기시되었습니다. 우선 교회가 인체를 신성시했고, 사체를 해부하는 행위 자체를 죄악시했죠. 게다가 중세의 의학은 고대 갈레노스의 저작에 전적으로 의존하고 있었기에, 그의 이론에 의문을 제기하는 것 자체가 불경한 일로 여겨졌습니다. 하지만 르네상스가 되면서 인체에 대한 관심이 점차 높아집니다. 예술가들은 인체의 아름다움과 비례를 탐구했고, 의학자들은 인체 구조에 대한 호기심을 품기 시작했죠. 레오나르도 다빈치는 이 두 흐름을 잇는 선구적 인물입니다. 그는 시신을 직접 해부하며 정교한 인체 드로잉을 남겼는데, 골격과 근육, 내장기관의 구조가 매우 사실적으로 묘사되어 있습니다.

이런 흐름은 16세기에 안드레아스 베살리우스(Andreas Vesalius)로 이어집니다. 베살리우스는 젊은 시절부터 시신 해부에 몰두했던 인물이죠. 그는 갈레노스 의학의 오류를 하나둘씩 발견해 나갑니다. 가령 갈레노스는 심장에 구멍이 있다고 주장했는데, 베살리우스는 이것이 사실이 아님을 밝혀냅니다. 개, 원숭이 등의 동물 해부를 통해 축적한 지식을 인체에 그대로 적용한 갈레노스의 한계를 정확히 지적한 거죠. 1543년, 베살리우스는 이런 연구를 바탕으로 『인체 구조에 관하여』를 출간합니다. 200여 개의 정교한 목판화 삽화가 실린 이 책에는 골격, 근육, 내장, 뇌 등 인체의 모든 구조가 상세히 묘사되어 있죠. 그렇다고 해서 1,300년 동안 의학계를 지배해온 갈레노스 이론이 뒤집어진 것은 아닙니다. 이제 균열이 조금 간 것이고 갈 길은 아직 멀었습니다.

베살리우스는 인체 해부 시연을 통해 자신의 이론을 널리 알립니다. 그가 시신을 해부하는 강연에는 수많은 학생과 의사, 심지어는 일반 시민들까지 몰려들었습니다. 매우 파격적이고 논란의 여지가 있는 행위였지만 이를 통해 베살리우스는 확실한 인지도를 얻지요. 퍼포먼스를 통해 셀럽이 되었다고나 할까요?

베살리우스의 연구가 환영만 받은 건 아닙니다. 갈레노스의 권위에 도전하는 것 자체가 이단으로 받아들여졌으니까요. 특히 그의 스승 자코포 베렌가리오 다 카르피는 제자의 도전에 격분하며 집요한 공격을 퍼붓습니다. 하지만 오히려 베살리우스의 명성만 높이죠. 베살리우스의 연구는 해부학뿐 아니라 의학 전반에 영향을 끼칩니다. 인간 몸의 구조를 면밀히 관찰하고 기록함으로써 질병의 발생과 치료에 대한 이해의 지평을 넓혔으니까요. 이는 근대 의학으로 가는 출발점이 되었습니다. 또한 그의 업적은 시신 해부에 대한 종교계의 금기를 완화하는 데도 기여했지요. 가령 교황 클레멘스 7세는 직접 시신 해부를 참관함으로써 이에 대한 교회의 입장 변화를 암시하기도 했습니다. 비록 그의 연구가 완벽하지는 않았지만, 적어도 우리 몸에 대한 과학적 지식의 장을 열었다는 점에서 베살리우스의 공은 결코 작지 않습니다. 특히 베살리우스의 연구는 이후 하비의 혈액순환 발견을 비롯해 근대 생리학의 발전으로 이어지는 토대가 됩니다.

하비의 혈액순환 발견과 생리학 연구

윌리엄 하비(William Harvey)는 17세기 영국의 의사이자 생리학자입니다. 그는 이탈리아 파도바 대학에서 의학을 공부했는데, 당시 파도바 대학은 해부학 연구의 중심지였습니다. 또 그의 스승 파브리치오는 정맥에 판막이 있음을 발견한 인물입니다. 하비는 이런 학풍 속에서 혈액순환에 대한 연구를 시작하지요.

혈액순환에 대한 당시의 주류 이론은 당연히 갈레노스의 것이었습니다. 갈레노스는 간에서 만들어진 혈액이 온몸으로 퍼져 조직에 흡수된다고 보았습니다. 동맥과 정맥의 구분도 명확하지 않았지요. 하지만 하비는 이에 의문을 품습니다. 그가 보기에 갈레노스의 이론대로라면 매일 만들어야 할 혈액량이 너무 많았던 거죠. 하비는 이를 정량적으로 접근합니다. 심장이 1회 박동할 때 뿜어내는 혈액량을 추정하고, 이를 심장박동수와 곱하여 하루 동안 심장을 통과하는 혈액의 총량을 계산했습니다. 그 결과, 하루에 심장을 통과하는 혈액의 양이 인체 전체 무게를 훨씬 초과한다는 것을 발견합니다. 이러한 계산을 통해 하비는 아무리 많이 먹어도 그렇게 많은 혈액이 새로 만들어진다는 건 납득하기 힘들다는 결론에 도달했습니다. 이는 혈액이 순환한다는 그의 이론을 뒷받침하는 중요한 근거가 되었습니다.

하비는 동물 해부 실험을 통해 혈액순환의 실마리를 풀어갑니다. 개구리, 뱀, 물고기 등 다양한 동물의 심장을 관찰했는데, 심장이 규칙적으로 수축과 이완을 반복하며 혈액을 내보내고 받아들이는 것을 발견했죠. 동맥의 맥박이 심장박동과 일치한다는 사실도 확인했고요. 1616년, 하비는 런던 의학협회에서 혈액순환에 대한 강연을 합니다. 그는 심장을 펌프에 비유하면서, 혈액이 심장에서 온몸을 순환한 뒤 다시 심장으로 돌아온다는 주장을 펼쳐 당대 의학계에 꽤 큰 충격을 안겨줍니다. 1,300년 동안 아무도 의심하지 않았던 것이니까요. 당연히 격렬한 반대에 부딪칩니다.

하비는 이후 10년 넘게 연구를 거듭했고, 1628년 마침내 『혈액의 운동에 관한 해부학적 연구』를 출간합니다. 이 책에서 그는 혈액순환의 전모를 밝히죠. 하비는 자신의 몸을 이용한 실험도 수행합니다. 자신의 팔에 띠를 묶어 혈액의 흐름을 관찰하죠. 띠를 적당히 조이면 동맥의 박동은 느껴지지만 정맥이 부풀어 오르는 것을 발견했고, 이를 통해 혈액의 흐름 방향을 추론했습니다. 이러한 실험과 관찰을 통해 하비가 도출한 핵심은 이러했죠. 심장의 수축으로 혈액이 동맥을 통해 대동맥으로 나가고, 대동맥을 통해 온몸으로 퍼진 뒤, 정맥을 거쳐 다시 심장으로 되돌아온다는 것이었습니다.

물론 하비의 이론에도 한계는 있습니다. 그는 동맥과 정맥을 잇는 모세혈관의 존재를 증명하지 못하죠. 현미경이 발명되기 전이었으니까요. 모세혈관의 발견은 이탈리아의 해부학자 말피기에 의해 이뤄지게 됩니다.

3. 현미경과 세포

앞서 윌리엄 하비의 혈액순환에 남은 숙제로 동맥과 정맥을 잇는 모세혈관의 존재를 밝히는 일이 현미경의 발명으로 비로소 가능해졌다고 했는데요, 현미경의 등장은 하비의 연구를 보완함은 물론, 생물학 전반에 혁명적 변화를 가져온 사건이었습니다. 과학혁명 시기 새로 등장한 도구 중 가장 중요한 것 두 가지를 꼽으라면 망원경과 현미경이라고 주저 없이 말할 수 있을 정도입니다. 누가 최초의 발명자인지는 분명하지 않지만 현미경은 16세기 말 혹은 17세기 초 무렵에 네덜란드에서 처음 만들어집니다. 오늘날의 현미경과는 거리가 멀지만, 볼록 렌즈를 이용해 물체를 확대한다는 기본 원리는 같았죠. 초기 현미경은 배율이 낮고 상이 뿌옇다는 한계가 있었지만, 이내 개선되기 시작합니다.

현미경이 생물학 연구에 본격적으로 활용된 건 1660년대입니다. 영국의 로버트 훅이 복합 현미경을 개발하면서부터죠. 훅은 코르크 조직을 관찰하다 벌집 모양의 작은 방들을 발견했는데, 이를 '셀'(cell)이라 명명합니다. 세포에 대한 관찰이 최초로 이루어진 순간이었죠. 훅은 이후 식물과 곤충, 화석 등 다양한 표본을 관찰하고 기록합니다. 그 결과물로 출간한 것이 『미크로그라피아』(*Micrographia*)입니다. 이 책에 수록된 정교한 세포 삽화는 당대 사람들에게 큰 충격을 안겨주었고 '미생물학'이라는 새로운 학문 분야를 열죠. 이탈리아의 마르첼로 말피기(Marcello Malpighi) 역시 훅과 비슷한 시기에 현미경 관찰에 몰두한 인물입니다. 그는 개구리 폐의 모세혈관을 관찰함으로써 하비의 이론을 완성했죠. 이로써 혈액순환의 전 과정이 확인됩니다. 말피기의 연구는 모세혈관 발견에 그치지 않았습니다. 피부, 신장, 혀 등 인체 각 부위의 미세 구조를 관찰하고 기록했는데, 이는 조직학의 토대가 됩니다.

현미경 발명의 절정은 네덜란드의 안토니 판 레이우엔훅(Antoni van Leeuwenhoek)입니다. 레이우엔훅은 매우 정교한 단렌즈 현미경을 제작했는데, 무려 300배에 이르는 배율을 자랑했죠. 1674년, 레이우엔훅은 연못물과 침 등에서 작은 '애니멀큘레스'(animalcules)[49]가 꿈틀거리는 것을 포착했습니다. 그는 처음에는 자신의 눈을 의심했죠. 하지만 관찰을 거듭하며 미생물이 엄연한 생명체라는 확신을 얻었습니다. 레이우엔훅은 이후에도 자신의 정자, 이빨에서 긁어낸 물질에 있던 세균 등 다양한 존재를 발견합니다.

훅의 세포 발견은 생명의 기본 단위가 무엇인지를 밝혀줬고, 레이우엔훅의 미생물 발견은 자연발생설을 무너뜨리는 강력한 증거가 되었습니다. 이제 과학자들은 눈으로 볼 수 없는 미시세계마저 자신들의 영역으로 편입시킬 수 있게 되었지요. 하지만 이는 현미경에 의한 생물학 혁명의 시작에 불과합니다.

세포설

17세기 중반 로버트 훅이 코르크 조직을 관찰하다 '세포'를 발견했지만 그 발견은 완결되지 못했습니다. 그는 세포벽만 관찰했을 뿐 세포의 기능이나 역할에 대해서는 알지 못했지요. 이후 18세기를 거치며 세포에 대한 연구가 더 깊어집니다. 카스파 프리드리히 볼프(Caspar

49. '애니멀큘레스'는 작은 동물이라는 뜻으로, 현미경으로만 보이는 작은 생물(미생물)에 대해 레이우엔훅이 처음 사용한 용어이다.

Friedrich Wolff)는 닭의 발생 과정을 추적하여 동물의 조직도 세포로 이뤄졌음을 확인합니다. 18세기까지 생물의 발생 과정을 설명하는 주요 이론은 전성설(前成說, Preformation theory)이었습니다. 이 이론에 따르면, 생물체의 모든 구조는 정자나 난자 안에 미리 형성되어 있습니다. 예를 들어, 정자 안에 아주 작은 사람(호문쿨루스, homunculus)이 들어있다고 생각했죠. 발생 과정은 단순히 이 미세한 구조가 커지는 것에 불과하다고 여겼습니다.

그러나 볼프는 이러한 전성설에 의문을 제기하고 후성설(後成說, Epigenesis)을 주장했습니다. 그는 닭 배아의 발생 과정을 관찰함으로써 미분화된 물질에서 복잡한 구조가 단계적으로 발생한다는 이론을 세우는데, 이 이론은 현대 발생학의 기초가 되었습니다. 볼프의 또 다른 중요한 공헌은 동물 배아 발생 초기에 형성되는 층상구조 즉 배엽을 발견한 일이었습니다. 물론 그가 현재처럼 외배엽, 중배엽, 내배엽을 발견한 건 아닙니다. 단지 아직 배아에서 아직 기관이 분화되기 전 단계의 층상구조를 발견한 거죠.

세포에 대한 본격적인 탐구는 19세기에 들어서야 이루어집니다. 다양한 이유가 있었지만 그 중 현미경 성능의 개선도 빼놓을 수 없지요. 해상도와 배율이 이전에 비해 크게 좋아졌으니까요. 그리고 표본 제작 기술도 발전하고요. 19세기 연구 가운데 특히 1830년대 독일의 동물학자 테오도어 슈반(Theodor Schwann)과 식물학자 마티아스 슐라이덴(Matthias Jakob Schleiden)의 공동 연구는 세포학설의 기틀을 마련한 중요한 성과였습니다. 이들은 현미경 관찰을 통해 식물과 동물 모두 세포로 이뤄졌다는 사실을 확인하고, 세포야말로 생명의 기본 단위라는 결론에 이릅니다.

1838년, 슈반은 세포학설의 기본 개념을 정리한 논문을 발표합니다. 그에 따르면 세포는 세포막, 세포질, 핵으로 구성되며, 모든 생물체는 하나 또는 그 이상의 세포로 이루어져 있다는 거죠. 동물의 경우 세포 사이에 세포간질이 존재하긴 하지만, 기본적인 구조는 식물과 다르지 않다고 보았습니다. 생명의 보편적 단위는 세포였습니다. 이를 통해 생명 현상을 통일적으로 설명할 수 있는 출발점이 마련됩니다.

독일의 병리학자 루돌프 피르호(Rudolf Virchow)는 세포설을 확장합니다. 그는 세포분열을 통해 새로운 세포가 만들어진다는 사실을 발견했는데, 이는 생물체의 성장과 재생을 설명하는 열쇠가 되었습니다. 즉 생명이란 무(無)에서 창조되거나 저절로 생겨나는 것이 아니라, 이미 존재하는 생명으로부터 이어진다는 것이죠. '모든 세포는 세포로부터 온다'는 명제는 생명의 연속성에 새로운 발견이었습니다.

미생물이든 식물이든 동물이든 모든 생물의 기본 단위가 세포라는 것은 생물 간의 위계를 허무는 역할도 합니다. 더구나 그 세포의 구성이나 세포분열 방식 등이 생물마다 다른 것이 아니라 거의 같다는 점, 세포의 대사 방식이나 역할 등이 다른 종의 생물들 사이에서 유사하다는 것 등은 당시까지 동물학, 식물학, 미생물학으로 나누어져 있던 분과 학문을 생물학이라는 하나의 학문으로 묶는 역할까지 합니다.

4. 린네와 종의 분류

박물학의 발전과 함께 종에 대한 인식에도 서서히 변화가 나타나기 시작합니다. 중세 이후 줄곧 지배적이었던 아리스토텔레스가 세운 생물의 위계, 생명의 사다리에도 변화의 조짐이 보입니다. 신대륙 발견 이후 유입된 새로운 동식물들은 종의 다양성과 가변성에 대한 인식을 넓히는 데 크게 기여했습니다. 유럽인들은 아메리카 대륙에서 칠면조, 나무늘보, 콘도르 같은 신기한 동물들, 감자, 고추, 담배 같은 이국적인 식물들을 마주하게 되었습니다. 이들은 기존의 종 개념으로는 쉽게 설명할 수 없는 것들이었습니다. 더불어 유럽 각지에서 발견된 화석들은 현생 종과는 사뭇 다른 모습을 하고 있었습니다.

이런 상황에서 생물의 분류에 새롭게 뛰어드는 이들이 나옵니다. 16세기 말, 이탈리아의 식물학자 안드레아 체살피노(Andrea Cesalpino)는 식물을 그 열매와 씨앗의 특징에 따라 분류했습니다. 그의 연구는 형태학적 특징에 기초한 최초의 체계적 분류로 평가받고 있습니다. 이어서 17세기 초에는 스위스의 식물학자 카스파르 바우힌(Caspar Bauhin)이 식물 분류와 명명에 중요한 혁신을 가져왔습니다. 그는 약 6,000종의 식물을 분류하고 명명하는 대작업을 수행했습니다. 바우힌의 가장 큰 공헌은 식물 명명법의 기초를 마련한 것입니다. 그는 많은 식물에 대해 두 단어로 된 이름을 사용했는데, 이는 후대 린네의 이명법의 선구가 되었습니다. 예를 들어, 그는 여러 종류의 솔라눔(Solanum)을 구분하기 위해 'Solanum tuberosum'(감자), 'Solanum lycopersicum'(토마토) 등의 이름을 사용했습니다.

또한 바우힌은 식물을 12개의 범주로 나누어 분류했는데, 이는 후대의 과(family) 수준 분류의 초기 형태로 볼 수 있습니다. 그는 식물의 형태적 특징, 특히 열매와 씨앗의 구조를 중요한 분류 기준으로 삼았습니다. 그러나 바우힌의 체계에는 몇 가지 한계가 있었습니다. 그의 이명법식 접근은 일관되게 적용되지 않았고, 모든 식물에 대해 사용되지도 않았습니다. 또한 그의 분류는 주로 유럽 식물에 국한되어 있었으며, 당시 새롭게 발견된 많은 열대 식물들을 포함하지 못했습니다.

이런 과정에서 영국의 존 레이(John Ray)가 제시한 종 개념은 주목할 만합니다. 레이는 1686년 『식물의 역사』(*Historia Plantarum*)에서 생물학적 종의 개념을 처음으로 체계화했습니다. 그에 따르면 종이란 형태적 유사성을 공유하는 개체들의 집단이며, 이들은 같은 부모에서 태어나 자손을 남길 수 있습니다. 종을 공통의 조상에서 유래하고 유사한 형태를 가진 개체들의 집단으로 본 것입니다. 레이의 이 개념은 후에 린네가 발전시킨 종 개념의 기초가 됩니다. 린네 역시 종을 '서로 교배하여 생식 가능한 자손을 낳을 수 있는 개체들의 집단'으로 정의했는데, 이는 레이의 관점을 더욱 명확히 한 것으로 볼 수 있습니다. 두 학자의 접근은 모두 생식 능력을 종의 중요한 기준으로 삼았다는 점에서 유사합니다. 이는 단순한 형태적 분류를 넘어, 생물학적 연관성을 고려한 현대적 종 개념의 선구가 되었습니다.

레이는 또한 화석을 통해 종의 멸종 가능성을 제기하기도 했습니다. 그는 화석 속 생물들 중 일부는 더 이상 현존하지 않는다는 사실에 주목했습니다. 이는 창조주가 만든 종이 영원불변하는 것은 아니라는 것을 의미했습니다. 비록 레이 자신은 창조론자였지만, 그의 통찰은 진화 사상의 씨앗을 포함하고 있었다고 할 수 있습니다.

18세기에 들어서면서 유럽 지성계에서는 자연을 바라보는 관점에 중요한 변화가 일어나기 시작했습니다. 이는 크게 자연신학적 세계관에서 자연과학적 관점으로의 전환으로 볼 수 있습니다. 자연신학적 세계관은 자연을 신의 창조물로 보고, 자연현상을 통해 신의 존재와 섭리를 이해하려는 접근법입니다. 이 관점에서는 모든 생물과 자연현상이 신의 완벽한 설계의 결과물로 여겨졌습니다. 예를 들어, 생물의 다양성과 복잡성은 창조주의 지혜와 능력을 보여주는 증거로 해석되었습니다. 반면, 자연과학적 관점은 자연을 그 자체로 독립된 연구 대상으로 보는 접근법입니다. 이 관점에서는 자연현상을 객관적으로 관찰하고 실험을 통해 검증 가능한 법칙을 찾아내려고 합니다. 신의 의도나 목적을 찾는 대신, 자연현상의 메커니즘과 인과관계를 이해하는 데 초점을 맞춥니다.

이 가운데 '내추럴 히스토리' 즉 자연사에 대한 관심이 크게 높아졌습니다. 자연사 연구는 생물과 무생물을 포함한 자연계 전반을 체계적으로 관찰하고 기록하는 학문입니다. 이는 자연을 신의 창조물로서가 아니라 그 자체로 탐구의 대상으로 삼으려는 움직임이었습니다. 이러한 관점의 변화는 생물 분류학을 포함한 여러 분야의 발전에 큰 영향을 끼쳤습니다. 자연을 있는 그대로 관찰하고 이해하려는 노력은 더욱 정교한 분류 체계와 자연에 대한 새로운 통찰을 가능하게 했습니다.

18세기 초에는 프랑스의 조제프 피통 드 투른포르가 꽃의 구조에 바탕을 둔 분류 체계를 제안합니다. 그는 식물을 22개의 '강'(class)으로 나누고, 이를 다시 '속'(genus)으로 세분화했죠. 특히 꽃의 화관(꽃

잎) 형태를 주요 분류 기준으로 삼았는데, 이는 나중에 린네가 생식 기관에 주목한 것으로 이어집니다. 그의 '속' 개념은 린네의 이명법 체계의 기초가 되었고, 전체적인 분류 방식은 레이의 자연적 분류에서 린네의 인위적 분류로 이어지는 중간 단계 역할을 했지요. 투르네포르의 분류는 약 50년간 유럽의 주요 분류 체계로 사용되며, 근대 식물 분류학 발전의 중요한 전환점이 되었습니다.

18세기 중반, 스웨덴의 자연학자 카를 폰 린네(Carl von Linné)는 이런 선배들의 작업을 종합하여 분류학에 일대 혁신을 가져옵니다. 그는 방대한 양의 생물 종을 체계적으로 분류하고 명명하는 작업을 통해 근대 분류학의 기틀을 마련했습니다. 무엇보다 린네는 이명법(binomial nomenclature)을 확립함으로써 생물 명명법을 혁신했습니다. 이명법이란 모든 생물 종에 속명과 종소명을 조합하여 명칭을 부여하는 방식을 말합니다. 예컨대 사람은 '호모 사피엔스'(Homo sapiens), 사과나무는 '말루스 도메스티카'(Malus domestica)로 명명되는 식입니다. 이는 그간 복잡하고 긴 이름으로 불리던 생물들에 간결하고 보편적인 명칭을 부여함으로써, 전 세계 학자들 간의 소통을 원활하게 해주었습니다.

린네는 또한 자연계 전체를 아우르는 분류 체계를 수립하고자 했습니다. 그는 강-목-속-종의 4단계로 분류 체계를 나누는데 나중에 더 세분화되어 계-문-강-목-과-속-종으로 발전합니다. 그리고 이 체계에 따라 당시 알려진 모든 생물 종을 분류하는 대작업을 진행하죠. 린네는 평생에 걸쳐 식물 7,700종, 동물 4,400종을 분류했다고 합니다. 1735년 출간한 『자연의 체계』는 평생 12차례나 개정 증보되었습니다.

린네의 분류 체계는 형태적 특징과 생식 능력을 모두 고려한 복합적인 접근이었습니다. 그는 종(species)을 '서로 교배하여 생식 가능한 자손을 낳을 수 있는 개체들의 집단'으로 정의했고, 속(genus)은 형태적으로 유사하고 계통적으로 가까운 종들의 집합으로 보았습니다. 번식을 종의 기준으로 삼은 것은 매우 중요한 의미를 갖습니다. 이는 단순한 외형적 유사성을 넘어 생물학적 연관성을 분류의 근거로 삼았다는 점에서 현대 생물학적 종 개념의 선구가 되었습니다. 또 이러한 접근은 생물의 본질을 그 재생산 능력에서 찾으려 했다는 점에서 생명의 연속성에 대한 새로운 이해를 제시했다고 볼 수 있습니다. 그러나 실제 분류 작업에서는 관찰 가능한 형태적 특징에 주로 의존할 수밖에 없었기 때문에, 때로는 서로 관련 없는 생물들이 같은 범주로 묶이는 한계도 있었습니다. 또한 그는 분류 체계 자체를 신의 섭리로 간주했기에, 종 사이의 전이나 진화 가능성은 인정하지 않았습니다. 그의 관점에서 종은 여전히 불변하는 실체였던 셈입니다.

그럼에도 불구하고 린네의 이명법과 분류 체계는 생물학사에 큰 획을 그었습니다. 난마처럼 얽혀있던 생물 종들을 정리하고 체계화하는 데 결정적 역할을 했습니다. 또한 그의 저서 『자연의 체계』는 방대한 생물 종 정보의 집대성이었기에, 이후 연구자들에게 귀중한 자료로 활용되었습니다. 린네의 분류 체계는 오늘날까지도 생물학의 기본 틀로 사용되고 있습니다. 물론 현대 생물학에서는 DNA 분석 등 새로운 기술을 활용하고 진화 계통을 고려해 '계통' 분류학으로 발전했지만, 린네가 확립한 기본 원칙들은 여전히 유효합니다.

5. 생물학 혁명[50]과 진화론

19세기 중반, 찰스 다윈(Charles Darwin)의 진화론은 생물학에 일대 혁명을 일으켰습니다. 그러나 다윈의 이론이 갑자기 등장한 것은 아닙니다. 18세기 중반부터 여러 학자들이 생물의 변화 가능성을 제기하고 있었으며, 이는 당시의 과학적 발견과 밀접한 관련이 있었습니다. 18세기 대항해 시대를 거치며 유럽인들은 전에 본 적 없는 다양한 생물들을 접하게 되었습니다. 특히 신대륙의 발견은 유럽 학자들에게 엄청난 양의 새로운 동식물 표본을 제공했습니다. 이러한 생물학적 다양성은 기존의 고정된 창조설로는 설명하기 어려웠고, 새로운 해석을 요구했습니다. 또한 지질학의 발전과 함께 화석에 대한 연구도 활발해졌습니다. 18세기 후반, 조르주 퀴비에(Georges Cuvier)는 화석 연구를 통해 과거에 존재했던 생물들이 현재는 사라졌다는 '멸종'의 개념을 제시했습니다. 이는 생물 종의 영속성에 대한 의문을 제기했습니다.

이러한 배경 속에서 찰스 다윈의 여행이 1831년 12월 27일, 영국 해군 측량선 비글호 승선과 함께 시작되었습니다. 5년간의 세계 일주 여행 동안 그는 남아메리카의 팜파스, 안데스 산맥, 갈라파고스 제도 등 다양한 지역의 생물과 지질을 관찰하고 기록했습니다. 특히 갈라파고스 제도에서 관찰한 핀치새들의 부리 모양 변이는 그에게 깊은 인상을 남겼습니다. 섬마다 서식하는 핀치새들의 부리 모양이 먹이 환경에 따

50. 과학혁명과 함께 천문학 혁명, 역학 혁명, 화학 혁명이라는 용어는 많이 사용하지만 '생물학 혁명'이라는 용어는 사용된 예가 거의 없다. 그러나 이 용어를 근대 생물학의 탄생 과정에 적용해도 큰 무리는 없다고 본다.

라 다르다는 사실은 후에 그의 자연선택 이론의 중요한 근거가 되었습니다.

귀국 후 다윈은 20년이 넘는 시간 동안 자신의 관찰 결과를 분석하고 이론을 정립했습니다. 그는 동물 육종가들의 선택적 교배 방법, 맬서스의 인구론, 라이엘의 동일과정설 등 다양한 분야의 지식을 종합하여 자신의 이론을 구축했습니다. 1859년 11월 24일, 마침내 그의 대표작 『종의 기원』이 출간되었습니다. 다윈의 진화론은 크게 두 가지 핵심 개념으로 이루어져 있습니다. 첫째는 모든 생물이 공통 조상으로부터 유래했다는 '공통 조상' 개념이고, 둘째는 자연선택에 의해 생물이 변화한다는 '자연선택' 개념입니다.

'공통 조상' 개념은 모든 생물이 하나의 조상, 혹은 소수의 조상으로부터 유래했다는 주장입니다. 이는 아리스토텔레스의 고정불변한 종 개념을 완전히 뒤집는 것이었습니다. 아리스토텔레스는 "사람은 사람을 낳고 말은 말을 낳는다"며 종의 불변성을 주장했지만, 다윈은 종이 오랜 시간에 걸쳐 서서히 변화할 수 있다고 보았습니다. 이러한 관점은 생물의 다양성을 설명하는 새로운 방식을 제공했습니다.

'자연선택' 개념은 다윈 이론의 핵심입니다. 이는 개체간 변이, 과잉생산, 생존경쟁, 적자생존의 네 가지 원리로 구성됩니다. 다윈은 모든 생물이 환경이 수용할 수 있는 것보다 더 많은 자손을 낳는다고 보았습니다. 이들 중 환경에 더 잘 적응한 개체들이 생존하고 번식할 확률이 높아지며, 이들의 유리한 특성이 다음 세대로 전달됩니다. 이 과정이 오랜 기간 반복되면서 생물은 점진적으로 변화한다는 것입니다.

다윈의 이론은 아리스토텔레스의 '생명의 사다리' 개념도 무너뜨립니다. 생물들이 단순한 것에서 복잡한 것으로, 하등한 것에서 고등한 것으로 일직선상에 배열되어 있다는 생각 대신, 다윈은 '생명의 나무'(Tree of Life) 개념을 제시했습니다. 이에 따르면 모든 생물은 가지처럼 뻗어나가는 진화의 과정을 거쳐 현재의 모습에 이르렀다는 것입니다. 이는 생물 다양성에 대한 이해를 근본적으로 변화시켰습니다.

다윈의 자연선택 개념은 목적론적 설명을 메커니즘 중심의 설명으로 대체했습니다. 아리스토텔레스는 모든 자연현상에 목적이 있다고 보았지만, 다윈은 우연한 변이와 환경에 의한 선택이라는 무목적적 과정으로 생물의 적응을 설명했습니다. 예를 들어, 기린의 긴 목은 높은 나뭇잎을 먹기 위한 목적으로 생겨난 것이 아니라, 우연히 목이 긴 개체들이 생존에 유리해서 자연 선택된 결과라는 것입니다. 이는 생물학적 현상을 이해하는 방식을 근본적으로 변화시켰습니다.

진화론은 인간의 위치에 대한 관점도 크게 바꾸어 놓습니다. 아리스토텔레스부터 르네상스와 근대 초기에 이르기까지 인간을 자연의 정점, 혹은 창조의 최종 목적으로 보는 시각이 지배적이었습니다. 그러나 다윈은 인간도 다른 동물들과 마찬가지로 진화의 산물이라고 주장했습니다. 그는 『인간의 유래』(*The Descent of Man*, 1871)에서 인간이 유인원과 공통 조상을 가졌다고 주장함으로써, 인간의 정신적 능력까지도 진화의 결과로 설명했습니다. 이는 당시 사회에 큰 충격을 안겨주었고, 종교계와 과학계 사이에 치열한 논쟁을 불러일으켰습니다.

다윈의 이론은 또한 지질학적 시간 개념을 생물학에 도입했습니다. 그는 찰스 라이엘(Charles Lyell)의 동일과정설에 크게 영향을 받아, 지구의 나이를 수천 년으로 보는 성서적 시간관 대신 수억 년의 지질학적 시간을 상정했습니다. 이러한 광대한 시간 개념은 점진적인 진화 과정을 설명하는 데 필수적이었습니다.

진화론의 등장으로 생물학의 여러 분야가 하나로 통합되기 시작했습니다. 분류학, 형태학, 발생학, 생태학 등 다양한 분야의 발견들이 진화론이라는 큰 틀 안에서 설명될 수 있게 되었습니다. 예를 들어, 비교해부학에서 발견된 상동기관의 존재는 공통 조상의 증거로, 그리고 발생학에서 관찰된 배아의 유사성은 진화적 관계의 반영으로 해석될 수 있었습니다. 이는 생물학을 더욱 통합적이고 체계적인 학문으로 발전시키는 계기가 되었습니다.

다윈의 연구 방법론도 주목할 만합니다. 그는 실험실 실험뿐만 아니라 지질학적 증거, 화석 기록, 생물지리학적 데이터 등 다양한 분야의 증거를 종합하는 접근법을 보여주었습니다. 예를 들어, 그는 남아메리카의 화석 아르마딜로와 현생 아르마딜로의 유사성, 대륙별 생물 분포의 차이, 섬 생물상(-相)의 특징 등을 자신의 이론을 뒷받침하는 증거로 제시했습니다. 이러한 종합적 접근법은 이후 생물학 연구의 모범이 되었습니다.

물론 다윈의 이론이 곧바로 모든 과학자들에게 받아들여진 것은 아닙니다. 많은 논란과 반박이 있었고, 특히 변이의 유전 메커니즘을 설명하지 못한다는 비판이 제기되었습니다. 다윈은 '혼합유전'이라는 잘못된 유전 개념을 가지고 있었기 때문에, 유리한 변이가 어떻게 보존되고 축적될 수 있는지 명확히 설명하지 못했습니다. 그러나 20세기 초 멘델에 의해 유전법칙이 다시 발견되고 이후 집단유전학이 발전하면서 다윈의 이론은 더욱 견고해졌습니다. 1930년대부터 1940년대에 걸쳐 테오도시우스 도브잔스키, 에른스트 마이어, 조지 갈러 심슨 등의 과학자들에 의해 진화론과 유전학이 결합된 '현대적 종합설'이 확립되었습니다. 이를 통해 진화론은 현대 생물학의 근간으로 확고히 자리 잡게 되었습니다.

다윈의 진화론은 아리스토텔레스 이래 지속되어 온 생물학적 세계관을 근본적으로 변화시켰습니다. 고정불변의 종 개념, 생명의 위계, 목적론적 설명, 인간중심주의 등 전통적 관념들이 무너지고, 그 자리에 역동적이고 통합적인 생물학의 새로운 패러다임이 자리 잡게 되었습니다.

과학혁명과 근대 과학의 탄생

아리스토텔레스의 사상은 고대 그리스 사상의 핵심 중 하나일 뿐만 아니라, 중세 후기와 르네상스 시기 유럽 지성사의 중추적 역할을 담당합니다. 특히 그의 자연학은 기독교 신학과 융합되어 스콜라철학의 핵심 요소로 자리매김했습니다.

아리스토텔레스적 세계관은 우주를 위계적이고 목적론적인 구조로 설명합니다. 이 관점에 따르면 우주는 달 아래의 지상계와 달 위의 천상계로 이원화됩니다. 지상계는 흙, 물, 공기, 불이라는 네 가지 원소로 구성되며, 이 원소들은 각자의 '자연적 장소'를 향해 운동한다고 여겨졌습니다. 반면 천상계는 완전하고 불변하는 에테르로 이루어져 있다고 생각되었습니다.

더불어 아리스토텔레스는 모든 존재와 현상에는 그것의 본질을 규정하는 네 가지 원인이 있다고 보았습니다. 질료인(재료), 형상인(형태나 본질), 작용인(변화의 원인), 목적인(최종 목적)이 그것입니다. 특히 목적인의 개념은 자연현상을 목적론적으로 해석하는 근거가 되었습니다. 즉 모든 자연현상은 내재된 목적(telos)을 향해 부단히 나아간다는 것입니다.

이러한 체계는 천문학, 물리학, 화학, 생물학 등 자연철학 전반에 걸쳐 정교하게 적용되어, 유럽인들의 자연 이해에 견고한 틀을 제공합니다. 예를 들어, 천체의 운동은 완전한 원운동으로 설명되었고, 생물의 성장과 변화는 그 생물이 가진 본질적 형상을 실현해가는 과정으로 이해되었습니다.

르네상스 시대에 이르러 아리스토텔레스의 저작은 대학의 필수 교재로 채택되어, 지식인들의 사유를 형성하는 주요 원천이 되었습니다. 당대의 학자들은 자연현상을 해석하고 설명하는 데 있어 그의 이론을 광범위하게 활용했으며, 스콜라 철학자들은 아리스토텔레스 철학과 기독교 신학 사이의 미묘한 균형을 모색하며 기독교 신학의 정점을 이루어냅니다.

아리스토텔레스 체계의 균열

아리스토텔레스의 체계가 중세 유럽을 지배하는 동안, 그 견고한 성벽에 미세한 균열이 나타나기 시작했습니다. 이 과정에서 이슬람 세계의 역할을 간과할 수 없습니다. 이슬람은 아리스토텔레스의 저작을 번역하고 재해석하면서 유럽에서의 아리스토텔레스가 복권되는 과정에서 중요한 역할을 했지만, 또한 그들의 연구 자체가 아리스토텔레스 체제에 대한 균열의 시작이기도 했습니다.

이런 바탕 위에 13세기의 로저 베이컨은 경험과 관찰의 중요성을 강조하며 자연에 대한 실험적 접근을 주장했습니다. 그의 선구적인 과학적 방법론은 후대의 경험주의 발전에 토대를 제공했습니다. 14세기의 윌리엄 오컴은 '오컴의 면도날' 원리를 통해 불필요한 형이상학적 가정들을 배제하고 논리와 경험에 기초한 사고를 촉구했습니다.

르네상스 초기에 이르러 마르실리오 피치노는 플라톤 아카데미를 부활시키며 신플라톤주의적 사상을 재조명했습니다. 이는 아리스토텔레스 중심의 스콜라철학에 대한 대안적 사유의 가능성을 열었습니다. 피코 델라 미란돌라는 인간의 존엄성과 자유의지를 강조하며, 중세적 세계관에서 벗어나는 인본주의적 전환을 예고했습니다.

한편 자연과학 분야에서도 아리스토텔레스 체계의 한계가 서서히 드러나기 시작했습니다. 15세기 말에 이르러 튀코 브라헤의 정밀한 천체 관측은 기존 우주론의 맹점을 드러냈고, 베살리우스의 혁신적인 해부학 연구는 고대 의학의 권위에 대담한 도전장을 내밀었습니다. 이어서 윌리엄 하비의 혈액순환 발견은 생명 현상에 대한 기계론적 이해의 지평을 열었으며, 로버트 보일의 정교한 공기펌프 실험은 '자연은 진공을 혐오한다'는 아리스토텔레스의 오랜 주장을 반박하는 결정적 증거를 제시했습니다.

이러한 일련의 지적 흐름과 경험적 발견들은 아리스토텔레스적 세계관의 근간을 서서히 흔들어놓았습니다. 그것은 단순한 학문적 논쟁을 넘어, 세계를 이해하고 탐구하는 방식 자체의 변화를 예고하는 것이었습니다. 중세의 권위와 전통에 대한 도전, 경험과 관찰의 중시, 수학적 분석의 적용 등은 이후 과학혁명의 토대를 마련하는 중요한 계기가 되었습니다.

이러한 다각도의 문제 제기와 새로운 시도들은 과학혁명의 서막을 열었습니다. 개별 분야의 획기적 발견들이 축적되고 수렴되면서 아리스토텔레스적 패러다임의 설명력은 점차 약화되었고, 자연에 대한 새로운 이해를 향한 지적 탐구의 열기가 고조되었습니다. 이는 곧 17세기의 본격적인 과학혁명으로 이어지게 됩니다.

과학혁명의 진전과 아리스토텔레스 체계의 와해

16세기 말부터 17세기에 걸쳐 과학혁명은 파도처럼 밀려들었습니다. 여러 분야에서 이루어진 개별적 발견들이 유기적으로 연결되면서 아리스토텔레스적 우주관을 대체할 새로운 패러다임이 서서히 윤곽을 드러냅니다.

천문학 혁명이 선봉에 섰습니다. 요하네스 케플러는 튀코 브라헤의 정밀한 관측 자료를 바탕으로 행성 운동의 세 가지 법칙을 수립했습니다. 그의 타원 궤도 이론은 천체의 운동이 완전한 원운동이어야 한다는 아리스토텔레스-프톨레마이오스적 전제를 무너뜨렸습니다. 한편 갈릴레오 갈릴레이는 망원경을 이용한 관측을 통해 목성의 위성, 금성의 위상 변화, 달의 표면 등을 발견함으로써 지구 중심의 우주관에 결정적인 타격을 가했습니다.

역학 혁명 또한 아리스토텔레스 체계를 근본적으로 뒤흔들었습니다. 갈릴레오는 낙하 실험과 사고실험을 통해 아리스토텔레스의 운동 이론을 반박하고, 관성의 개념을 도입했습니다. 그의 상대성 원리와 수학적 기술 방식은 근대 물리학의 토대를 마련했습니다. 르네 데카르트는 기하학적 방법을 물리학에 도입하여 자연현상을 수학적으로 분석하는 길을 열었으며, 관성과 충돌의 법칙을 정립했습니다. 크리스티안 하위헌스는 진자의 운동을 정밀하게 분석하고 원운동의 법칙을 수립함으로써 역학의 발전에 크게 기여했습니다.

이러한 천문학과 역학의 혁명적 변화는 아이작 뉴턴에 이르러 절정에 달합니다. 뉴턴의 역학은 지상계와 천상계를 하나의 보편적 질서 아래 통합했으며, 모든 물체의 운동을 일관되게 설명할 수 있는 수학적 원리를 제공했습니다. 그는 『프린키피아』를 통해 케플러의 행성 운동 법칙과 갈릴레오의 관성 개념을 종합하여 하나의 일관된 체계로 완성합니다. 이로써 아리스토텔레스가 상정한 우주의 위계적 구조와 목적론적 자연관은 결정적으로 극복되었습니다.

과학을 수행하는 방식 자체도 근본적인 변모를 겪었습니다. 귀납과 연역, 분석과 종합을 오가는 체계적 탐구, 정밀한 실험과 관찰을 통한 가설 검증, 수학적 언어를 통한 자연법칙의 정식화 등 근대 과학의 방법론이 확립되었습니다. 특히 갈릴레오가 강조한 '자연의 책은 수학의 언어로 쓰여 있다'는 관점은 이후 과학의 발전 방향을 결정짓는 중요한 지침이 되었습니다. 자연은 더 이상 목적을 향해 나아가는 유기체가 아니라, 인과 법칙에 따라 작동하는 정교한 기계로 인식되기 시작했습니다. 이러한 기계론적 세계관은 데카르트의 철학에서 극명하게 드러나며, 이후 근대 과학의 기본적인 전제가 되었습니다.

이처럼 17세기의 과학혁명은 아리스토텔레스적 세계관을 근본적으로 해체하고, 새로운 자연 이해의 패러다임을 구축했습니다. 그것은 단순히 몇몇 이론의 교체를 넘어, 세계를 바라보는 관점 자체의 전환을 의미했습니다.

화학 혁명과 생물학 혁명—아리스토텔레스 체계의 최후

17세기 과학혁명이 결정적인 타격을 가했지만, 아리스토텔레스적 세계관은 여전히 강고했습니다. 그의 체계를 완전히 해체하기 위해서는 18~19세기에 걸친 화학 혁명과 생물학 혁명이라는 추가적인 진보가 필요했습니다.

화학 분야에서는 로버트 보일의 선구적인 연구가 중요한 전환점이 되었습니다. 보일은 『회의적 화학자』에서 연금술 전통에 도전하며 원소의 개념을 재정립했고, 그의 기체 법칙은 물질의 성질에 대한 정량적 이해의 토대를 마련했습니다. 이어 18세기 후반 스코틀랜드의 기체 화학자들, 특히 조지프 블랙, 대니얼 러더퍼드, 조지프 프리스틀리 등은 다양한 기체의 발견과 특성 규명을 통해 화학의 지평을 크게 확장했습니다.

앙투안 라부아지에는 이러한 선행 연구를 종합하여 근대 화학의 기틀을 확립했습니다. 그의 정교한 연소 이론은 플로지스톤설을 논리적으로 반박했고, 원소 개념의 재정립과 질량 보존 법칙의 발견은 아리스토텔레스의 4원소설을 결정적으로 대체했습니다. 이어 존 돌턴의 원자론은 물질의 근본 구조에 대한 혁신적인 통찰을 제공하며, 화학의 새로운 지평을 열었습니다.

생물학 분야에서도 점진적이지만 중요한 변화가 일어났습니다. 17세기 말 안토니 판 레이우엔훅의 현미경 관찰은 미생물의 세계를 밝혀내며 생명에 대한 이해의 폭을 넓혔습니다. 18세기에 들어 칼 폰 린네는 생물 분류 체계를 확립하여 생물 다양성 연구의 기초를 마련했고, 조르주 뷔퐁은 『박물지』를 통해 생물의 변화 가능성을 제시했습니다.

19세기 초 조르주 퀴비에의 비교해부학과 고생물학 연구는 생물의 구조와 기능의 관계를 밝히는 한편, 지질학적 시간 척도의 광대함을 인식하게 했습니다. 장-바티스트 라마르크는 비록 그 메커니즘에 대한 설명은 받아들여지지 않았지만, 생물의 진화 개념을 체계적으로 제시했습니다.

이러한 선행 연구들은 찰스 다윈의 진화론에 의해 종합되고 혁신적으로 재해석되었습니다. 다윈은 『종의 기원』에서 자연선택의 메커니즘을 통해 생물의 다양성과 적응을 설명함으로써 아리스토텔레스의 목적론적 생물관을 근본적으로 뒤집었습니다. 그의 이론은 생명 현상을 목적이나 본질이 아닌 역사적 과정의 결과로 이해하는 새로운 패러다임을 제시합니다.

한편 19세기 중반 마티아스 슐라이덴과 테오도어 슈반의 세포 이론은 생명의 기본 단위와 그 원리를 밝혀내며 생물학의 새로운 지평을 열었습니다. 이는 생명현상에 대한 기계론적 이해를 더욱 공고히 하며, 아리스토텔레스의 생기론을 완전히 대체합니다.

과학혁명과 근대 과학

과학혁명을 통해 확립된 근대 과학의 방법론은 여러 혁신적인 특징을 갖춥니다. 먼저, 자연현상에 대한 체계적인 관찰과 실험이 강조되었습니다. 과학자들은 현상을 직접 관찰하고 조작 가능한 조건에서 실험을 수행함으로써 자연의 비밀을 밝히고자 했습니다. 또한, 자연법칙을 정량적으로 표현하고 수학적 모델을 구축하는 것이 중요해집니다. 갈릴레오의 말처럼 “자연의 책은 수학의 언어로 쓰여 있다”는 인식이 확산되었습니다. 이와 함께 가설-연역적 방법이 도입되어, 과학자들은 관찰된 현상에 대한 가설을 세우고 이를 실험을 통해 검증하는 과정을 거쳤습니다.

근대 과학은 귀납과 연역의 방법을 결합하여 사용했습니다. 개별 사례로부터 일반 법칙을 도출하고, 이를 다시 특수한 경우에 적용하는 순환적 과정을 통해 지식을 확장해 나갔습니다. 더불어 회의주의와 비판적 사고가 과학의 핵심 태도로 자리 잡았습니다. 과학자들은 기존의 권위나 통념에 의문을 제기하고 지속적으로 검증하는 자세를 견지했습니다. 이러한 방법론의 확립은 자연에 대한 이해 방식을 혁신했을 뿐 아니라, 근대 사회의 여러 영역에도 상당한 영향을 끼쳤습니다. 과학은 중세 스콜라철학의 지배에서 벗어나 독립적인 인식의 영역으로 자리매김했고, 실험실은 과학 활동의 중심 무대로 부상했습니다.

근대 초기에 형성된 왕립학회와 같은 과학 아카데미는 과학자 집단의 활발한 토론과 교류를 촉진했으며, 과학 지식의 공유와 확산에 중추적 역할을 담당했습니다. 과학 저널의 정기적 출판과 학자들 간의 서신 교환은 지리적 제약을 뛰어넘는 지적 소통의 장을 열었습니다.

근대 과학의 태동은 세계관의 차원에서도 중요한 전환을 가져왔습니다. 자연은 더 이상 질적으로 구분된 위계적 우주가 아니라, 동일한 물리 법칙에 의해 지배되는 균질적이고 통일적인 질서로 인식되기 시작했습니다. 근대 과학은 자연의 규칙성과 법칙성을 전제하고, 이를 정밀한 수학적 언어로 표현하고자 했습니다.

과학혁명은 이성 중심주의와 진보 사상을 특징으로 하는 계몽주의 사조의 발전에도 일정 부분 기여했습니다. 과학은 점차 자연의 비밀을 탐구하는 데 그치지 않고, 사회 개혁과 인간 해방의 잠재적 도구로도 인식되기 시작했습니다. 그러나 이러한 변화는 과학혁명만의 산물이 아니라, 르네상스 인문주의, 종교개혁, 대항해시대 등 다양한 역사적 흐름이 복합적으로 작용한 결과임을 인식해야 합니다. 또 과학혁명을 통해 시작된 과학결정론 또한 그 한계와 부작용이 분명하다는 점을 지적하지 않을 수 없습니다.

이처럼 과학혁명은 근대 서구 문명의 형성에 중요한 영향을 끼쳤습니다. 학문의 일개 분야를 넘어 사회 질서와 문화의 여러 영역에서 세계에 대한 우리의 인식과 실천 방식에 상당한 변화를 가져온 사건이었습니다. 우리는 그 사건을 아리스토텔레스 세계관의 지배와 그에 대한 전복의 과정으로 이해할 수 있을 것입니다.

참고도서

갈릴레오 갈릴레이, 『시데레우스 눈치우스』, 장헌영 옮김, 승산, 2004.
강성훈, 김상진 외, 『서양고대철학 1, 2』, 길, 2016.
그레고리 블래스토스, 『플라톤의 우주』, 이경직 옮김, 서광사, 1998.
김성근, 『교양으로 읽는 서양과학사』, 안티쿠스, 2009.
김영식, 『과학혁명 전통적 관점과 새로운 관점』, 아르케, 2001.
남경희, 『플라톤』, 아카넷, 2013.
남영, 『태양을 멈춘 사람들』, 궁리, 2016.
데이비드 린들리, 『볼츠만의 원자』, 이덕환 옮심, 승산, 2003.
디오게네스 라에르티오스, 『그리스철학자열전』, 전양범 옮김, 동서문화사, 2016.
로렌스 M. 프린시프, 『과학혁명』, 노태복 옮김, 교유서가, 2017.
르네 데카르트, 『방법서설』, 권혁 옮김, 돋을새김, 2019.
마이클 화이트, 『갈릴레오』, 김명남 옮김, 사이언스북스, 2009.
박승찬, 『서양 중세의 아리스토텔레스 수용사』, 누멘, 2018.
박인용, 『자연과학사 1, 2』, 경당, 2016.
브루스 T. 모런, 『지식의 증류』, 최애리 옮김, 지호, 2006.
사이토 가쓰히로, 『화학 혁명』, 김정환 옮김, 그린북, 2024.
송영진, 『그리스 자연철학과 현대과학』, 충남대학교출판문화원, 2014.
스티븐 샤핀, 『과학혁명』, 한영덕 옮김, 영림카디널, 2003.
쑨이린, 『생물학의 역사』, 송은진 옮김, 더숲, 2012.
아리스토텔레스, 『자연학 소론집』, 김진성 옮김, 이제이북스, 2015.
안상현, 『뉴턴의 프린키피아』, 동아시아, 2015.
앤드류 그레고리, 『왜 하필이면 그리스에서 과학이 탄생했을까』, 김상락 옮김, 몸과 마음, 2003.
야마모토 요시타카, 『16세기 문화혁명』, 남윤호 옮김, 동아시아, 2010.
야마모토 요시타카, 『과학의 탄생』, 이영기 옮김, 동아시아, 2005.
야마모토 요시타카, 『과학혁명과 세계관의 전환 1』, 김찬현, 박철은 옮김, 동아시아, 2019.
야마모토 요시타카, 『과학혁명과 세계관의 전환 2』, 박철은 옮김, 동아시아, 2022.
야마모토 요시타카, 『과학혁명과 세계관의 전환 3』, 박철은 옮김, 동아시아, 2023.
에드워드 돌닉, 『뉴턴의 시계』, 노태복 옮김, 책과함께, 2016.

오철우, 『갈릴레오의 두 우주 체계에 관한 대화』, 사계절, 2009.
오퍼 갤, 『과학혁명의 기원』, 하인해 옮김, 모티브북, 2022.
윌리엄 쉬어, 마리아노 아르티가스, 『갈릴레오의 진실』, 고중숙 옮김, 동아시아, 2006.
유원기, 『자연은 헛된 일을 하지 않는다』, 서광사, 2009.
장 마리 장브, 『학문의 정신 아리스토텔레스』, 김임구 옮김, 한길사 2004.
장 피에르 모리, 『갈릴레오』, 변지현 옮김, 시공사, 1999.
전경수, 『현대인을 위한 과학사의 이해』, 사이플러스, 2012.
전광식, 『신플라톤주의의 역사』, 서광사, 2002.
정인경, 『동서양을 넘나드는 보스포루스 과학사』, 다산에듀, 2014.
정인경, 『뉴턴의 무정한 세계』, 돌베개, 2014.
제임스 글릭, 『아이작 뉴턴』, 김동광 옮김, 승산, 2008.
제임스 맥라클란, 『물리학의 탄생과 갈릴레오』, 이무현 옮김, 바다출판사, 2002.
조지 로이드, 『그리스 과학사상사』, 이광래 옮김, 지만지, 2014.
조지 쿠퍼, 『돈, 피, 혁명』, 송경모 감수, 유아이북스, 2015.
존 로지, 『과학철학의 역사』, 최종덕, 정병훈 옮김, 동연출판사, 1998.
존 헨리, 『서양과학사상사』, 노태복 옮김, 책과함께, 2013.
찰스 길리스피, 『객관성의 칼날』, 이필렬 옮김, 새물결, 2005.
탈레스 외, 『소크라테스 이전 철학자들의 단편 선집』, 김재홍, 김인곤 옮김, 아카넷, 2005.
토마스 데 파도바, 『라이프니츠, 뉴턴 그리고 시간의 발명』, 박규호 옮김, 은행나무 2016.
토머스 핸킨스, 『과학과 계몽주의』, 양유성 옮김, 글항아리, 2011.
프랜시스 베이컨, 『새로운 아틀란티스』, 김종갑 옮김, 에코리브르, 2002.
프랜시스 베이컨, 『신기관』, 진석용 옮김, 한길사, 2016.
프랜시스 베이컨, 『학문의 진보/베이컨 에세이』, 이종구 옮김, 동서문화사, 2008.
프리도 릭켄, 『고대 그리스 철학』, 김성진 옮김, 서광사, 2000.
피터 디어, 『과학혁명 유럽의 지식과 야망』, 정원 옮김, 뿌리와이파리, 2011.
피터 애덤슨, 『초기 그리스 철학』, 김은정, 신우승 옮김, 전기가오리, 2017.
하워드 터너, 『이슬람의 과학과 문명』, 정규영 옮김, 르네상스, 2004.
한석환, 『존재와 언어』, 길, 2005.
Monroe W. Strickberger, 『진화학』, 김창배 외 옮김, 월드사이언스, 2014.
R. T. 왈리스, 『신플라톤주의』, 박규철, 서영식, 조규홍 옮김, 누멘, 2011.

찾아보기

| 인명 |

가상디, 피에르 132, 289
갈레노스 12, 160, 170, 322-23, 324
갈릴레이, 갈릴레오 9, 10, 12, 128, 156, 185, 193, 209, 214, 231, 237-40, 244, 248, 254-74, 275, 279, 280, 295-97, 344, 345, 347
게리케, 오토 폰 299
게스너, 콘라트 320
게이뤼삭, 조제프 루이 311
그레고리우스 9세 175, 178
그리말디, 프란체스코 284, 285
길버트, 윌리엄 199-200, 232, 233, 250-53, 270

네스토리우스 143
노이게바우어, 오토 109
뉴턴, 아이작 9, 13, 79, 175, 193, 215, 254, 259, 263, 268, 273-93, 345

다윈, 찰스 321, 335-39, 347
데모크리토스 22, 47-51, 60, 118, 129, 130, 132, 241, 296, 300, 310
데카르트, 르네 10, 87, 135, 210-218, 253, 258-59, 273, 274, 275, 278, 279, 281, 283, 285-86, 289, 344, 345
돌턴, 존 310-12, 346
뒤엠, 피에르 10
달랑베르, 장 바티스트 209
디드로, 드니 209
디오스코리데스 319

라그랑주, 조제프 루이 306
라부아지에, 앙투안 306-9, 310, 346
라이문도, 톨레도의 169, 172
라이엘, 찰스 336, 337
라이프니츠, 고트프리트 빌헬름 209, 280, 290-92
라플라스, 피에르 시몽 307
러더퍼드, 대니얼 303, 346
레기오몬타누스 220
레우키포스 49, 241
레이, 존 320, 331, 333
레이우엔훅, 안토니 판 327, 346
로스켈리누스 194-95
루돌프 2세 224
루크레티우스 131, 289, 296
루터, 마르틴 186
린네, 카를 폰 320, 330-34, 346

마르크스, 카를 48
마르텔, 카롤루스 140
마주시, 알리 이븐 알 아바스 161
마흐, 에른스트 292, 313-15
말피기, 마르첼로, 326-27
맬서스, 토머스 336

바우힌, 카스파르 330-31
발라, 로렌초 131, 184
발리아니, 조반니 바티스타 295, 297
버터필드, 허버트 10
베르셀리우스, 옌스 야코브 311
베살리우스, 안드레아스 188, 322-23, 343
베이컨, 로저 159, 175, 197-98, 342
베이컨, 프랜시스 185, 201-9
벨롱, 피에르 320
보에티우스 126, 138-39

보일, 로버트 208, 299-301, 310, 343
볼츠만, 루트비히 313-15
볼프, 카스파 프리드리히 327-28
뷔리당, 장 245-46, 248-49
뷔퐁, 조르주 루이 321, 346
브라마굽타 147
브라반트, 시제르 178
브라헤, 튀코 223-27, 229, 230, 232, 273, 281, 344
브루노, 조르다노 192, 234-36
브리지먼, 퍼시 315
블랙, 조지프 303, 346
비텔로 159

샤롱, 피에르 136
샤핀, 스티븐 11
슈반, 테오도어 328-29, 347
술레이만 1세 223
슐라이덴, 마티아스 328-29, 347
스넬, 빌레브로르트 283, 286
스미스, 애덤 301
스트라본 122
스페우시포스 81
스피노자, 바뤼흐 215-18
심플리키오스 12, 23, 24-25, 40-41

아그리파 134-35
아낙사고라스 57-61
아낙시만드로스 22-27, 31, 35, 40, 75
아낙시메네스 40-42, 75, 94
아르켈라오스 60
아르키메데스 95, 122, 147, 264
아리스타르코스 101-6, 110, 111, 113, 118, 296
아리아바타 147
아벨라르, 피에르 174, 175, 195
아엘리아누스, 클라우디우스 319
아우구스티누스 126, 141-42, 288
아이네시데모스 134-35
아인슈타인, 알베르트 217, 281, 293, 315
아퀴나스, 토마스 126, 170, 175, 179, 242, 288-89
아폴로니우스 116, 122, 147
안티스테네스 195
알 나피스, 이븐 163
알 라지 164
알 마문 144-45
알 마우실리, 암마르 160
알 바이타르, 이븐 163, 164
알 바타니 150, 151
알 비루니 148, 152
알 샤티르, 이븐 151
알 수피 151
알 우클리디시 148
알 와파, 아부 148
알 자흐라위 162-63
알 콰리즈미 147
알 킨디 157
알 파리시 148
알 하이삼, 이븐 148, 150, 157-59, 174, 283
알드로반디, 울리세 320
알렉산더 대왕 121, 123
알베르투스 마그누스 179
알베르트, 작센의 246
앗 딘 앗 투시, 나시르 151
얌블리코스 126
에라스무스, 데시데리우스 184-85
에라시스트라토스 96, 122, 123, 318-19
에라토스테네스 95, 122
에우독소스 107-9, 231
에우메네스 2세 143
에우클레이데스(유클리드) 122, 147, 149, 157, 170, 171, 283
에피쿠로스 48, 129-131, 289, 296
엠페도클레스 22, 52-55
엠피리쿠스, 섹스투스 48
영, 토머스 287

울룩 벡 151, 152
윌리엄 오컴 195, 198, 245, 343
윌킨스, 존 208
이노켄티우스 3세 174
이노켄티우스 4세 178
이르네리우스 174, 175
이븐 바자 153, 155-56
이븐 시나(아비켄나) 153-55, 162, 164, 170, 244
이븐 유누스 151
이븐 주흐르 162
이븐 쿠라, 사비트 149
이븐 하이얀 163

질젤, 에드거 11
체살피노, 안드레아 330

카롤루스 대제(샤를마뉴) 141
카르납, 루돌프 315
카르노, 사디 313
카를 4세 176
카소봉, 아이작 193
칼리포스 108-9
캐번디시, 헨리 304, 307
케플러, 요하네스 12, 159, 193, 214, 220, 223, 224, 227, 228-33, 253, 255, 273, 275, 276, 281, 344, 345
코페르니쿠스, 니콜라우스 12, 118, 219-22, 225, 281, 296
쿠아레, 알렉상드르 9
퀴비에, 조르주 321, 335, 347
크롬비, 앨리스터 10
크세노파네스 22
클라우지우스, 루돌프 313
클라크, 새뮤얼 291
클레멘스 7세 323

탈레스 17-21, 23, 41-42, 52, 53, 59, 75, 94, 113, 250
테오프라스토스 12, 23, 81, 318
토리첼리, 에반젤리스타 296-98
톰슨, 벤저민 280
톰슨, 윌리엄 (켈빈) 313
투른포르, 조제프 피통 드 320, 332

파라켈수스 163-64, 300
파르메니데스 31-34, 37, 43, 67, 71, 94, 110
파트리치, 프란체스코 185
퍼트넘, 힐러리 316
페랭, 장 바티스트 315
페르마, 피에르 드 148, 283
페트라르카, 프란체스코 184
포르피리오스 126
폼포나치, 피에트로 185
프로클로스 126
프레넬, 오귀스탱 287
프레데리크 2세 223
프루스트, 조제프 루이 310
프리스틀리, 조지프 304, 306, 346
프톨레마이오스 12, 96, 113, 116-18, 122, 145, 150, 157, 170, 171, 221
프톨레마이오스 1세 121
프톨레마이오스 2세 필라델포스 121
플라톤 30, 35-39, 47, 49, 60-61, 63-64, 67, 75-76, 81, 88, 93, 103, 113, 125, 141, 157, 194, 207-8, 213, 220, 221, 242, 256, 288
플로티노스 125-26, 142
플루타르코스 41, 106
피론 133-36
피르호, 루돌프 329
피치노, 마르실리오 128, 191, 192, 343
피코, 조반니 191-92
피타고라스 28-30, 97-98, 103, 109
필로포노스, 요하네스 241, 242-45, 255, 260

하비, 윌리엄 323-25, 343
하위헌스, 크리스티안 209, 267-68, 273-76, 279-81, 345
하이얌, 오마르 147
허턴, 제임스 301
헤라클레이토스 22, 43-46, 52, 100
헤로도토스 27
헤로필로스 122, 123, 318-19
헤르메스 트리스메기스투스 126, 192
헤센, 보리스 11
헤시오도스 19, 137
헤카타이오스 27
홀, 루퍼트 11
훅, 로버트 278, 280, 285, 299, 306, 321, 326, 327
흄, 데이비드 135, 301
히파르코스 12, 96, 110-115, 122, 116, 256
히파티아 93
히포크라테스 12, 160

| 용어 |

'10가지 회의적 논변' 135
'3세기의 위기' 138
3요소(파라켈수스) 300
4대 우상 204-5
4원소설 52-55, 68, 88-92, 300, 301, 346
4원인론 62-66, 92
4체액설 160, 205
'95개조 반박문' 177, 186
T-O 지도 26-27

가격혁명 186
갈릴레오 변환 268
강(class) 332-33→'종' 참조
결정론적 세계관 130, 217-18→'자유의지' 참조
결합 48-49, 53, 60, 65, 90-91, 129, 300, 307, 310-11→'혼합' 참조
경험주의 95, 188, 193, 202, 203, 209, 343→'영국 경험론' 참조
계몽주의 215, 217, 348→'스코틀랜드 계몽주의' 참조
공리주의 202, 203-4
공통 조상 336, 337, 338
공허 25, 49, 129
과(family) 331→'종' 참조
과학 방법론 14, 188, 199, 270
과학적 실재론 315-16
관성 248, 254-59, 260, 262, 276, 279, 280, 344
관성의 법칙 254, 260, 280, 345
관측천문학 115, 124, 150
광선유입설 157, 158
『광학』(뉴턴) 285
『광학』(유클리드) 283
교부철학 126, 141-42, 178, 220
교조주의 185, 197
구면 삼각법 110, 111-12, 148→'삼각법' 참조
구텐베르크 인쇄술 176→'인쇄혁명' 참조
귀납법 202, 207, 209
그노시스주의 127
그라마티쿠스(문법학교) 140
그릇 38
기계론적 세계관 50-51, 87, 214-216, 217, 345→'우연론적 세계관' 참조
기제/메커니즘 206, 274, 332, 337, 347
기체 분자 운동론 313
기체화학 301, 303-6

'나는 생각한다, 그러므로' 211→'코기토' 참조
네스토리우스파 93, 143
논리실증주의 315-16
농민전쟁 187
누스 57-61, 125
『뉴 아틀란티스』(프랜시스 베이컨) 207-8

다중우주론 24, 25, 130
대심 117→'이심' '주전원' 참조
대학 174-76
데미우르고스 35, 37-39, 61, 75, 88
도그마 12, 210, 248, 259
동물의 영혼 82→'식물의 영혼' 참조
『동물지』(아리스토텔레스) 83, 317
동심천구론 107
동일과정설 336, 337
『두 가지 새로운 과학에 대한 대화』(갈릴레이) 266
『두 우주 체계에 대한 대화』(갈릴레이) 239
등가속도운동 263
등속 직선운동 259, 261, 267, 280
'디스푸타티오' 175

레반트 지역 182
레토르(수사학교) 140
로고스 44-46
리케이온 93→'아카데메이아' '무세이온' 참조

'마일' 개념 154-55, 244
만물유전 43
만유인력 275-77
맥진법 161
메디치가 191, 220
메커니즘→'기제/메커니즘'
멸종 331, 335
'모든 것의 이론' 93
모순율 31-32
목적론 12, 13, 38, 47-48, 58-61, 76, 85, 95, 203, 206-7, 214, 222, 319, 337, 341-42, 345, 347
목적론적 운동 50-51
목적인 18, 62, 77-78, 85, 153, 341-42→'4원인론' 참조
무세이온 93, 114, 115, 121-22, 124→'아카데메이아' '리케이온' 참조
무타질라파(-派) 144
무한소급 135
무한정자→'아페이론'
미생물학 326, 329
미시적 우주 128
미적분학 216, 276
밀레토스학파 18, 40, 75-76, 94

반복 검증 123
발생학 328, 338
『방법서설』(데카르트) 214
방법적 회의 135, 210-12
백과전서파 209
번역 르네상스 169-73, 184
범신론 216
벡터 260
변인 통제 123
변증법 46, 141
'보이지 않는 대학' 299
'보이지 않는 조화' 45
'부동의 동자'(원동자) 61, 80
부력 95, 202, 265
부르주아 계급 167, 183, 186, 187
부정의 24, 25
부차적 운동 69
분유 37, 39
불가분성과 가분성 29
불화(미움)와 우애(사랑) 53-55, 88
브라운 운동 312, 315
빛의 굴절 157, 198, 283-84, 286

빛의 반사 157-58, 283-84, 286
빛의 회절 284, 287

사고실험 254-55, 262, 266, 267, 291, 344
삼각법 101, 110, 111, 118, 148 →'구면 삼각법' 참조
삼각함수 148, 150
상대성 원리 266-68, 344
『새로운 천문학 입문』(튀코 브라헤) 224
'생각하는 실체' 212-13
생기론 87, 347 →'생명속생설' 참조
생동력(vis viva) 279
생리학 123, 160, 162, 171, 323
생명속생설 87 →'생기론' 참조
'생명의 나무' 337
'생명의 배(胚)' 86-87
'생명의 사다리' 13, 81-87, 318, 330, 336
생물학 혁명 335-39, 346
『서총』 139
세라피움 138 →'알렉산드리아 도서관' 참조
세차운동 111, 113
세포설(세포학설) 13, 327-29
속(genus) 332-34 →'종' 참조
송과선 213
수비학 99
순환논증 135
순환적 시간관 71
숨결 →'프네우마'
스넬의 법칙 286
스코틀랜드 계몽주의 303
스콜라철학 126, 171, 179-80, 198, 206, 245, 341, 348
스토아학파 125, 138
스페르마타 57-58, 60
시간, '영원의 움직이는 이미지'로서의 288
시간, '운동의 척도'로서의 288-89
시공간, 관계적 개념으로서의 290-93
시공간, 절대적 개념으로서의 290-93
시직경 101
시컨트 함수 148
식물의 영혼 82 →'동물의 영혼' 참조
『식물지』(테오프라스토스) 318
'신 즉 자연' 216
『신기관』(프랜시스 베이컨) 201, 207
『신성에 대하여』(튀코 브라헤) 223
『신천문학』(케플러) 255
신플라톤주의 13, 24, 61, 93, 125-28, 141-42, 178, 184, 191-93, 219, 220-21, 228, 235, 243-44, 343
신피론주의 134-35 →'피론주의' 참조
신피타고라스주의 125
『신학대전』(아퀴나스) 179
실용주의 202
실증주의 193, 203, 312, 314, 315 →'논리실증주의' 참조
실진법(悉盡法) 107
실체(기체) 63-65, 68, 75, 76, 89, 158, 198, 212-14, 216-17, 290, 314
심신이원론 212-13, 216, 217, 289
십진법 147, 148
'씨앗' →'스페르마타'

아니마 85
아르케 →'원질'
아바스 왕조 144-45
아스트롤라베 150
아유르베다 의학 160
아카데메이아 81, 93 →'리케이온' '무세이온' 참조
아타락시아 134
아페이론 22-25, 31, 40, 75
안티크톤 100
안티페리스타시스 79
『알 자브르』(알지브라) 147
알렉산드리아학파 122-24
『알마게스트』(프톨레마이오스) 113, 116, 118, 150, 170, 171, 229

'애니멀큘레스' 327
약초원(하이델베르크 대학) 319
에너지 보존 법칙 312, 313
에테르 68-69, 78, 232-33, 258-59, 274, 275-76, 279, 341
에피쿠로스학파 129-132, 138
엔트로피 313-14
엘레아학파 32, 94
역행운동, 행성의 69, 102, 107-9, 116-17, 237-39
연금술 126, 128, 138, 191-93, 198, 277, 300, 346
연속체 63-65, 78, 258, 289, 312→'실체' 참조
연장성 212, 289
'연장을 가진 실체' 212
연주 운동, 태양의 112
연주시차 104-5, 113-15, 226, 234
열역학 271, 312, 313-15
영국 경험론 195-96, 197-200, 201, 230, 270, 278
영국 왕립학회 208, 299, 348
영지주의→'그노시스주의'
『영혼론』(아리스토텔레스)→『영혼에 관하여』
『영혼에 관하여』(아리스토텔레스) 50-51, 85
예수회 177
『오르가논』(아리스토텔레스) 207
『오푸스 마유스』(로저 베이컨) 198
옥스퍼드 식물원 320
완전수 29-30, 148→'우정수' 참조
우라노스 70
'우로보로스의 뱀' 69, 71
우연론적 세계관 48→'기계론적 세계관' 참조
우정수 29-30→'완전수' 참조
『우주 구조의 신비』(케플러) 228
운동량 243, 247, 249, 279
운동에너지 279-80, 314
운동의 상대성 267-68
원동자→'부동의 동자'
『원론』(유클리드) 147, 170, 171
원소의 배수 비례의 법칙 310
원소의 일정 성분비의 법칙 310
원자론, 원자론자 13, 48-51, 60, 129-32, 157, 247, 289, 300-1, 310-12, 313-15, 346
원질 22, 25, 75
위상변화, 행성의 237-39
유대 신비주의 127
유명론 194-96, 198-99, 201, 278
유성 74→'행성' 참조
유출 125, 142
음수 147
『의술』(알 자흐라위) 162
『의학정전』(이븐 시나) 162
의화학 운동 163
이그드라실(세계수) 97
이데아, 이데아론 30, 35-39, 47, 49, 61, 63-64, 75, 141-42, 194, 220, 235, 288
이명법(二名法) 330-31, 333-34
이심 116-17, 222, 229→'주전원' 참조
이원론 22, 24, 25, 31, 35, 40, 76, 93, 142, 213, 258,→'일원론' 참조
이중 슬릿 실험 287
인간의 영혼 82→'동물/식물의 영혼' 참조
인력과 척력 54, 251, 286
인쇄혁명 187→'구텐베르크 인쇄술' 참조
일반상대성이론 293
일원론 22, 24, 40, 48, 76, 216-17, 235→'이원론' 참조
일자(一者) 24, 33-34, 43, 67, 71, 125-26, 142
임페투스 154, 241-49, 255, 260

자기력 233, 250-2→'자기장' 참조
자기장 251

『자석에 대하여』(윌리엄 길버트) 199, 232, 253, 270
자연발생설 85-87, 327
자연사(Natural History) 320, 332
자연선택 336-37, 347
자연스러운 운동과 부자연스러운 운동 78-80, 242-43, 245, 258-59, 261
자연신학 332
『자연에 관하여』 22, 48
『자연의 체계』(린네) 333, 334
자연적 장소 72, 153, 259, 288, 341
자연철학, 자연철학자 12, 13, 17-55, 57, 67, 75, 77, 93, 123, 131, 181, 231, 342
『자연학』(아리스토텔레스) 23, 48, 49-50, 64, 70, 79, 174
자유 학예 175, 176
자유의지 130, 192, 343
작용인 18, 53, 62, 77-79, 241-42, 341→'4원인론' 참조
잠재태 24, 64, 92→'현실태' 참조
'장황한 수'와 '평등한 수' 29
재정복운동 171
재현 96, 199-200, 250, 270, 306
적도 107, 112→'황도' 참조
전기 유체 252
전기력 252
전성설 328→'후성설' 참조
점성술 126, 138, 191-92, 223, 228
정다면체 29, 228
제1물질→'에테르'
제5원소→'에테르'
'제논의 역설' 64-65
젠트리 계급 11
조석 현상 276
조작주의 315
조화(하모니아) 30, 44, 45, 59, 68, 100, 176, 193→'질서' '카오스' 참조
존재론 32, 68, 196, 213
종(species) 318, 331, 333-34, 335-36, 339
종교개혁 186-87, 192, 210, 349
종교전쟁 187
『종의 기원』(다윈) 336, 347
주전원 116-17, 151, 222→'이심' 참조
준디샤푸르 의과대학 161
지구중심설, 지구중심론자 47, 72, 97, 116-18, 150, 151, 224, 257→'태양중심설' 참조
'지혜의 집' 144, 145-46, 147, 150
진약수 30
질량 보존의 법칙 308, 311, 346
질료인 18, 53, 62, 77, 341→'4원인론' 참조
질서(코스모스) 30, 38, 45, 57-58, 68, 84, 193, 203, 206, 242, 345→'조화' '카오스' 참조
집단유전학 338

천상계, 중간계, 지상계 47, 52, 67-70, 72-73, 75-76, 78-79, 89, 221-22, 226, 232, 258, 341
『천체론』(아리스토텔레스) 26, 69-72, 99
'철의 시대' 137
'최소 시간의 원리' 283
충족이유율 291
침술 161

카메라 옵스쿠라 150, 158
카오스 19→'조화' '질서' 참조
'코기토' 211, 215→'나는 생각한다' 참조
코나투스 246-47
코라(질료) 35, 38-39
코스모스→'질서'
코페르니쿠스적 전환 222
'콘스탄티누스의 기증' 문서 184
클리나멘 129-30
키니코스학파 194

탄성력 280
태양중심설 47, 98, 101, 106, 107, 113-15,

117, 220, 229, 234, 239, 256-57, 296 → '지구중심설' 참조
테렐라 250
테트락티스 99
톨레도 번역학파 169-70
통계역학 313, 314, 315
투사체 79, 153-54
특수상대성이론 293
『티마이오스』(플라톤) 37-38, 75

'파렌스 시엔티아룸' 칙서 175
판단중지 133-34, 277
패러다임 13, 222, 339, 344, 345, 347
페르가몬 도서관 143
편심 111
프네우마 41
『프린키피아』(뉴턴) 13, 291, 345
프시케 85, 125 → '아니마' 참조
프톨레마이오스 왕조 121-22, 124
플라톤 아카데미 128, 177, 191, 220, 343
플로지스톤 301-6, 346
피론주의 133 → '회의주의' 참조
피사 식물원 319
피타고라스학파 29-30, 94, 98-100
필연, 필연성 24-25, 38-39, 50, 61, 216-17

하모니아 → '조화'
'학파' 174
한자동맹 167, 182
항성천구 69, 74
해석기하학 214, 216, 283
행성 69, 73-75, 99-100, 102-3, 106, 107-9, 115, 116-18, 151, 224, 225-27, 228-35, 237-38, 273-76 → '혜성' 참조
『헤르메스 문서』 127, 192, 193
헤르메스주의 93 126-28, 191-93
'헤스티아의 불' 98-99, 106
헬레니즘 95, 116, 121, 124, 147, 157, 318
현미경 13, 86, 208, 283, 326-27, 328, 346
현실태 51, 64, 92 → '잠재태' 참조
혈액순환 이론 163, 323-25, 326, 343
형상인 18, 62, 77, 85, 341 → '4원인론' 참조
형이상학 34, 45, 60, 76, 126, 141, 172, 181, 215, 310, 317, 343
『형이상학』(아리스토텔레스) 23, 49, 80, 89, 172, 318
혜성 73, 225-26, 275 → '행성' 참조
호문쿨루스 328
혼합 91-92 → '결합' 참조
혼합유전 338
『화학 원론』(라부아지에) 307-9
황도 112-13 → '적도' 참조
황도 경사각 112
황도 좌표계 112-13
회의주의 133, 135-36, 210, 348
후성설 328 → '전성설' 참조
훅의 법칙 280